普通高等院校土建类专业系列规划教材

地 基 处 理

主　编　邓祥辉

副主编　梁昕宇　王　睿　房海勃

主　审　韩永强

北京理工大学出版社
BEIJING INSTITUTE OF TECHNOLOGY PRESS

内 容 简 介

本书较为全面地介绍了地基处理的理论与方法。基础理论部分包括绪论、地基计算模型、地基承载力、复合地基承载力、地基试验方法五部分内容。地基处理方法主要包括换填垫层法、强夯法与强夯置换法、排水固结法、挤密桩法、化学加固法、加筋法、托换法等，具体包括这些方法的加固原理、设计计算、施工工艺、质量检验、工程应用实例等内容。

本书主要供土木工程专业本科学生及研究生使用，亦可供土木工程领域的科研、设计、施工和管理人员参考。

图书在版编目（CIP）数据

地基处理/邓祥辉主编. —北京：北京理工大学出版社，2018.8（2018.9 重印）
ISBN 978 - 7 - 5682 - 6212 - 5

Ⅰ. ①地… Ⅱ. ①邓… Ⅲ. ①地基处理 - 高等学校 - 教材 Ⅳ. ①TU472

中国版本图书馆 CIP 数据核字（2018）第 193441 号

出版发行／北京理工大学出版社有限责任公司
社　　址／北京市海淀区中关村南大街 5 号
邮　　编／100081
电　　话／（010）68914775（总编室）
　　　　　（010）82562903（教材售后服务热线）
　　　　　（010）68948351（其他图书服务热线）
网　　址／http://www.bitpress.com.cn
经　　销／全国各地新华书店
印　　刷／北京紫瑞利印刷有限公司
开　　本／787 毫米×1092 毫米 1/16
印　　张／17.5
字　　数／417 千字
版　　次／2018 年 8 月第 1 版 2018 年 9 月第 2 次印刷
定　　价／48.00 元

责任编辑／江 立
文案编辑／赵 轩
责任校对／周瑞红
责任印制／李志强

图书出现印装质量问题，请拨打售后服务热线，本社负责调换随着经济的快速发展，土木工程的建设规模越来越大，建设标准越来越高，对地基承载力与变形的要求也越来越高。我国地域辽阔，分布着多种多样的地基土，各种地基土物理力学性质差别很大，因此越来越多的工程需要对天然地基进行人工处理，以满足建（构）筑物对地基承载力和变形的要求，保证建（构）筑物的安全和正常使用。地基处理作为一门实用性很强的学科，近些年发展很快，已成为土木工程领域的研究热点。

本书取材面广，内容丰富，密切结合最新国家规范，反映了国内外常用地基处理方法和新技术应用成果，系统地阐明了各类地基处理方法的加固原理、设计计算、施工技术以及质量检验方法。同时，在每章给出工程实例和适当习题，便于读者对目前常用的地基处理方法有一个较为全面的了解，同时增长地基处理的专业知识，提高解决实际问题的能力。

地基处理课程是土木工程专业的专业核心课，前置课程为工程地质、土力学、基础工程。建议授课学时为48学时，也可根据授课对象调整学时。通过本课程的学习，学生应掌握地基处理设计的基本原理，具备进行一般地基处理设计、施工管理的能力，对于常见的软弱地基、特殊土地基能提出合理可行的地基处理方案。

全书共分为12章，第1、3、4、5、7章由邓祥辉编写，第8、10章由王睿编写，第2、9、11章由梁昕宇编写，第6、12章由房海勃编写。全书由邓祥辉负责对框架结构进行设计以及统稿、校对工作，韩永强对全书进行审核。

本书在编写过程中，借鉴了同行的部分成果资料，未能一一列出，在此一并表示感谢。

由于编写人员技术水平以及实践经验的局限性，书中难免存在疏漏之处，敬请读者批评指正。

编　者

第1章

绪 论

1.1 地基处理的含义和目的

1.1.1 地基处理的含义

各类建（构）筑物一般包括三部分，即上部结构、基础和地基。建（构）筑物建在地层上，全部的荷载由它下面的地层来承担。直接承受建筑物荷载的那一部分地层称为地基，它在上部结构的荷载作用下会产生附加应力和变形。建筑物向地基传递荷载的下部结构称为基础，它将上部结构的荷载传递到地层中去。地基和基础是保障建筑物安全和满足使用要求的关键。

对地质条件良好的地基，可直接在其上修筑建筑物而无须事先对其进行加固处理，此种地基称为天然地基。

在工程建设中，有时会不可避免地遇到不良地质条件或软弱地基，在这样的地基上修筑建筑物，则不能满足其设计和正常使用的要求。同时随着建筑物高度的不断增加，建筑物的荷载不断增大，对地基变形的要求也越来越严格，这使得未经处理的原始地基面临一系列工程问题。

（1）地基承载力及稳定性问题。地基承载力较低，将不能承担上部结构的自重及外荷载，导致地基失稳，出现局部或整体剪切破坏或冲剪破坏。

（2）沉降变形问题。高压缩性地基可能导致建筑物发生过大的沉降量，使其失去使用效能；地基不均匀或荷载不均匀将导致地基沉降不均匀，使建筑物倾斜、开裂、局部破坏，失去使用效能甚至发生整体破坏。

（3）地基渗透破坏问题。土具有渗透性，当地基中出现渗流时，可能导致流土（流砂）和管涌（潜蚀）现象，严重时能使地基失稳、崩溃。

（4）动荷载下的地基液化、失稳和震陷问题。饱和无黏性土地基具有振动液化的特性。在地震、机器振动、爆炸冲击、波浪等动荷载作用下，地基可能因液化、震陷导致地基失稳破坏；软黏土在振动作用下，亦会产生震陷。

针对上述所遇到的地基问题，必须采取一定的措施使地基满足设计要求和使用要求，如：调整基础设计方案；调整上部结构设计方案；对地基进行加固处理，形成人工地基。这些需经人工加固后才可在其上修筑建筑物的地基称为人工地基。对地基进行加固（或改良）称为地基处理（Ground Treatment 或 Ground Improvement），即对不能满足承载力和变形要求的软弱地基进行人工处理。

1.1.2 地基处理的目的

地基处理的目的就是通过采用各种地基处理方法，改善地基土的下述工程性质，达到满足工程设计的要求。

（1）提高地基土的抗剪强度。地基承载力、土压力及人工和自然边坡的稳定性主要取决于土的抗剪强度。因此，为了防止土体发生剪切破坏，需要采取一定措施，提高和增加地基土的抗剪强度。

（2）改善地基土的压缩性。建筑物超过允许值的倾斜、差异沉降将影响建筑物的正常使用，甚至危及建筑物的安全。地基土的压缩模量等指标是反映其压缩性的重要指标，通过地基处理，可改善地基土的压缩模量等压缩性指标，减少建筑物沉降和不均匀沉降，同时也可防止土体侧向流动（塑性流动）产生的剪切变形。

（3）改善地基土的渗透特性。地下水在地基土中运动时，将引起堤坝等地基的渗漏现象；在基坑开挖过程中，也会因土层夹有薄层粉砂或粉土而产生流砂和管涌现象。这些都会造成地基承载力下降、沉降量大及边坡失稳，而渗漏、流砂和管涌等现象均与土的渗透特性密切相关。因此，可采用增加地基土的透水性加快固结，以及降低透水性或减少其水压力（基坑抗渗透）的措施改善地基土的渗透性。

（4）改善地基土的动力特性。在地震运动、交通荷载以及打桩和机器振动等动力荷载作用下，将会使饱和松散的砂土和粉土产生液化，或使邻近地基产生振动下沉，造成地基土承载力丧失，或影响邻近建筑物的正常使用甚至破坏。因此，工程中有时需采取一定的措施防止地基土液化，并改善其动力特性，提高地基的抗震（振）性能。

（5）改善特殊土地基的不良特性。特殊土地基有其不良特性，如黄土的湿陷性、膨胀土的胀缩性和冻土的冻胀性等。因此，在特殊土地基上修筑建筑物时，需要采取一定的措施，以减小不良特性对工程的影响。

1.2 地基处理的对象及其特征

地基处理的对象是软弱地基（Soft Foundation）和特殊土地基（Special Ground）。我国《建筑地基基础设计规范》（GB 50007—2011）中规定：软弱地基是指主要由淤泥、淤泥质土、冲填土、杂填土或其他高压缩性土层构成的地基。特殊土地基大部分带有地区特点，它包括软土、湿陷性黄土、膨胀土、红黏土、冻土和岩溶等。

1.2.1 软弱地基

1. 软土

软土（Soft Soil）是淤泥（Muck）和淤泥质土（Mucky Soil）的总称。它是在静水或非常缓慢的流水环境中沉积，经生物化学作用形成的。

软土的特性有天然含水量高、天然孔隙比大、抗剪强度低、压缩系数高、渗透系数小；在外荷载作用下地基承载力低、地基变形大，不均匀变形也大，且变形稳定历时较长，在比较深厚的软土层上，建筑物基础的沉降往往持续数年乃至数十年之久。

设计时，宜利用其上覆较好的土层作为持力层；应考虑上部结构和地基的共同作用；对建筑体型、荷载情况、结构类型和地质条件等进行综合分析，再确定建筑和结构措施及地基处理方法。

施工时，应注意对软土基槽底面的保护，减少扰动；对荷载差异较大的建筑物，宜先建重、高部分，后建轻、低部分。

对活荷载较大如料仓和油罐等构筑物或构筑物群，使用初期应根据沉降情况控制加载速率，掌握加载间隔时间或调整活荷载分布，避免过大不均匀沉降。

2. 冲填土

冲填土（Hydraulic Fill）是指整治和疏浚江河航道时，用挖泥船通过泥浆泵将泥砂夹大量水分吹到江河两岸而形成的沉积土，南方地区称吹填土。

如以黏性土为主的冲填土，因吹到两岸的土中含有大量水分且难于排出而呈流动状态，这类土属于强度低和压缩性高的欠固结土。如以砂性土或其他粗颗粒土所组成的冲填土，其性质基本上和粉细砂相类似，不属于软弱土范畴。

冲填土是否需要处理和采用何种处理方法，取决于冲填土的颗粒组成、土层厚度、均匀性和遇水固结条件等工程性质。

3. 杂填土

杂填土（Miscellaneous Fill）是指由人类活动而任意堆填的建筑垃圾、工业废料和生活垃圾而形成的土。

杂填土的成因很不规律，组成的物质杂乱，分布极不均匀，结构松散，因而强度低、压缩性高和均匀性差，一般还具有浸水湿陷性。即使在同一建筑场地的不同位置，其地基承载力和压缩性也有较大差异。

有机质含量较多的生活垃圾和对基础有侵蚀性的工业废料，未经处理不应作为持力层。

4. 其他高压缩性土

其他高压缩性土主要指饱和松散粉细砂和部分粉土，在动力荷载（机械振动、地震等）重复作用下将产生液化；在基坑开挖时会产生管涌。

1.2.2　特殊土地基

1. 湿陷性黄土

在上覆土的自重应力作用下，或在上覆土自重应力和附加应力作用下，受水浸润后土的结构迅速破坏而发生显著附加下沉的黄土，称为湿陷性黄土（Collapsible Loess）。

我国湿陷性黄土广泛分布在甘肃、陕西、黑龙江、吉林、辽宁、内蒙古、山东、河北、河南、山西、宁夏、青海和新疆等地区。由于黄土的浸水湿陷引起建筑物的不均匀沉降是造成黄土地区事故的主要原因，设计时首先要判断地基是否具有湿陷性，再考虑如何进行地基处理。

2. 膨胀土

膨胀土（Expansive Soil）是指黏粒成分主要由亲水性黏土矿物组成的黏性土。它是一种具有吸水膨胀和失水收缩、较大的胀缩变形性能且变形往复的高塑性黏土。利用膨胀土作为建筑物地基时，如果不进行地基处理，常会对建筑物造成危害。

我国膨胀土分布范围很广，在广西、云南、湖北、河南、安徽、四川、河北、山东、陕西、江苏、贵州和广东等地均有不同范围的分布。

3. 红黏土

红黏土（Red Clay）是指石灰岩和白云岩等碳酸盐类岩石在亚热带温湿气候条件下，经风化作用所形成的褐红色黏性土。通常红黏土是较好的地基土，但由于下卧岩面起伏及存在软弱土层，一般容易引起地基不均匀沉降。

我国红黏土主要分布在云南、贵州、广西等地。

4. 季节性冻土

冻土（Frozen Soil）是指气候在负温条件下，其中含有冰的各种土。季节性冻土（Seasonally Frozen Ground）是指在冬季冻结，而夏季融化的土层。多年冻土或永冻土（Permafrost）是指冻结状态持续三年以上的土层。

季节性冻土因其周期性的冻结和融化，对地基的不均匀沉降和地基的稳定性影响较大。季节性冻土在我国东北、华北和西北广大地区均有分布，占我国领土面积一半以上，其南界西从云南章凤，向东经昆明、贵阳，绕四川盆地北缘，到长沙、安庆、杭州一带。多年冻土分布在东北大、小兴安岭，西部阿尔泰山、天山、祁连山及青藏高原等地，其面积超过我国总面积的20%。

5. 岩溶

岩溶（或称喀斯特）主要出现在碳酸类岩石地区。其基本特性是地基主要受力层范围内受水的化学和机械作用而形成溶洞、溶沟、溶槽、落水洞以及土洞等。建造在岩溶地基上的建筑物，要慎重考虑可能出现的底面变形和地基陷落。

我国岩溶地基广泛分布在贵州和广西两省区。岩溶是以岩溶水的溶蚀为主，由潜蚀和机械塌陷作用而造成的。溶洞的大小不一，且沿水平方向延伸，有的溶洞已经干涸或被泥砂填实，有的有经常性水流。

土洞存在于溶沟发育、地下水在基岩上下频繁活动的岩溶地区，有的土洞已停止发育，有的在地下水丰富地区还可能发展，大量抽取地下水会加速土洞的发育，严重时可引起地面大量塌陷。

1.3　地基处理方法的分类及适用范围

地基处理方法的分类多种多样，对其进行统一的分类是比较困难的。如按时间可分为临时处理和永久处理；按处理深度可分为浅层处理和深层处理；按土性对象可分为砂性土处理和黏性土处理，饱和土处理和非饱和土处理；按处理手段可分为物理处理、化学处理、生物处理；也可按地基处理的加固机理进行分类。一般根据地基处理的加固机理将地基处理方法分为换填垫层法，振密、挤密法，排水固结法，置换法，加筋法，胶结法，冷热处理法。

下面简要介绍常用地基处理方法的基本原理，详细内容将在各章节阐述。

1. 换填垫层法

（1）垫层法。其基本原理是挖除浅层软弱土或不良土，分层碾压或夯实土，按回填的材料可分为砂（或砂石）垫层、碎石垫层、干渣垫层、粉煤灰垫层、土（灰土、二灰）垫层等。干渣分为分级干渣、混合干渣和原状干渣；粉煤灰分为湿排灰和调湿灰。垫层法可提高持力层的承载力，减少沉降量；消除或部分消除土的湿陷性和胀缩性；防止土的冻胀作用及改善土的抗液化性。常用机械碾压、平板振动和重锤夯实进行施工。

（2）强夯挤淤法。采用边强夯，边填碎石，边挤淤的方法，在地基中形成碎石墩体。强夯挤淤法可提高地基承载力和减小变形。

2. 振密、挤密法

振密、挤密法的原理是采用一定的手段，通过振动、挤压使地基土体孔隙比减小，强度提高，达到地基处理的目的。

（1）表层压实法。采用人工或机械夯实、机械碾压或振动对填土、湿陷性黄土、松散无黏性土等软弱或原来比较疏松的表层土进行压实，也可采用分层回填压实加固。

（2）重锤夯实法。利用重锤自由下落时的冲击能来夯击浅层土，使其表面形成一层较为均匀的硬壳层。

（3）强夯法。利用强大的夯击能，迫使深层土液化和动力固结，使土体密实，用以提高地基土的强度并降低其压缩性，消除土的湿陷性、胀缩性和液化性。

（4）振冲挤密法。振冲挤密法一方面依靠振冲器的强力振动使饱和砂层发生液化，颗粒重新排列，孔隙比减少；另一方面依靠振冲器的水平振动力形成垂直孔洞，在其中加入回填料，使砂层挤压密实。

（5）土（或灰土、粉煤灰加石灰）桩法。利用打入钢套管（或振动沉管、炸药爆破）在地基中成孔，通过"挤"压作用，使地基土得到加"密"，然后在孔中分层填入素土（或灰土、粉煤灰加石灰）后夯实而成土桩（或灰土桩、二灰桩）。

（6）砂桩法。在松散砂土或人工填土中设置砂桩，能对周围土体产生挤密作用，或同时产生振密作用，可以显著提高地基的承载力，改善地基的整体稳定性，并减少地基沉降量。

（7）水泥土桩法。利用沉管、冲击、人工洛阳铲、螺旋钻等方法成孔，回填水泥和土的拌合料，分层夯实形成坚硬的水泥土柱体，并挤密桩间土，通过褥垫层与原地基土形成复合地基。

（8）爆破法。利用爆破产生振动使土体产生液化和变形，从而获得较大密实度，用以提高地基承载力和减小沉降。

3. 排水固结法

排水固结法的基本原理是软土地基在附加荷载的作用下，逐渐排出孔隙水，使孔隙比减小，产生固结变形。在这个过程中，随着土体超静孔隙水压力的逐渐消散，土的有效应力增加，地基抗剪强度相应增加，并使沉降提前完成。

排水固结法主要由排水和加压两个系统组成。按照加载方式的不同，排水固结法又分为堆载预压法、真空预压法、真空—堆载联合预压法、降低地下水位法和电渗排水法。

（1）堆载预压法。在建造建筑物之前，通过临时堆填土石等方法对地基加载预压，地基中孔隙水被逐渐"压出"而达到预先完成部分或大部分地基沉降，并通过地基土固结提高地基承载力，然后撤除荷载，再建造建筑物。

为了加速堆载预压地基固结速度，常可与砂井法或塑料排水带法等同时应用。如黏土层较薄，透水性较好，也可单独采用堆载预压法。

（2）真空预压法。在黏土层上铺设砂垫层，然后用薄膜密封砂垫层，用真空泵对砂垫层及砂井抽气，产生一定的真空度，地基中孔隙水被逐渐"吸出"而完成预压过程。

（3）真空—堆载联合预压法。当真空预压法达不到要求的预压荷载时，可与堆载预压法联合使用，其堆载预压荷载和真空预压荷载可叠加计算。

（4）降低地下水位法。通过降低地下水位使土体中的孔隙水压力减小，从而增大有效应力，使地基产生固结。

（5）电渗排水法。其原理是在土中插入金属电极并通以直流电，由于直流电场作用，土中的水从阳极流向阴极，然后将水从阴极排除，而不让水在阳极附近补充，借助电渗作用可逐渐排除土中的水。在工程上常利用它降低黏性土中的含水量或降低地下水位来提高地基承载力或边坡的稳定性。

4. 置换法

置换法的原理是以砂、碎石等材料置换软土，与未加固部分形成复合地基，达到提高地基承载力的目的。

（1）振冲置换法（或称碎石桩法）。碎石桩法是利用一种单向或双向振动的冲头，边喷高压水流边下沉成孔，然后边填入碎石边振实，形成碎石桩。桩体和原来的黏性土构成复合地基，以提高地基承载力和减小沉降。

（2）灰桩法。在软弱地基中用机械成孔，填入作为固化剂的生石灰并压实形成桩体，利用生石灰的吸水、膨胀、放热作用以及土与石灰的物理化学作用，改善桩体周围土体的物理力学性质，同时桩与土形成复合地基，达到地基加固的目的。

（3）强夯置换法。对厚度小于 6 m 的软弱土层，边夯边填碎石，形成深度 3 ~ 6 m、直径 2 m 左右的碎石柱体，与周围土体形成复合地基。

（4）水泥粉煤灰碎石桩（CFG 桩）法。它是在碎石桩基础上加进一些石屑、粉煤灰和少量水泥，加水拌合，用振动沉管打桩机或其他成桩机具制成一种具有一定粘结强度的桩。桩和桩间土通过褥垫层形成复合地基。

（5）柱锤冲扩法。柱锤冲扩法是利用直径为 200 ~ 600 mm、长度为 2 ~ 6 m、质量为 1 ~ 6 t 的柱状锤冲扩成孔，填入碎砖三合土等材料，夯实成桩。桩和桩间土通过褥垫层形成复合地基。

（6）EPS 超轻质料填土法。发泡聚苯乙烯（EPS）的重度只有土的 1/100 ~ 1/50，并具有较好的强度和压缩性能，用于填土料，可有效减小作用在地基上的荷载，需要时也可置换部分地基土，以达到更好的效果。

5. 加筋法

加筋法的原理是通过在土层中埋设强度较大的土工聚合物、拉筋、受力杆件等提高地基承载力、减小沉降或维持建筑物稳定。

（1）土工聚合物。利用土工聚合物的高强度、高韧性等力学性能，扩散土中应力，增大土体的抗拉强度，改善土体或构成加筋土以及各种复合土工结构。

（2）加筋土。把抗拉能力很强的拉筋埋置在土层中，通过土颗粒和拉筋之间的摩擦力形成一个整体，用以提高土体的稳定性。

（3）土层锚杆。土层锚杆是依赖土层与锚固体之间的粘结强度来提供承载力的，它使用在一切需要将拉应力传递到稳定土体中的工程结构，如边坡稳定、基坑围护结构的支护、地下结构抗浮、高耸结构抗倾覆等。

（4）土钉。土钉技术是在土体内放置一定长度和分布密度的土钉体，与土共同作用，用以弥补土体自身强度的不足。其不仅提高了土体整体刚度，又弥补了土体的抗拉和抗剪强度低的弱点，显著提高了整体稳定性。

（5）树根桩。在地基中沿不同方向，设置直径为 75 ~ 250 mm 的细桩，可以是竖直桩，也可以是斜桩，形成如树根状的群桩，以支撑结构物，或用以挡土，稳定边坡。

6. 胶结法

在软弱地基中部分土体内掺入水泥、水泥砂浆以及石灰等物，形成加固体，与未加固部分形成复合地基，以提高地基承载力和减小沉降。

（1）注浆法。其原理是用压力泵把水泥或其他化学浆液注入土体，以达到提高地基承载力、减小沉降、防渗、堵漏等目的。

（2）高压喷射注浆法。将带有特殊喷嘴的注浆管，通过钻孔置入要处理土层的预定深度，然后将水泥浆液以高压冲切土体，在喷射浆液的同时，以一定速度旋转、提升，形成水泥土圆柱体；若喷嘴提升而不旋转，则形成墙状固结体。高压喷射注浆法可以提高地基承载力，减少沉降，防止砂土液化、管涌和基坑隆起。

（3）水泥土搅拌法。利用水泥、石灰或其他材料作为固化剂的主剂，通过特别的深层搅拌机械，在地基深处就地将软土和固化剂（水泥或石灰的浆液或粉体）强制搅拌，形成坚硬的拌合柱体，与原地层共同形成复合地基。

7. 冷热处理法

（1）冻结法。通过人工冷却，使地基温度降低到孔隙水的冰点以下，使之冷却，从而具有理想的截水性能和较高的承载力。

（2）烧结法。通过渗入压缩的热空气和燃烧物，并依靠热传导，将细颗粒土加热到 100 ℃ 以上，从而增加土的强度，减小变形。

各种地基处理方法的主要适用范围和加固效果见表 1-1。

表 1-1 各种地基处理方法的主要适用范围和加固效果

按处理深浅分类	序号	处理方法	适用范围						加固效果				最大有效处理深度 /m
			淤泥质土	人工填土	黏性土		无黏性土	湿陷性黄土	降低压缩性	提高抗剪强度	形成不透水性	改善动力特性	
					饱和	非饱和							
浅层加固	1	换填垫层法	*	*	*	*		*	*	*	*		*	3
	2	机械碾压法		*		*	*	*		*	*			3
	3	平板振动法		*		*	*	*		*	*			1.5
	4	重锤夯实法		*		*	*	*	*		*			1.5
	5	人工聚合物法	*											

按处理深浅分类	序号	处理方法	适用范围						加固效果					最大有效处理深度/m
			淤泥质土	黏性土		无黏性土	湿陷性黄土	降低压缩性	提高抗剪强度	形成不透水性	改善动力特性			
				人工填土	饱和	非饱和								
深层加固	6	强夯法		*	*	*	*	*	*	*			*	30
	7	砂桩挤密法		*	*	*	*		*	*			*	20
	8	振动水冲法		*	*	*	*		*	*			*	18
	9	灰土桩挤密法		*	*	*		*	*	*				20
	10	石灰桩挤密法	*	*	*	*		*	*	*				20
	11	砂井堆载预压法	*		*				*	*				15
	12	真空预压法	*		*				*	*				15
	13	降水预压法	*		*		*		*	*				30
	14	电渗预压法	*		*				*	*				20
	15	水泥灌浆法	*		*	*	*		*	*	*	*		20
	16	硅化法			*	*			*	*	*			20
	17	电动硅化法			*	*			*	*	*			
	18	高压喷射注浆法	*	*	*	*			*	*	*			20
	19	深层搅拌法	*		*	*			*	*	*			18
	20	粉体喷射搅拌法	*		*	*			*	*	*			13
	21	热加固法			*		*		*	*				15
	22	冻结法	*		*	*	*		*	*	*			

注：*表示适用土层。本表摘自：江正荣.地基处理便携手册.北京：机械工业出版社，2004.

一般来讲，当软弱地基的土层厚度较薄时，可选用简单的浅层加固方法，如换填垫层法、机械碾压法、重锤夯实法等；当软弱土层厚度较大时，可按加固土的性状和含水量情况采用挤密桩法、振冲碎石桩法、强夯法或排水堆载预压法等；如遇软土夹有砂层，则可直接采用堆载预压法，而不需设置竖向排水井；当遇粉细砂地基，如仅为防止砂土的液化，一般可选用强夯法、振冲法、挤密桩法等；当遇淤泥质土地基，因其透水性差，一般宜采用设置竖向排水井的堆载预压法、真空预压法、土工合成材料加固法等；当遇杂填土、冲积土（含粉细砂）和湿陷性地基，一般采用深层密实法效果更佳。

1.4 地基处理方案确定

地基处理的核心是处理方法的正确选择与实施。对某一具体工程来讲，在选择处理方法时需要综合考虑各种影响因素，如地质条件、上部结构要求、周围环境条件、材料来源、施工工期、施工队伍技术素质与施工技术条件、设备状况和经济指标等。只有综合分析上述因素，坚持技术先进、经济合理、安全适用、确保质量的原则拟订处理方案，才能获得最佳的处理效果。

1.4.1 地基处理方案确定影响因素

地基处理方案的确定受上部结构形式和要求、地基条件、环境因素与施工条件四方面的影响。在制定地基处理方案之前，应充分调查并掌握这些影响因素。

1. 上部结构形式和要求

上部结构形式和要求因素包括建筑物的体型、刚度、结构受力体系、建筑材料和使用要求；荷载大小、分布和种类；基础类型、布置和埋深；基底压力、天然地基承载力和变形容许值等。这些决定了地基处理方案制定的目标。

2. 地基条件

地基条件包括建筑物场地所处的地形及地质成因、地基成层状况；软弱土层厚度、不均匀性和分布范围；持力层位置及状况；地下水情况及地基土的物理力学性质。

各种软弱地基的性状是不同的，现场地质条件随着场地的位置不同也是多变的。即使同一种土质条件，也可能具有多种地基处理方案。

如果根据软弱土层厚度确定地基处理方案，当软弱土层厚度较薄时，可采用简单的浅层加固方法，如换填垫层法；当软弱土层厚度较厚时，则可按加固土的特性和地下水位高低采用排水固结法、水泥土搅拌桩法、挤密桩法、振冲法或强夯法等。

如遇砂性土地基，主要考虑解决砂土的液化问题，则一般可采用强夯法、振冲法或挤密桩法等。如遇软土层中夹有薄砂层，则一般不需设置竖向排水井，而可直接采用堆载预压法；另外，根据具体情况也可采用挤密桩法等。如遇淤泥质土地基，由于其透水性差，一般应采用设置竖向排水井的堆载预压法、真空预压法、土工合成材料加固法、水泥土搅拌法等。如遇杂填土、冲填土（含粉细砂）和湿陷性黄土地基，在一般情况下采用深层密实法是可行的。

3. 环境因素

随着社会的发展，环境污染问题日益严重，公民的环境保护意识也逐步提高。常见的与地基处理方法有关的环境污染主要有噪声污染、地下水质污染、地面位移、振动、大气污染以及施工场地泥浆污水排放等。几种主要地基处理方法可能产生的环境问题见表1-2，应根据环境要求选择合适的地基处理方案和施工方法。如在居住密集的市区，振动和噪声较大的强夯法几乎是不可行的。

表1-2 几种主要地基处理方法可能产生的环境影响

地基处理方法 \ 环境影响	噪声污染	水质污染	振动	大气污染	地面泥浆污染	地面位移
换填垫层法	·					
振冲碎石桩法	△		△		○	
强夯置换法	○		○			△
砂石桩（置换）法	△		△			

环境影响 地基处理方法	噪声 污染	水质 污染	振动	大气 污染	地面泥 浆污染	地面 位移
石灰桩法	△		△	△		
堆载预压法						△
超载预压法						△
真空预压法						△
水泥浆搅拌法					△	
水泥粉搅拌法				△		
高压喷射注浆法		△			△	
灌浆法		△			△	
强夯法	○		○			△
表层夯实法	△		△			
振冲密实法	△		△			
挤密砂石桩法	△		△			
土桩、灰土桩法	△		△			
加筋土法						

注：△——影响较小；○——影响较大；空格表示没有影响。

4. 施工条件

施工条件主要包括以下几方面内容：

（1）用地条件。如施工时占地较大，对施工虽较方便，但有时会影响工程造价。

（2）工期。从施工观点，若工期允许较长，这样可有条件选择缓慢加荷的堆载预压法方案；但有时工程要求工期较短，这样就限制了某些地基处理方法的采用。

（3）工程用料。尽可能就地取材，如当地产砂，则应考虑采用砂垫层或挤密砂桩等方案；如当地有石料供应，则应考虑采用碎石桩或碎石垫层等方案。

（4）其他。施工机械的有无、施工难易程度、施工管理质量控制、管理水平和工程造价等因素也是影响采用何种地基处理方案的关键因素。

1.4.2 地基处理方案确定步骤

地基处理方案的确定可按照以下步骤进行：

（1）搜集详细的工程地质、水文地质及地基基础的设计资料。

（2）根据结构类型、荷载大小及使用要求，结合地形地貌、地层结构、土质条件、地下水特征、周围环境和相邻建筑物等因素，初步选定几种可供考虑的地基处理方案。另外，在选择地基处理方案时，应同时考虑上部结构、基础和地基的共同作用，也可选用加强结构措施（如设置圈梁和沉降缝等）和处理地基相结合的方案。

（3）对初步选定的几种地基处理方案，分别从处理效果、材料来源和消耗、施工机具和进度、环境影响等各种因素，进行技术经济分析和对比，从中选择最佳的地基处理方案。任何一种地基处理方法都不可能是万能的，都有它的适用范围和局限性。另外，也可采用两种或多种地基处理的综合方案。如对某冲填土地基的场地，可进行真空预压联合碎石桩的加固方案——经真空预压加固后的地基承载力特征值约可达 130 kPa，在联合碎石桩后，地基承载力特征值可提高到 200 kPa，从而满足设计对地基承载力的较高要求。

（4）对已选定的地基处理方案，根据建筑物的安全等级和场地复杂程度，可在有代表性的场地上进行相应的现场试验和试验性施工，其目的是检验设计参数、确定选择合理的施工方法（包括机械设备、施工工艺、用料及配比等各项施工参数）和检验处理效果。如地基处理效果达不到设计要求，应查找原因并调整设计方案和施工方法。现场试验最好安排在初步设计阶段进行，以便及时为施工设计图提供必要的参数。试验性施工一般应在地基处理典型地质条件的场地以外进行，在不影响工程质量问题时，也可在地基处理范围内进行。

习 题

【1-1】阐述地基处理的含义和目的。

【1-2】阐述地基处理的对象及其特征。

【1-3】阐述地基处理方法的分类。

【1-4】阐述地基处理方法的适用范围和加固效果。

【1-5】阐述地基处理方案确定步骤。

第2章

地基计算模型

2.1　概　述

当土体受到外力作用时，土体内部就会产生应力和应变。地基模型（亦称土的本构定律）就是描述地基土在受力状态下应力和应变之间关系的数学表达式。从广义上说，地基模型是土体在受力状态下的应力、应变、应力水平、应力历史、加载率、加载途径以及时间、温度等之间的函数关系。

合理选择地基模型是基础工程分析与设计中一个非常重要的问题，它不仅直接影响基底反力（接触应力）的分布，而且影响基础和上部结构内力的分布。因此，在选择地基模型时，必须了解每种地基模型的适用条件，要根据建筑物荷载的大小、地基性质以及地基承载力的大小合理选择地基模型，并考察所选地基模型是否符合或比较接近所建场地的具体地基特性。所选用的地基模型应尽可能准确地反映土体在受到外力作用时的主要力学性状，同时还要便于利用已有的数学方法和计算手段进行分析。随着人们认知的发展，各国学者曾先后提出过不少地基模型，然而由于土体性状的复杂性，想要用一个普遍适用的数学模型来描述地基土工作状态的全貌是很困难的，各种地基模型实际上都有一定的局限性。

在基础工程分析与设计中，通常采用线性弹性地基模型、非线性弹性地基模型和弹塑性地基模型等，本章主要介绍前两类；此外，本章还简要介绍地基的柔度矩阵和刚度矩阵，以及地基模型选择时需要考虑的因素。

2.2　线性弹性地基模型

线性弹性地基模型认为地基土在荷载作用下，其应力-应变的关系为直线关系，可用广义胡克定律表示，如图 2-1 所示。

$$\{\sigma\} = [D_e]\{\varepsilon\} \tag{2-1}$$

式中　$\{\sigma\} = \{\sigma_x \quad \sigma_y \quad \sigma_z \quad \tau_{xy} \quad \tau_{yz} \quad \tau_{zx}\}^T$

　　　$\{\varepsilon\} = \{\varepsilon_x \quad \varepsilon_y \quad \varepsilon_z \quad \gamma_{xy} \quad \gamma_{yz} \quad \gamma_{zx}\}^T$

　　　$[D_e]$——弹性矩阵。

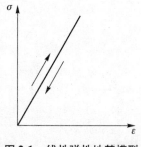

图 2-1　线性弹性地基模型

$$[D_e] = \frac{E}{(1+\nu)(1-2\nu)} \begin{bmatrix} 1-\nu & & & & & \\ \nu & 1-\nu & & & & \\ \nu & \nu & 1-\nu & & \text{对称} & \\ 0 & 0 & 0 & \frac{1-2\nu}{2} & & \\ 0 & 0 & 0 & 0 & \frac{1-2\nu}{2} & \\ 0 & 0 & 0 & 0 & 0 & \frac{1-2\nu}{2} \end{bmatrix} \tag{2-2}$$

式中　E——材料的弹性模量；

　　　ν——材料的泊松比。

最简单和常用的三种线性弹性地基模型分别为：①文克勒（Winkler）地基模型；②弹性半空间地基模型；③分层地基模型。

文克勒地基模型和弹性半空间地基模型正好分别代表线性弹性地基模型的两个极端情况，而分层地基模型比较常用。

2.2.1　文克勒地基模型

文克勒地基模型假定地基是由许多独立且互不影响的弹簧所组成，即假定地基任一点所受的压力强度 p 只与该点的地基变形 s 成正比，而 p 不影响该点以外的变形，如图 2-2 所示。

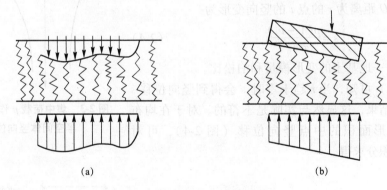

图 2-2　文克勒地基模型

（a）弹簧模型；（b）绝对刚性基础

其表达式为

$$p = ks \tag{2-3}$$

式中　k——地基基床系数，表示产生单位变形所需的压力强度，kN/m^3；

　　　p——地基上任一点所受的压力强度，kPa；

　　　s——p 作用点位置上的地基变形，m。

文克勒地基模型计算简便，只要 k 值选择得当，即可获得较为满意的结果，因此在地基梁、板以及桩的分析中仍被广泛采用。但是文克勒地基模型忽略了地基中的剪应力，按这一模型地基变形只发生在基底范围内，而在基底范围外没有地基变形，这与实际情况是不符的，使用不当会造成不良后果。

基床系数 k 可采用现场荷载板试验方法获得。不同地基土的基床系数参考值见表2-1。

表2-1 基床系数 k 的参考值

地基土种类与特征		k（$\times 10^4$ kN/m³）	地基土种类与特征	k（$\times 10^4$ kN/m³）
淤泥质土、有机质土或新填土		0.1 ~ 0.5	黄土及黄土类粉质黏土	4.0 ~ 5.0
软弱黏性土		0.5 ~ 1.0	紧密砾石	4.0 ~ 10
黏土及粉质黏土	软塑	1.0 ~ 2.0	硬黏土或人工夯实粉质黏土	10 ~ 20
	可塑	2.0 ~ 4.0	软质岩石和中、强风化坚硬岩石	20 ~ 100
	硬塑	4.0 ~ 1.0	完好的坚硬岩石	100 ~ 150
松砂		1.0 ~ 1.5	砖	400 ~ 500
中密砂或松散砾石		1.5 ~ 2.5	块石砌体	500 ~ 600
密砂或中密砾石		2.5 ~ 4.0	混凝土与钢筋混凝土	800 ~ 1 500

2.2.2 弹性半空间地基模型

弹性半空间地基模型是将地基视作均匀的、各向同性的弹性半空间体。当集中荷载 p 作用在弹性半空间体表面上时（图2-3），根据布西奈斯克（Bosinesq）公式可求得与荷载作用点 O 距离为 r 的点 i 的竖向变形为

$$s = \frac{p(1 - \nu^2)}{\pi E_0 r} \tag{2-4}$$

式中 E_0、ν——地基土的变形模量和泊松比。

从式（2-4）可知，当 r 趋于零时，会得到竖向位移 s 趋于无穷大的结果，这显然与实际是不符的。对于在均布荷载作用下矩形面积的中点竖向位移（图2-4），可对式（2-4)进行积分求得。

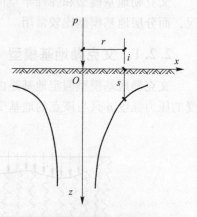

图2-3 集中荷载 p 作用在弹性半空间体竖向位移

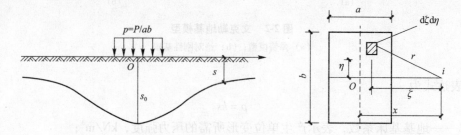

图2-4 矩形均布荷载 p 作用下表面 i 点的矩形面积中点 O 的竖向位移

$$s = 2\int_0^{\frac{a}{2}} 2\int_0^{\frac{b}{2}} \frac{\frac{P}{ab}(1 - \nu^2)}{\pi E_0 \sqrt{\zeta^2 + \eta^2}} \mathrm{d}\zeta\mathrm{d}\eta = \frac{P(1 - \nu^2)}{\pi E_0 a} F_{ii} \tag{2-5}$$

$$F_{ii} = 2\frac{a}{b}\left\{\ln\left(\frac{b}{a}\right) + \frac{b}{a}\ln\left[\frac{b}{a} + \sqrt{\left(\frac{a}{b}\right)^2 + 1}\right] + \ln\left[1 + \sqrt{\left(\frac{a}{b}\right)^2 + 1}\right]\right\} \tag{2-6}$$

式中　P——在矩形面积 $a \times b$ 上均布荷载 p 的合力，kN；

　　　E_0、ν——地基土的变形模量和泊松比。

对于荷载面积以外任意点的变形，同样可以利用布西奈斯克公式通过积分求得，但计算烦琐，此时可按式（2-4）以集中荷载计算。

弹性半空间地基模型虽然具有扩散应力和变形的优点，比文克勒地基模型合理，但是其扩散能力往往超过地基的实际情况，使得地表计算的沉降量和沉降范围都较实测结果偏大，同时也未能反映地基土的分层特性。一般认为，造成这些差异的主要原因是地基的压缩层厚度是有限的，而且即使是同一种土层组成的地基，其变形模量也随深度而增加，因而是非均匀的。

2.2.3　分层地基模型

分层地基模型即我国地基基础规范中用以计算地基最终沉降量的分层总和法，如图 2-5 所示。按照分层总和法，地基最终沉降 s 等于压缩层范围内各计算分层在完全侧限条件下的压缩量之和。分层总和法的计算式如下：

$$s = \sum_{i=1}^{n} \frac{\overline{\sigma}_i}{E_{si}} H_i \tag{2-7}$$

式中　H_i——基底下第 i 分层土的厚度；

　　　E_{si}——基底下第 i 分层土对应于 $p_{1i} \sim p_{2i}$ 段的压缩模量；

　　　$\overline{\sigma}_i$——基底下第 i 分层土的平均附加应力；

　　　n——压缩层范围内的分层数。

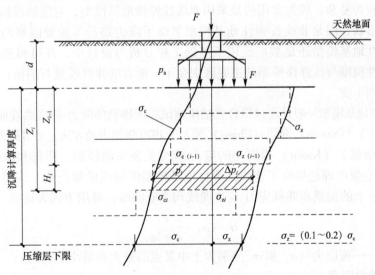

图 2-5　分层总和法计算地基最终沉降量

分层地基模型能较好地反映地基土扩散应力和变形的能力，能较容易地考虑土层非均质性沿深度的变化。通过计算表明，分层地基模型的计算结果比较符合实际情况。但是，分层地基模型仍为弹性模型，未能考虑土的非线性和过大的地基反力引起地基土的塑性变形。

2.3　非线性弹性地基模型

　　线弹性模型假设土的应力和应变为线性比例，这显然与实测结果是不吻合的。室内三轴试验测得的正常固结黏土和中密砂的应力-应变关系曲线通常如图 2-6 所示。

　　从图 2-6 中可以看到，若从初始状态 O 点加载，得到加载曲线 OAC。其中 OA 为直线阶段，在此阶段可认为土的变形是线弹性的；而在 A 点以上，土体将产生部分不可恢复的塑性变形。若加载至 C 点，然后完全卸载至 D 点，则得到的卸载曲线为 CBD；再从 D 点加载，得到再加载曲线 DBE；再加载曲线最终将与初始加载曲线 OAC 的延长线重合。因此，从 O 点加

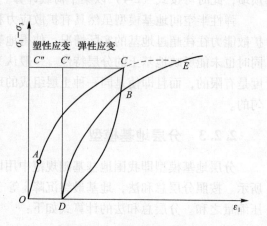

图 2-6　土体非线性变形特性

载至 C 点，引起的轴向应变可分为可恢复的弹性应变 $C'C$ 和不可恢复的塑性应变 $C''C'$。

　　图 2-6 表明土体的应力应变关系通常总是表现为非线性、非弹性的。此外，从图 2-6 中还可以看出，土体的变形还与加载的应力路径密切相关，加荷时与卸荷时变形的特性有很大差异。一般来说，土体的这些复杂变形特性用弹塑性地基模型模拟较好，但是弹塑性模型运用到工程实际较为复杂。较为常用的是采用非线性弹性地基模型，它能够模拟发生屈服后的非线性变形的形状，但是非线性弹性地基模型忽略了应力路径等重要因素的影响。尽管如此，非线性弹性地基模型还是被广泛用于基础工程分析与设计中，并可得到较为满意的结果。非线性弹性模型与线弹性模型的主要区别在于，前者的弹性模量与泊松比是随着应力变化的，而后者则不变。

　　非线性弹性地基模型一般是通过拟合三轴压缩试验所得到的应力-应变曲线而得到的。应用较为普遍的是邓肯（Duncan）和张（Chang）等人于 1970 年提出的方法，通常称为邓肯-张模型。

　　1963 年，康德尔（Kondr）提出土的应力-应变关系为曲线形。邓肯和张根据这个关系并利用摩尔-库仑强度理论导出了非线性弹性地基模型的切线模量公式。该模型认为在常规三轴试验条件下土的加载和卸载应力-应变曲线均为双曲线，可用下式表达：

$$\sigma_1 - \sigma_3 = \frac{\varepsilon_1}{a + b\varepsilon_1} \tag{2-8}$$

式中　　$\sigma_1 - \sigma_3$——偏应力（σ_1 和 σ_3 分别为土中某点的最大和最小主应力）；

　　　　ε_1——轴向应变；

　　　　σ_3——周围应力；

　　　　a、b——试验参数，对于确定的周围应力 σ_3，其值为常数。

$$a = \frac{1}{E_i} \tag{2-9}$$

$$b = \frac{1}{(\sigma_1 - \sigma_3)_{\text{ult}}} \tag{2-10}$$

式中　E_i——初始切线模量；

　　$(\sigma_1 - \sigma_3)_{\text{ult}}$——偏应力的极限值，即当 $\varepsilon_1 \to \infty$ 时的偏应力值。

邓肯和张通过分析推导，得到用来计算地基中任一点切线模量 E_t 的公式为

$$E_t = \frac{\partial(\sigma_1 - \sigma_3)}{\partial \varepsilon_1} = E_i\left[1 - b(\sigma_1 - \sigma_3)\right]^2 = E_i\left[1 - \frac{(\sigma_1 - \sigma_3)}{(\sigma_1 - \sigma_3)_{\text{ult}}}\right]^2 \tag{2-11}$$

定义破坏比 R_f 为

$$R_f = \frac{(\sigma_1 - \sigma_3)_f}{(\sigma_1 - \sigma_3)_{\text{ult}}} = b(\sigma_1 - \sigma_3)_f \tag{2-12}$$

式中　$(\sigma_1 - \sigma_3)_f$——破坏时的偏应力，砂性土为 $(\sigma_1 - \sigma_3) - \varepsilon_1$ 曲线的峰值；黏性土取 $\varepsilon_1 =$ 15% ~ 20% 对应的 $(\sigma_1 - \sigma_3)$ 值，如图 2-7 所示。

对于破坏时的偏应力 $(\sigma_1 - \sigma_3)_f$，根据摩尔-库仑破坏准则可表示为黏聚力 c 和内摩擦角 φ 的函数，即

$$(\sigma_1 - \sigma_3)_f = \frac{2c\cos\varphi + 2\sigma_3\sin\varphi}{1 - \sin\varphi} \tag{2-13}$$

同时，根据不同的周围应力 σ_3 可以得到一系列的 a 和 b 值。分析 σ_3 和 $E_i = \dfrac{1}{a}$ 的关系可得到

$$E_i = Kp_a\left(\frac{\sigma_3}{p_a}\right)^n \tag{2-14}$$

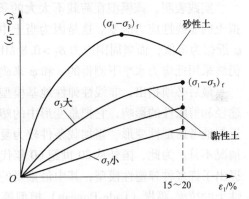

图 2-7　破坏时的偏应力值

把式（2-12）、式（2-13）和式（2-14）代入式（2-11），得

$$E_t = Kp_a\left(\frac{\sigma_3}{p_a}\right)^n\left[1 - \frac{R_f(1 - \sin\varphi)(\sigma_1 - \sigma_3)}{2c\cos\varphi + 2\sigma_3\sin\varphi}\right]^2 \tag{2-15}$$

式中　K、n、c、φ、R_f——确定切线模量 E_t 的试验参数；

　　p_a——单位与 σ_3 相同的大气压强。

同理，邓肯和张还建立了在室内常规试验条件下轴向应变 ε_1 与侧向应变 ε_3 的关系（图 2-8）：

$$\varepsilon_1 = \frac{\varepsilon_3}{f + d\varepsilon_3} \tag{2-16}$$

式中　f、d——试验参数。

于是得到切线泊松比为：

$$\nu_t = \frac{\partial \varepsilon_3}{\partial \varepsilon_1} = \frac{f}{(1 - \varepsilon_1 d)^2} = \frac{\nu_i}{(1 - \varepsilon_1 d)^2} \tag{2-17}$$

式中　ν_i——初始切线泊松比，$\nu_i = f$。

初始切线泊松比可用下式表示：

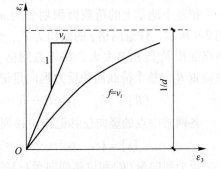

图 2-8　轴向应变 ε_1 与侧向应变 ε_3 的关系

$$\nu_i = G - F\lg\left(\frac{\sigma_3}{p_a}\right) \tag{2-18}$$

通过式（2-15），可消去式（2-17）中的 ε_1，并将式（2-18）代入式（2-17），从而得到切线泊松比 ν_t 为

$$\nu_t = \frac{G - F\lg\left(\dfrac{\sigma_3}{p_a}\right)}{(1-A)^2} \tag{2-19}$$

式（2-19）中的 A 为

$$A = \frac{(\sigma_1 - \sigma_3)d}{Kp_a\left(\dfrac{\sigma_3}{p_a}\right)^n\left[1 - \dfrac{R_f(1-\sin\varphi)(\sigma_1-\sigma_3)}{2c\cos\varphi + 2\sigma_3\sin\varphi}\right]} \tag{2-20}$$

因此，确定切线泊松比 ν_t 还需要增加 G、F、d 这三个试验参数。

非线性弹性地基模型归纳起来集中反映为式（2-15）和式（2-19）。在计算时，切线模量 E_t 所需的 5 个试验常数 K、n、c、φ 和 R_f 可用常规三轴试验获得。

实践表明，该模型在荷载不太大的条件下（即不太接近破坏的条件下）可以有效地模拟土的非线性应力应变。这是因为当土中应力水平不高，即周围应力 $\delta_3 \leqslant 0.8$ MPa 时，c 和 φ 近似为定值；而当周围应力 $\delta_3 > 0.8$ MPa 时，φ 值随着周围应力的增加而降低，此时如果仍然采用低应力水平下测得的 c 和 φ 来确定切线模量 E_t 就不太合适了。

最后必须指出，非线性弹性地基模型虽然使用较为方便，但是该模型忽略了土体的应力途径和剪胀性的影响，它把总变形中的塑性变形也当作弹性变形处理，通过调整弹性参数来近似地考虑塑性变形。当加载条件较为复杂时，非线性弹性地基模型的计算结果往往与实际情况不符。为此，国外从 20 世纪 60 年代起开始重视具有普遍意义的弹塑性模型的研究，并提出了许多种弹塑性模型，其中最重要的有适合黏性土的剑桥（Cam-bridge）模型和适合砂性土的拉德-邓肯（Lade-Duncan）模型等。

2.4　地基柔度矩阵和刚度矩阵

在对地基基础进行分析时，需要建立地基的柔度矩阵或刚度矩阵，下面叙述地基柔度矩阵和刚度矩阵的概念。

把整个地基上的荷载面积划分为 m 个矩形网格，如图 2-9 所示，任意网格 j 的面积为 F_j，分割时注意不要使网格面积 F_j 值相差太大。在任意网格 j 的中点作用着集中荷重 R_j，整个荷载面积反力列向量记作 $\{R\}$

$$\{R\} = \{R_1 \quad R_2 \cdots R_i \cdots R_j \cdots R_m\}^T$$

各网格中点的竖向位移记作位移列向量 $\{s\}$

$$\{s\} = \{s_1 \quad s_2 \cdots s_i \cdots s_j \cdots s_m\}^T$$

反力列向量 $\{R\}$ 和位移列向量 $\{s\}$ 的关系如下：

$$\{s\} = [f]\{R\} \tag{2-21}$$

或

$$[K_s]\{s\} = \{R\} \tag{2-22}$$

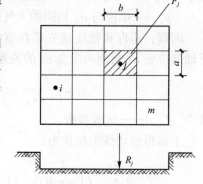

图 2-9　地基网格的划分

式中　$[f]$——地基柔度矩阵；

$[K_s]$——地基刚度矩阵，$[K_s] = [f]^{-1}$。

式（2-21）、式（2-22）可写成

$$
\begin{Bmatrix} s_1 \\ s_2 \\ \vdots \\ s_i \\ \vdots \\ s_j \\ \vdots \\ s_m \end{Bmatrix} = \begin{bmatrix} f_{11} & f_{12} & \cdots & f_{1i} & \cdots & f_{1j} & \cdots & f_{1m} \\ f_{21} & f_{22} & \cdots & f_{2i} & \cdots & f_{2j} & \cdots & f_{2m} \\ & & \vdots & & & & & \\ f_{i1} & f_{i2} & \cdots & f_{ii} & \cdots & f_{ij} & \cdots & f_{im} \\ & & & & \vdots & & & \\ f_{j1} & f_{j2} & \cdots & f_{ji} & \cdots & f_{jj} & \cdots & f_{jm} \\ & & & & & \vdots & & \\ f_{m1} & f_{m2} & \cdots & f_{mi} & \cdots & f_{mj} & \cdots & f_{mm} \end{bmatrix} \begin{Bmatrix} R_1 \\ R_2 \\ \vdots \\ R_i \\ \vdots \\ R_j \\ \vdots \\ R_m \end{Bmatrix} \tag{2-23}
$$

$$
\begin{bmatrix} k_{11} & k_{12} & \cdots & k_{1i} & \cdots & k_{1j} & \cdots & k_{1m} \\ k_{21} & k_{22} & \cdots & k_{2i} & \cdots & k_{2j} & \cdots & k_{2m} \\ & & \vdots & & & & & \\ k_{i1} & k_{i2} & \cdots & k_{ii} & \cdots & k_{ij} & \cdots & k_{im} \\ & & & & \vdots & & & \\ k_{j1} & k_{j2} & \cdots & k_{ji} & \cdots & k_{jj} & \cdots & k_{jm} \\ & & & & & \vdots & & \\ k_{m1} & k_{m2} & \cdots & k_{mi} & \cdots & k_{mj} & \cdots & k_{mm} \end{bmatrix} \begin{Bmatrix} s_1 \\ s_2 \\ \vdots \\ s_i \\ \vdots \\ s_j \\ \vdots \\ s_m \end{Bmatrix} = \begin{Bmatrix} R_1 \\ R_2 \\ \vdots \\ R_i \\ \vdots \\ R_j \\ \vdots \\ R_m \end{Bmatrix} \tag{2-24}
$$

其中，柔度系数 f_{ij} 是指在网格 j 处作用单位集中力，而在网格 i 的中点引起的变形；当 $i=j$ 时，其为单位集中力在本网格中点产生的变形。地基模型不同，结点分布位置不同，则柔度系数 f_{ij} 的计算方法和结果也不同。因此，地基柔度矩阵 $[f]$ 和地基刚度矩阵 $[K_s]$ 反映了不同的地基模型在外力作用下界面的位移特征。

2.5　地基模型的选择

在地基基础设计计算中，如何选择相适应的地基模型是一个比较困难的问题，涉及材料性质、荷载施加、整体几何关系和环境影响等诸多方面，甚至对于同一个工程，从不同角度分析时，也可能要采用不同的地基模型。从工程应用出发，在选择地基模型时需考虑的因素主要有：①土的变形特征和外荷载在地基中引起的应力水平；②土层的分布情况；③基础和上部结构的刚度及其形成过程；④基础的埋置深度；⑤荷载的种类和施加方式；⑥时效的考虑；⑦施工过程（开挖、回填、降水、施工速度等）。

当基础位于无黏性土上时，采用文克勒地基模型还是比较适当的，特别是当基础比较柔软，又受有局部（集中）荷载时。应指出的是，虽然文克勒地基模型与实际情况不符，但它比较简单、计算方便，可得到一系列可直接使用的解析解。例如，对于软弱黏性土上的建筑物，当上部结构和基础的刚度不是很大（框架结构等）时，仍可采用文克勒地基模型；但对于剪力墙结构等上部结构，其基础刚度大大增加，文克勒地基模型就未必适用了。

当基础位于黏性土上时，特别是对有一定刚度的基础，基底平均反力适中、地基土中应力水平不高、塑性区开展不大时，一般应采用弹性半空间地基模型或分层地基模型。当地基土呈明显层状分布、各层之间性质差异较大时，则必须采用分层地基模型。但当塑性区开展较大，或是薄压缩层地基时，文克勒地基模型又可适用。总的来说，若能采用考虑非线性影响的地基模型可以认为是较好的选择。

当高层建筑位于压缩性较高的深厚黏土层上时，还应考虑到土的固结与蠕变的影响，此时应选择能反映时效的地基模型，特别是重要建筑物，应引起注意。

岩土的应力-应变关系是非常复杂的，想要用一个普遍适用的数学模型来全面描述岩土工作性状的全貌是很困难的。在选择地基模型时，可参考下列几条原则进行：

（1）任何一个地基模型，只有通过实践的验证，也就是通过计算值与实测值的比较，才能确定它的可靠性。例如，地基模型是通过某种试验的结果提出来的，可以进行其他种类的试验来验证它的可靠性，也可以通过对具体工程的计算值与实测值的比较来进行验证。

（2）所选用的地基模型应尽量简单，最有用的地基模型其实是能解决实际问题的最简单的模型。例如，如果采用布西奈斯克解答和压缩模量估算出来的地基沉降的精度，已能满足某项工程的需要，就无须采用复杂的弹塑性模型来求得更精确的解答。

（3）所选择的地基模型应该有针对性。不同的土和不同的工程问题，应该选择不同的、最合适的模型；同时还应注意地基模型的地区经验性，对某地区、某种有代表性的地基土，如果在长期实践中，就某种模型及其参数的取值得到规律性的认识，并且计算结果与实测结果对比有较好的相关性，则可认为这种模型对该地区、该类土是适宜的。

（4）对于复杂的工程问题，应该采用不同的地基模型进行反复比较。任何模型都有它的局限性，不同模型的相互补充和比较是十分重要的。由于参数不同，比较的出发点应建立在建筑物平均沉降的基础上，这是因为建筑物的平均沉降是一个客观的数值，所以不论何种模型，其计算所得的平均沉降应彼此相当。

习 题

【2-1】 何谓地基模型？

【2-2】 最常用、最简单的线弹性地基模型有哪几种？

【2-3】 试写出文克勒地基模型的柔度矩阵。

【2-4】 如图 2-10 所示，某地基表面作用 $P = 120$ kPa 的矩形均布荷载，基础的宽 $b = 2$ m，长 $l = 4$ m，试写出分层地基模型的柔度矩阵。矩形荷载面积等分为 2 个网格单元，压缩模量 $E_s = 2.5$ MPa，矩形均布荷载角点下土中的竖向附加应力

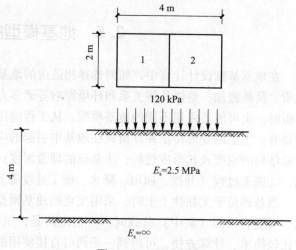

图 2-10 习题 2-4 图

$$\sigma_z = \frac{p}{2\pi}\left[\frac{mn(1 + n^2 + 2m^2)}{\sqrt{1 + m^2 + n^2}(m^2 + n^2)(1 + m^2)} + \arctan\frac{n}{m\sqrt{1 + m^2 + n^2}}\right], \quad m = \frac{z}{b}, \quad n = \frac{l}{b}$$

第3章

地基承载力

3.1 概　　述

建筑物荷载通过基础作用于地基，导致地基应力状态改变，此时对地基提出两个方面的要求，即地基变形要求及地基强度和稳定性要求。地基变形要求是指建筑物基础在荷载作用下产生的最大沉降量或沉降差应该在建筑物允许的范围内。地基强度和稳定性要求是指建筑物的基底压力应在地基允许的承载能力之内。工程中常用的地基承载能力有三种：

（1）地基承载力。地基在变形容许和维系稳定的前提下，单位面积所能承受荷载的能力。

（2）地基极限承载力。地基不致失稳时地基土单位面积能承受的最大荷载，用符号 p_u 表示。

（3）地基容许承载力。考虑一定安全储备后的地基承载力，用符号 p_a 表示。

在确定建筑基础底面尺寸时，必须先确定地基承载力。地基承载力的大小与地基土的物理力学性质，基础的尺寸、型式及埋置深度，建筑的类型及其结构特点，施工的方式及其速度等因素有关。通常，确定地基承载力的方法有：①按土的抗剪强度指标以理论公式计算；②按地基载荷试验及其他原位试验结果确定；③按规范提供的承载力公式确定。

3.1.1 按土的抗剪强度指标确定地基承载力

按土的抗剪强度指标确定地基承载力的方法较多，常用的方法是将极限承载力除以安全系数，即

$$f_a = \frac{p_u A'}{KA} \tag{3-1}$$

式中　f_a——地基承载力特征值，kPa；

　　　p_u——地基的极限承载力（可采用太沙基公式、魏锡克公式、汉森公式计算），kPa；

　　　A'——与地基土接触的有效基底面积，m^2；

　　　A——基底面积，m^2；

　　　K——安全系数，一般取 2~3。

3.1.2 按地基载荷试验确定地基承载力

载荷试验是一种原位测试技术，由载荷板向地基施加荷载，通过仪器测出地基土的

应力与变形关系曲线、地基土的沉降量等。在加荷很大时，还可判断出地基土的破坏形式。该试验准确地反映出载荷板下应力主要范围内的土性特征，从而根据试验成果确定出地基承载力特征值。

对于密实砂土、硬塑黏性土等低压缩性土，其 $p\text{-}s$ 曲线通常有较明显的起始直线段和极限值，呈"陡降型"，如图 3-1（a）所示；对于松砂、可塑黏性土等中、高压缩性土，其 $p\text{-}s$ 曲线无明显转折点，但曲线斜率随荷载的增大而逐渐增大，呈"缓变型"，如图 3-1（b）所示。

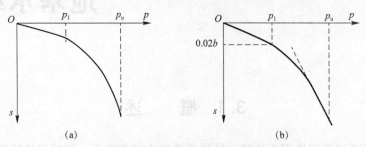

图 3-1　按载荷试验成果确定地基承载力基本值
(a) 低压缩性土；(b) 中、高压缩性土

利用上述载荷试验成果 $p\text{-}s$ 曲线确定地基承载力特征值。

（1）当 $p\text{-}s$ 曲线上有明显的初始直线和比例界限 p_1 时，取该比例界限所对应的荷载作为地基承载力特征值；

（2）当极限荷载 p_u 小于对应比例界限的荷载值 p_1 的两倍时，则取极限荷载值的一半 $\left(\dfrac{1}{2}p_u\right)$ 作为地基承载力基本值；

（3）不能按上述两项要求确定时，可取 $s/b = 0.01 \sim 0.015$（b 为载荷板宽度或直径）所对应的荷载值，但其值不应大于最大加载量的一半。

同一土层参加统计的试验点不应少于三点，当试验实测值的极差不超过平均值的 30% 时，取此平均值作为该土层的地基承载力特征值 f_{ak}。载荷试验结果可靠，但试验设备复杂、试验历时较长、费用较高，故只对重要建筑物场地采用载荷试验。

由于建筑物基础面积、埋置深度及影响深度与载荷试验承压板面积和测试深度差别很大，故当基础宽度大于 3 m 或埋置深度大于 0.5 m 时，从载荷试验或其他原位测试、经验值等方法确定的地基承载力特征值，尚应按下式修正：

$$f_a = f_{ak} + \eta_b \gamma \,(b - 3) + \eta_d \gamma_m \,(d - 0.5) \tag{3-2}$$

式中　f_a——修正后的地基承载力特征值；

　　　f_{ak}——由载荷试验或其他原位测试、经验等方法确定的地基承载力特征值；

　　　η_b、η_d——基础宽度和埋深的地基承载力修正系数，按基底下土的类别查表 3-1；

　　　γ——基础底面以下土的重度，地下水位以下取有效重度；

　　　b——基础底面宽度，m，当基础底面宽度小于 3 m 时按 3 m 取值，大于 6 m 时按 6 m 取值；

　　　γ_m——基础底面以上土的加权平均重度，地下水位以下取有效重度；

　　　d——基础埋置深度，m，一般自室外地面算起。在填方整平地区，可自填土地面标高算起，但填土在上部结构施工后完成时，应从天然地面标高算起。对于地下室，如采用箱形基础或筏基，基础埋置深度自室外地面标高算起；如采用独立基础或条形基础，应从室内地面标高算起。

表 3-1 承载力修正系数

土 的 类 别		η_b	η_d
淤泥和淤泥质土		0.00	1.00
人工填土、e 或 I_L 大于等于 0.85 的黏性土		0.00	1.00
红黏土	含水比 $\alpha_w > 0.8$	0.00	1.20
	含水比 $\alpha_w \leq 0.8$	0.15	1.40
大面积压实填土	压实系数大于 0.95、黏粒含量 $\rho_c \geq 10\%$ 的粉土	0.00	1.20
	最大干密度大于 2.1 t/m³ 的级配砂石	0.00	1.40
粉土	黏粒含量 $\rho_c \geq 10\%$ 的粉土	0.30	1.50
	黏粒含量 $\rho_c < 10\%$ 的粉土	0.50	2.00
e 及 I_L 均小于 0.85 的黏性土		0.30	1.60
粉砂、细砂（不包括很湿与饱和的稍密状态）		2.00	3.00
中砂、粗砂、砾砂和碎石土		3.00	4.40

注：1. 强风化和全风化的岩石，可参照所风化成的相应土类取值，其他状态下的岩石不修正；
　　2. 地基承载力特征值按《建筑地基基础设计规范》（GB 50007—2011）附录 D 深层平板载荷试验确定时 η_d 取 0。

3.1.3 按《建筑地基基础设计规范》公式确定地基承载力

依据规范，当偏心距 e 小于或等于 0.033 倍基础底面宽度时，根据土的抗剪强度指标确定地基承载力特征值可按下式计算，并应满足变形要求：

$$f_a = M_b \gamma b + M_d \gamma_m d + M_c c_k \tag{3-3}$$

式中　f_a——由土的抗剪强度指标确定的地基承载力特征值；

　　M_b、M_d、M_c——承载力系数，由表 3-2 确定；

　　b——基础底面宽度，大于 6 m 时按 6 m 取值，对于砂土小于 3 m 时按 3 m 取值；

　　c_k——基底下一倍短边宽深度内土的黏聚力标准值；

其他符号意义同上。

表 3-2 承载力系数 M_b、M_d、M_c

土的内摩擦角标准值 φ_k/(°)	M_b	M_d	M_c
0	0.00	1.00	3.14
2	0.03	1.12	3.32
4	0.06	1.25	3.51
6	0.10	1.39	3.71
8	0.14	1.55	3.93
10	0.18	1.73	4.17
12	0.23	1.94	4.42

土的内摩擦角标准值 φ_k/(°)	M_b	M_d	M_c
14	0.29	2.17	4.69
16	0.36	2.43	5.00
18	0.43	2.72	5.31
20	0.51	3.06	5.66
22	0.61	3.44	6.04
24	0.80	3.87	6.45
26	1.10	4.37	6.90
28	1.40	4.93	7.40
30	1.90	5.59	7.95
32	2.60	6.35	8.55
34	3.40	7.21	9.22
36	4.20	8.25	9.97
38	5.00	9.44	10.80
40	5.80	10.84	11.73

注：φ_k——基底下一倍短边宽深度内土的内摩擦角标准值。

3.2　地基临塑荷载与临界荷载的计算

3.2.1　地基变形的发展

由地基的载荷试验曲线（图3-2）可见，在荷载作用下地基变形的发展可分为三个阶段，即压密阶段、局部剪切阶段和破坏阶段。

1. 压密阶段（Oa 阶段）

地基在荷载作用下将产生变形，当荷载较小时，地基中各点处的剪应力均较小，小于土的抗剪强度，此时地基的变形是由于地基土的孔隙在压力作用下产生压缩而引起的，故这一阶段称为压密阶段。在这一阶段，压力与地基变形基本

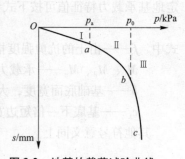

图3-2　地基的载荷试验曲线

上成直线关系，又称为直线变形阶段，如图3-2中 p-s 曲线的 Oa 段，曲线上 a 点所对应的荷载 p_a 称为比例界限或临塑荷载。

2. 局部剪切阶段（ab 阶段）

随着荷载 p 的增大，地基的变形 s 加快，且变形增量（沉降增量）与荷载增量的比值 $\Delta s/\Delta p$ 随着荷载的增大而增大，此时地基土中的剪应力在局部范围内达到了土的抗剪强度，土体处于极限平衡状态，形成局部塑性状态区。随着荷载的继续增大，该塑性区也逐渐扩大，荷载与变形的关系如图3-2中 p-s 关系线上 ab 段曲线所示，它表示地基土形成局部剪切破坏并继续发展的阶段，故称为地基土的局部剪切阶段。

3. 破坏阶段（bc 阶段）

随着荷载的继续增大，地基中的塑性区也不断扩大，在地基中逐渐形成连续的滑动面，地基变形急剧增大，基础产生下沉，地基土开始向基础周围挤出并产生隆起。此时荷载增加很小，而变形却增加很大，甚至荷载不继续增大，变形却继续发展，如图 3-2 中 p-s 曲线上 bc 陡降段所示。对应于 b 点的荷载 p_0 称为极限荷载或临界荷载。

3.2.2　临塑荷载和临界荷载

由前面所述的地基变形发展过程可知，当荷载较小时，地基的变形是由于地基土的压密而引起的；随着荷载的增大，基础底面两侧开始出现塑性区，如图 3-3 所示；当荷载继续增大时，塑性区的深度和范围也继续增大。可以在保证建筑物安全和正常使用的条件下，将地基塑性区的发展深度控制在一定范围内，并以此时作用在地基上的荷载 p 作为地基的临界荷载。在工

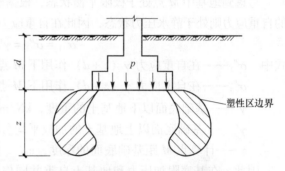

图 3-3　条形基础底面两侧边缘的塑性区

程实践中，对于中心受压基础，塑性区的最大开展深度 z_{max} 控制在基础宽度 b 的 1/4 范围内；对于偏心受压基础，塑性区的最大开展深度 z_{max} 则控制在基础宽度 b 的 1/3 范围内。

1. 地基的临塑荷载

地基的临塑荷载是指地基中将要出现塑性区时作用在地基上的相应荷载。

某条形基础的宽度为 b，基础的埋置深度为 d，基础底面以上地基土的重度为 γ，基础底面作用在地基上的总压力为 p，如图 3-4 所示，因此基础底面的附加应力为

$$p_0 = p - \gamma d \tag{3-4}$$

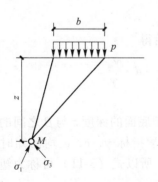
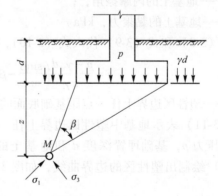

图 3-4　条形均布荷载作用下地基中的主应力

在附加应力 p_0 作用下，地基中任意点 M 处所产生的主应力为

$$\sigma_1' = \frac{p - \gamma d}{\pi}(\beta + \sin\beta) \tag{3-5}$$

$$\sigma_3' = \frac{p - \gamma d}{\pi}(\beta - \sin\beta) \tag{3-6}$$

式中 σ'_1—— 在荷载 p_0 作用下地基 M 点处的最大主应力，kPa；

σ'_3——在荷载 p_0 作用下地基 M 点处的最小主应力，kPa；

p——基础底面作用的总压力，kPa；

γ——基础底面以上地基土的重度，kN/m³；

d——基础的埋置深度，m；

β——M 点至基础底面边缘两点连线的夹角，即 M 点的视角。

考虑到地基中 M 点处于极限平衡状态，根据塑性理论，在 M 点处于塑性状态时，该点处的自重应力则处于静水压力状态，因此在自重应力 $\gamma(z+d)$ 作用下 M 点处产生的主应力为

$$\sigma''_1 = \sigma''_3 = \gamma'z + \gamma'_m d \tag{3-7}$$

式中 σ''_1——在自重应力 $\gamma(z+d)$ 作用下 M 点处的最大主应力，kPa；

σ''_3——在自重应力 $\gamma(z+d)$ 作用下 M 点处的最小主应力，kPa；

γ'——基础底面以下地基土的重度，kN/m³；

γ'_m——基础底面以上地基土的加权平均重度，kN/m³；

z——计算点 M 距基础底面的深度，m。

因此，在基底附加压力和地基土自重共同作用下，地基中 M 点处的最大主应力和最小主应力应等于式（3-5）与式（3-7）或式（3-6）与式（3-7）相加，即

$$\sigma_1 = \sigma'_1 + \sigma''_1 = \frac{p - \gamma d}{\pi}(\beta + \sin\beta) + \gamma'z + \gamma'_m d \tag{3-8}$$

$$\sigma_3 = \sigma'_3 + \sigma''_3 = \frac{p - \gamma d}{\pi}(\beta - \sin\beta) + \gamma'z + \gamma'_m d \tag{3-9}$$

当 M 点达到极限平衡状态时，该点的应力应满足极限平衡条件，即

$$\sin\varphi = \frac{\sigma_1 - \sigma_3}{\sigma_1 + \sigma_3 + 2c \cdot \cot\varphi} \tag{3-10}$$

式中 φ——地基土的内摩擦角，°；

c——地基土的黏聚力，kPa。

将式（3-8）和式（3-9）代入式（3-10），经整理后得

$$z = \frac{p - \gamma_m d}{\pi\gamma}\left(\frac{\sin\beta}{\sin\varphi} - \beta\right) - \frac{c}{\gamma\tan\varphi} - d \cdot \frac{\gamma_m}{\gamma} \tag{3-11}$$

式中 z——塑性区边界上任一点距基础底面的深度，m。

式（3-11）表示地基中塑性区边界上任一点距基础底面的深度 z 与 β 之间的关系，因此当基底压力 p，基础埋置深度 d 和地基土的物理力学指标 γ、c、φ 均已知时，可根据式（3-11）绘制出塑性区的边界曲线，如图 3-5 所示，所以式（3-11）可称为塑性区的边界方程。

在荷载 p 作用下，地基中塑性区开展的最大深度 z_{max} 可根据式（3-11）由极值条件 $\frac{dz}{d\beta} = 0$ 求得，即

$$\frac{dz}{d\beta} = \frac{p - \gamma_m d}{\pi\gamma}\left(\frac{\cos\beta}{\sin\varphi} - 1\right) = 0$$

由此可得

$$\cos\beta = \sin\varphi$$

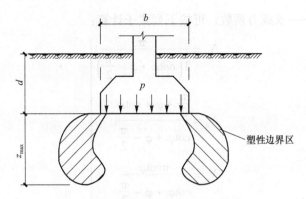

图 3-5　条形基础底面边缘处的塑性区

因此式（3-11）的极值条件为

$$\beta = \frac{\pi}{2} - \varphi \tag{3-12}$$

将式（3-12）代入式（3-11）得塑性区开展的最大深度为

$$z_{\max} = \frac{p - \gamma_m d}{\pi}\left[\cot\varphi - \left(\frac{\pi}{2} - \varphi\right)\right] - \frac{c}{\gamma \tan\varphi} - d \cdot \frac{\gamma_m}{\gamma} \tag{3-13}$$

由式（3-13）可知，在其他条件不变的情况下，随着基底压力 p 的增大，塑性区开展的深度也增加，呈线性关系。

当 $z_{\max} = 0$ 时，表示地基中将出现但尚未出现塑性区的情况，此时相应的地基应力 p 即为地基的临塑荷载 p_{cr}，因此在式（3-13）中令 $z_{\max} = 0$，即可得地基的临塑荷载，即

$$0 = \frac{p - \gamma_m d}{\pi}\left[\cot\varphi - \left(\frac{\pi}{2} - \varphi\right)\right] - \frac{c}{\gamma \tan\varphi} - d \cdot \frac{\gamma_m}{\gamma}$$

由此得

$$p_{cr} = \frac{\pi\ (\gamma_m d + c \cdot \cot\varphi)}{\cot\varphi + \varphi - \dfrac{\pi}{2}} + \gamma_m d \tag{3-14}$$

2. 地基的临界荷载

地基的临界荷载是指使地基中塑性开展区达到一定深度或范围，但未与地面贯通，地基仍有一定的强度，能够满足建筑物的强度、变形要求的荷载。

（1）当基础宽度 b 为 1/3 最大深度时。当将地基中塑性区开展的最大深度 $z_{\max}$ 控制在距基础底面 1/3 基础宽度 b 时，则可将 $z_{\max} = b/3$ 代入式（3-13），并用 $p_{\frac{1}{3}}$ 代替式中的 p，经整理后得地基的临界荷载为

$$p_{\frac{1}{3}} = \frac{\pi\left(\dfrac{1}{3}\gamma b + \gamma d_m + c \cdot \cot\varphi\right)}{\cot\varphi + \varphi - \dfrac{\pi}{2}} + \gamma d_m \tag{3-15}$$

式中　$p_{\frac{1}{3}}$——塑性区开展的最大深度 $z_{\max} = b/3$ 时地基的临界荷载，kPa。

式（3-15）也可以写成下列形式：

$$p_{\frac{1}{3}} = N_b \gamma b + N_d \gamma_m d + N_c \cdot c \tag{3-16}$$

式中 N_b、N_d、N_c——承载力系数，可按下列式子计算：

$$\left.\begin{array}{l} N_b = \dfrac{\pi}{3\left(\cot\varphi + \varphi - \dfrac{\pi}{2}\right)} \\[4mm] N_d = \dfrac{\dfrac{\pi}{2} + \varphi + \cot\varphi}{\cot\varphi + \varphi - \dfrac{\pi}{2}} \\[4mm] N_c = \dfrac{\pi\cot\varphi}{\cot\varphi + \varphi - \dfrac{\pi}{2}} \end{array}\right\} \tag{3-17}$$

（2）当基础宽度 b 为 1/4 最大深度时。当将地基中塑性区开展的最大深度 z_{max} 控制在距基础底面 1/4 基础宽度 b 时，可将 $z_{max} = b/4$ 代入式（3-13），并用 $p_{\frac{1}{4}}$ 代替式中的 p，经整理后，得地基的临界荷载为

$$p_{\frac{1}{4}} = \frac{\pi\left(\dfrac{1}{4}\gamma b + \gamma d_m + c \cdot \cot\varphi\right)}{\cot\varphi + \varphi - \dfrac{\pi}{2}} + \gamma_m d \tag{3-18}$$

式中 $p_{\frac{1}{4}}$——塑性区开展的最大深度 $z_{max} = b/4$ 时地基的临界荷载，kPa。

式（3-18）也可以写成下列形式：

$$p_{\frac{1}{4}} = N_b\gamma b + N_d\gamma_m d + N_c \cdot c \tag{3-19}$$

式中 N_b、N_d、N_c——承载力系数，可按下列式子计算：

$$\left.\begin{array}{l} N_b = \dfrac{\pi}{4\left(\cot\varphi + \varphi - \dfrac{\pi}{2}\right)} \\[4mm] N_d = \dfrac{\dfrac{\pi}{2} + \varphi + \cot\varphi}{\cot\varphi + \varphi - \dfrac{\pi}{2}} \\[4mm] N_c = \dfrac{\pi\cot\varphi}{\cot\varphi + \varphi - \dfrac{\pi}{2}} \end{array}\right\} \tag{3-20}$$

3.3 地基极限承载力计算

3.3.1 竖直荷载作用下地基的极限承载力

1. 地基破坏的类型

建筑地基由于承载力不足而产生的破坏均属于剪切破坏，但其破坏类型可分为三种，即整体剪切破坏、局部剪切破坏和冲剪破坏。

（1）整体剪切破坏。当基础上作用的荷载较小时，基础底面的地基土在压力作用下产生

压缩，逐渐在基础底面形成所谓的压密核。当荷载增大到一定数值时，在基础底部两侧边缘处的土开始发生剪切破坏，形成塑性区。随着荷载的继续增大，地基中的塑性区不断扩大，最终连成一片，形成连续的滑动面，基础急剧下沉，基础两侧地面向上隆起，如图3-6所示。

（2）局部剪切破坏。地基局部剪切破坏的过程与整体剪切破坏类似，在荷载较小时，地基土在压力作用下产生压缩，基础开始沉降。随着荷载的增大，基础底面两侧边缘处开始出现剪切破坏，形成塑性区，随着荷载继续增大，剪切破坏区也相应扩大；当荷载达到一定数值后，基础两侧地面出现微微隆起，但此时地基中的剪切破坏区（塑性区）仍然局限在地基中一定范围内，并未延伸至地面而形成连续的滑动面，这就是地基的局部剪切破坏，如图3-7所示。

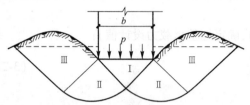

图3-6　地基整体剪切破坏

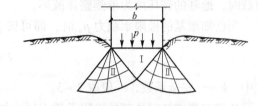

图3-7　地基局部剪切破坏

（3）冲剪破坏。随着荷载的增大，地基土被压密，基础下形成压密核。随着荷载的继续增大，基础随着土的压缩而产生垂直下降，当荷载达到一定数值后，基础侧面附近的基土产生垂直剪切破坏，基础连同压密核一起揳入基土中，这就是地基的冲剪破坏，如图3-8所示。

地基的破坏形式主要与土的压缩性有关，通常对于坚硬或紧密的土，多产生整体剪切破坏；对于松软的土，则多产生局部剪切破坏或冲剪破坏。

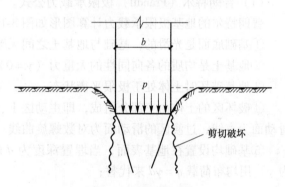

图3-8　地基冲剪破坏

2. 竖直荷载作用下地基的极限承载力

地基中出现连续滑动面（或连续塑性区）而使基础产生急剧下沉时，地基上所承受的最大荷载称为地基的极限承载力。因此，地基的极限承载力按照地基产生整体剪切破坏时的图形来进行计算。

地基产生整体破坏时破坏土体的形状如图3-9所示，可分为双侧破坏和单侧破坏两种。在均布竖直压力 p 作用下，基础两侧破坏土体的形状是对称的，可分为三个区域，即Ⅰ区、Ⅱ区和Ⅲ区，Ⅰ区称为主动应力区，Ⅱ区称为过渡区，Ⅲ区称为被动应力区。其中 AC、AD、DF 和 CD，以及

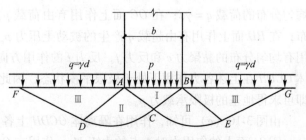

图3-9　地基整体剪切破坏时土体的形状

BC、BE、EG 和 CE 均为滑动面，但 AC、AD、DF，以及 BC、BE、EG 为直线（平面），而 CD 和 CE 为对数螺旋曲线（曲面），可用下列方程表示：

$$r = r_0 e^{\theta\tan\varphi} \qquad (3\text{-}21)$$

式中　r——对数螺旋曲线上计算点的矢径（即该点与曲线极点的连线长度），m；

　　　r_0——对数螺旋曲线的起始矢径，m，如图 3-9 中的 AC 或 BC 线；

　　　θ——对数螺旋曲线上计算点处的矢径与起始矢径之间的夹角，°；

　　　φ——地基土的内摩擦角，°；

　　　e——自然对数的底，取 e = 2.718 28。

当地基一侧作用较大的连续均布荷载或倾斜荷载，另一侧作用较小的或未作用连续均布荷载时，地基的破坏则为单侧整体破坏。

当已知地基的极限承载力 p_u 时，即可按下式确定地基承载力设计值 f：

$$f = \frac{p_u}{k} \qquad (3\text{-}22)$$

式中　k——安全系数，一般取 2 ~ 3。

地基双侧破坏时地基的极限承载力讨论如下。

（1）普朗特尔（Prandtl）极限承载力公式。

普朗特尔的地基极限承载力计算图形如图 3-10 所示，其基本假定是：

①基础底面是光滑的，基础与地基土之间无摩擦；

②地基土是均质的各向同性的无重力（$\gamma = 0$）的介质；

③地基破坏时土体处于极限平衡状态；

④破坏区的土体由三部分组成，即主动区 Ⅰ、过渡区 Ⅱ 和被动区 Ⅲ，主动区和被动区的滑动面为直线，过渡区的滑动面为对数螺旋曲线；

⑤基础均设置在地基表面，当埋置深度为 d 时，则将基础底面以上的两侧土体（重度为 γ）用均布荷载 $q = \gamma d$ 来代替；

⑥滑动面 AC 和 BC 与水平面的夹角为 $\dfrac{\pi}{4} + \dfrac{\varphi}{2}$，滑动面 AD 和 DF 与水平面的夹角为 $\dfrac{\pi}{4} - \dfrac{\varphi}{2}$；

⑦当基础底面作用在地基面上的压力为均布竖直压力时，基础两侧破坏土体的形状是对称的。

若从图 3-10（b）中 C 点向上作竖直线 CO，从 D 点向上作竖直线 DH，然后从滑动土体 $BCDF$ 中取出 $OCDH$ 作为隔离体，如图 3-10（c）所示，此时在隔离体 $OCDH$ 上作用的力如下：在 OA 面上作用有均匀分布的基底反力 p_u（即地基的极限承载力）；在 AH 面上作用有均匀分布的荷载 $q = \gamma d$；在 OC 面上作用有由荷载 p_u 产生的主动土压力 p_a，是水平均匀分布；在 HD 面上作用有由超载 q 产生的被动土压力 p_p，是水平均匀分布；在滑动面 CD 上作用有均匀分布的黏聚力 c 和反力 f，反力 f 的作用方向是沿矢径指向螺旋曲线的极点 A。隔离体 $OCDH$ 在上述各力作用下处于极限平衡状态，因此根据上述各力对极点 A 的力矩平衡条件即可求得地基的极限承载力 p_u。

由图 3-10（c）可知，作用在隔离体 $OCDH$ 上各力对极点 A 的力矩为：

①OA 面上的作用力对 A 点的力矩 M_1。作用在 OA 面上的力为均布荷载 p_u，OA 面的长度为 $b/2$，故作用在 OA 面上的合力为 $pb/2$，该合力对 A 点的力矩为

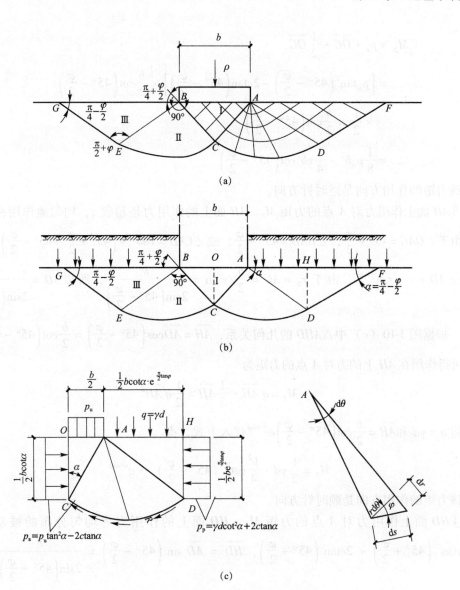

图 3-10　普朗特尔地基承载力计算图

$$M_1 = p \cdot \frac{1}{2}b \cdot \frac{1}{4}b = \frac{1}{8}p_u b^2 \qquad (3\text{-}23a)$$

该力矩的作用方向是逆时针方向。

②OC 面上作用力对 A 点的力矩 M_2。OC 面上的作用力为均匀分布的主动土压力 p_a，由

图 3-10（a）可知，在 $\triangle ABC$ 中，$\angle ACB = 180° - 2 \times \left(45° + \dfrac{\varphi}{2}\right) = 90° - \varphi$，故 $\angle OCA = \alpha = \dfrac{1}{2} \times$

$\angle ACB = \dfrac{1}{2} \times (90° - \varphi) = 45° - \dfrac{\varphi}{2}$。同时由 $\triangle OAC$ 的几何关系可得 $\overline{OC} = \dfrac{b}{2}\cot\alpha = \dfrac{b}{2}\cot$

$\left(45° - \dfrac{\varphi}{2}\right)$。由于主动土压力 $p_a = p_u\tan^2\left(45° - \dfrac{\varphi}{2}\right) - 2c\tan\left(45° - \dfrac{\varphi}{2}\right)$，故 OC 面上作用力对 A

点的力矩为

$$M_2 = p_a \cdot \overline{OC} \cdot \frac{1}{2}\overline{OC}$$

$$= \left[p_u \tan^2\left(45° - \frac{\varphi}{2}\right) - 2c\tan\left(45° - \frac{\varphi}{2}\right) \right] \times \frac{b}{2}\cot\left(45° - \frac{\varphi}{2}\right)$$

$$\times \frac{1}{2} \times \frac{b}{2}\cot\left(45° - \frac{\varphi}{2}\right)$$

$$= \frac{1}{8}p_u b^2 - \frac{1}{4}cb^2\cot\left(45° - \frac{\varphi}{2}\right) \tag{3-23b}$$

该力矩的作用方向是逆时针方向。

③AH 面上作用力对 A 点的力矩 M_3。AH 面上的作用力是超载 q，均匀地作用在长度 AH 上。由于 $\angle OAC = 45° + \frac{\varphi}{2}$，$\angle HAD = 45° - \frac{\varphi}{2}$，故 $\angle CAD = 180° - \left(45° + \frac{\varphi}{2} + 45° - \frac{\varphi}{2}\right) = \frac{\pi}{2}$，因此矢径 $AD = r = r_0 e^{\frac{\pi}{2}\tan\varphi}$，由于 $r_0 = \overline{AC} = \frac{b}{2}/\sin\alpha = \frac{b}{2\sin\left(45° - \frac{\varphi}{2}\right)}$，所以 $\overline{AD} = \frac{b}{2\sin\left(45° - \frac{\varphi}{2}\right)}$ $e^{\frac{\pi}{2}\tan\varphi}$。根据图 3-10（c）中 $\triangle AHD$ 的几何关系，$\overline{AH} = \overline{AD}\cos\left(45° - \frac{\varphi}{2}\right) = \frac{b}{2}\cot\left(45° - \frac{\varphi}{2}\right)e^{\frac{\pi}{2}\tan\varphi}$，因此可得作用在 AH 上的力对 A 点的力矩为

$$M_3 = q\overline{AH} \cdot \frac{1}{2}\overline{AH} = \frac{1}{2}q\overline{AH}^2$$

将 $q = \gamma d$ 和 $\overline{AH} = \frac{b}{2}\cot\left(45° - \frac{\varphi}{2}\right)e^{\frac{\pi}{2}\tan\varphi}$ 代入上式，得

$$M_3 = \frac{1}{2}\gamma d \cdot \frac{b^2}{4}\cot^2\left(45° - \frac{\varphi}{2}\right) \cdot e^{\pi\tan\varphi} \tag{3-23c}$$

该力矩的作用方向是顺时针方向。

④HD 面上作用力对 A 点的力矩 M_4。HD 面上的作用力为均匀分布的被动土压力 $p_p = q\tan^2\left(45° + \frac{\varphi}{2}\right) + 2c\tan\left(45° + \frac{\varphi}{2}\right)$，$\overline{HD} = \overline{AD}\sin\left(45° - \frac{\varphi}{2}\right) = \frac{b}{2\sin\left(45° - \frac{\varphi}{2}\right)}e^{\frac{\pi}{2}\tan\varphi} \cdot$

$\sin\left(45° - \frac{\varphi}{2}\right) = \frac{b}{2}e^{\frac{\pi}{2}\tan\varphi}$，因此 HD 面上作用力对 A 点的力矩为

$$M_4 = p_p \cdot \overline{HD} \cdot \frac{1}{2}\overline{HD} = \frac{1}{2}p_p \cdot \overline{HD}^2$$

将 $q = \gamma d$、p_p、$\overline{HD}$ 值代入上式得

$$M_4 = \frac{1}{2}\left[\gamma d\tan^2\left(45° + \frac{\varphi}{2}\right) + 2c\tan\left(45° + \frac{\varphi}{2}\right)\right] \cdot \left(\frac{b}{2}e^{\frac{\pi}{2}\tan\varphi}\right)^2$$

$$= \frac{1}{8}b^2\left[\gamma d\tan^2\left(45° + \frac{\varphi}{2}\right) + 2c\tan\left(45° + \frac{\varphi}{2}\right)\right]e^{\pi\tan\varphi} \tag{3-23d}$$

由于 $\tan\left(45° + \frac{\varphi}{2}\right) = \cot\left(45° - \frac{\varphi}{2}\right)$，所以式（3-23d）也可以写成

$$M_4 = \frac{1}{8}b^2\left[\gamma d\cot^2\left(45° - \frac{\varphi}{2}\right) + 2c\cot\left(45° - \frac{\varphi}{2}\right)\right]e^{\pi\tan\varphi} \tag{3-23e}$$

该力矩的作用方向是顺时针方向。

⑤CD 面上作用力对 A 点的力矩 M_5。CD 面上的作用力有黏聚力 c 和反力 f，但是由于反力 f 的作用方向与各点处的矢径方向一致，通过 A 点，因此对 A 点的力矩为零。

若从滑动土体 ACD 中取出矢径为 r，极角为 $d\theta$ 的微分土体，该微分土体的滑动面长度为 ds，由几何关系可知，$ds = \dfrac{rd\theta}{\cos\varphi}$。作用在滑动面 ds 上的黏聚力为 cds，该力可分解为两个分力，一个分力为 $cds \cdot \sin\varphi$，作用方向与矢径一致，通过 A 点，对 A 点的力矩为零；另一个分力为 $cds \cdot \sin\varphi$，作用方向与矢径正交，故对 A 点的力矩为 $\dfrac{rd\theta}{\cos\varphi} \cdot \cos\varphi \cdot r = cr^2 d\theta = cr_0^2 e^{2\theta\tan\varphi} d\theta$，所以作用在整体滑动面 CD 上的黏聚力对 A 点的力矩为

$$
\begin{aligned}
M_5 &= \int dm = \int_0^{\frac{\pi}{2}} cr_0^2 e^{2\theta\tan\varphi} d\theta \\
&= \int_0^{\frac{\pi}{2}} c \frac{b^2}{4\sin^2\left(45° - \dfrac{\varphi}{2}\right)} e^{2\theta\tan\varphi} d\theta \\
&= \frac{1}{8} c \frac{b^2}{\sin^2\left(45° - \dfrac{\varphi}{2}\right)\tan\varphi} (e^{\pi\tan\varphi} - 1)
\end{aligned}
\tag{3-23f}
$$

该力矩的作用方向是顺时针方向。

因此根据平衡条件，隔离体 $OCDH$ 上所有作用力对 A 点的力矩的代数和 $\sum M$ 应等于零，即

$$
\frac{1}{8} p_u b^2 + \frac{1}{8} p_u b^2 - \frac{1}{4} cb^2 \cot\left(45° - \frac{\varphi}{2}\right) - \frac{1}{2}\gamma d \frac{b^2}{4}\cot^2\left(45° - \frac{\varphi}{2}\right) e^{\pi\tan\varphi} - \frac{1}{8} b^2
$$

$$
\left[\gamma d \cot^2\left(45° - \frac{\varphi}{2}\right) + 2c\cot\left(45° - \frac{\varphi}{2}\right)\right] e^{\pi\tan\varphi} - \frac{1}{8} c \frac{b^2}{\sin^2\left(45° - \dfrac{\varphi}{2}\right)\tan\varphi} (e^{\pi\tan\varphi} - 1) = 0
$$

解上式即得地基极限承载力为

$$
p_u = \gamma d \cdot \tan\left(45° + \frac{\varphi}{2}\right) \cdot e^{\pi\tan\varphi} + c \cdot \cot\varphi\left[\gamma d\tan\left(45° + \frac{\varphi}{2}\right) \cdot e^{\pi\tan\varphi} - 1\right]
\tag{3-24}
$$

式中 γ——地基土的重度，kN/m^3；

      c——地基土的黏聚力，kPa；

      φ——地基土的内摩擦角，°；

      d——基础的埋置深度，m；

      e——自然对数的底，取 $e = 2.71828$。

式（3-24）也常写成下列形式：

$$
p_u = \gamma d N_q + c N_c
\tag{3-25}
$$

式中

$$
N_q = \tan^2\left(45° + \frac{\varphi}{2}\right) \cdot e^{\pi\tan\varphi}
\tag{3-26}
$$

$$
N_c = (N_q - 1) \cot\varphi
\tag{3-27}
$$

由于普朗特尔在推导公式时不考虑地基土的重度，因此由式（3-27）可见，当基础放置在地表面（即 $d=0$）和地基土为无黏聚性土（即 $c=0$）时，地基极限承载力 $p_u=0$，这是不合理的。

（2）泰勒（Taylor）极限承载力公式。1948 年泰勒提出在普朗特尔公式的基础上计入滑动土体重度的影响，方法是假定滑动土体的平均换算高度等于压密核的高度 OC［图 3-10（b）］，即

$$\overline{OC} = \frac{b}{2}\tan\left(\frac{\pi}{4}+\frac{\varphi}{2}\right) \tag{3-28}$$

由于滑动土体重力的作用，将使滑动面上的抗剪强度增加，其增加值可用换算黏聚力 c' 来表示，而

$$c' = \gamma \cdot \overline{OC} \cdot \tan\varphi = \frac{1}{2}\gamma b\tan\varphi\tan\left(\frac{\pi}{4}+\frac{\varphi}{2}\right) \tag{3-29}$$

将式（3-25）中 c 用 $c+c'$ 代替，则得考虑滑动土体重度影响的地基极限承载力为

$$\begin{aligned}
p_u &= \gamma d N_q + (c+c')N_c \\
&= \gamma d N_q + c \cdot N_c + c' \cdot N_c \\
&= \gamma d N_q + c \cdot N_c + \frac{1}{2}\gamma b\tan\varphi\tan\left(\frac{\pi}{4}+\frac{\varphi}{2}\right)(N_q-1)\cot\varphi \\
&= \frac{1}{2}\gamma b N_r + \gamma d N_q + c \cdot N_c
\end{aligned} \tag{3-30}$$

式中

$$\left.\begin{aligned}
N_r &= (N_q-1)\tan\left(\frac{\pi}{4}+\frac{\varphi}{2}\right) \\
&= \left[\tan^2\left(\frac{\pi}{4}+\frac{\varphi}{2}\right)\cdot e^{\pi\tan\varphi}-1\right]\tan\left(\frac{\pi}{4}+\frac{\varphi}{2}\right) \\
N_q &= \tan^2\left(45°+\frac{\varphi}{2}\right)\cdot e^{\pi\tan\varphi} \\
N_c &= (N_q-1)\cot\varphi
\end{aligned}\right\} \tag{3-31}$$

3.3.2 倾斜荷载作用下地基的极限承载力

1. 不考虑渗流力（孔隙压力）作用时地基的极限承载力

（1）极限平衡分析法。根据塑性理论的分析和一些试验研究表明，在倾斜荷载作用（即同时作用水平力和竖直力）的情况下，地基破坏体的形状如图 3-11（a）所示，破坏土体可分为三部分，即主动区、过渡区和被动区。滑动面 AC 为一曲面，BC、BD 和 DE 均为平面，CD 则为对数螺旋面，该对数螺旋曲线可用下式表示：

$$r = r_0 e^{\theta\tan\varphi} \tag{3-32}$$

式中　r——滑动面上任意点到原点 B 的矢量半径，m；

　　　r_0——对数螺旋曲线的起始矢量半径，m，即直线 BC 的长度；

　　　θ——对数螺旋曲线上计算点处的矢量半径与起始矢量半径之间的夹角（弧度）；

　　　φ——地基土的内摩擦角，°。

由于 AC 面的曲度通常并不是很大，因此为了计算方便起见，常近似地用平面来代替，

如图 3-11（b）所示。此时 AC 面与 BC 面的夹角为 $\dfrac{\pi}{2} - \varphi$，BD 面与 DE 面的夹角为 $\dfrac{\pi}{2} + \varphi$。

假定 AC 面与 AB 面的夹角为 α，BC 面与 AB 面的夹角为 β，BC 面与 BD 面的夹角为 θ，BD 面与 BE 面的夹角为 η。

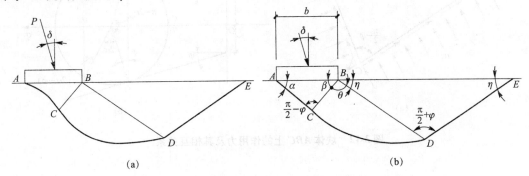

图 3-11 倾斜荷载作用下地基破坏体的形状

此时块体 ABC 的质量则为

$$G_1 = \frac{1}{2} \gamma \, \overline{AB} \times \overline{BC} \times \sin\beta = \frac{1}{2} \gamma L^2 \frac{\sin\alpha \sin\beta}{\cos\alpha} \tag{3-33}$$

式中 γ——地基土的重度，kN/m^3；

L——AB 面（即基础）的长度，m；

α——AC 面与 AB 面的夹角，$°$，如图 3-11（b）所示；

β——BC 面与 AB 面的夹角，$°$，如图 3-11（b）所示。

①块体 ABC 中的角度关系和滑动面上的应力关系。

设想在块体 ABC 的 AB 面上作用有外荷 p，AB 面单位长度上的荷载为

$$p = \frac{P}{\overline{AB}} = \frac{P}{L} \tag{3-34}$$

式中 $\overline{AB}$——AB 面的长度，m；

L——基础底面的宽度，m。

P（或 p）为倾斜荷载，其作用线与竖直线之间的夹角为 δ。荷载 P 在 AB 面上产生的法向应力为 σ_0，产生的剪应力（水平应力）为 τ_0。

此时在块体 ABC 的 AC 面上将作用有等强度的法向应力 σ_1 和剪应力 τ_1，BC 面上作用有等强度的法向应力 σ_2 和剪应力 τ_2，经上述转化后，此时块体 ABC 处于无侧力应力场中，如图 3-12（a）所示。

当外荷 P（或 p）为极限荷载时，块体 ABC 的 AC 面和 BC 面即处于极限平衡状态，此时块体 ABC 的应力状态可用图 3-12（b）所示的应力圆来表示。

由图 3-12（a）中块体 ABC 的几何关系可得

$$\frac{\overline{AB}}{\sin\left(\dfrac{\pi}{2} - \varphi\right)} = \frac{\overline{BC}}{\sin\varphi} = \frac{\overline{AC}}{\sin\left(\dfrac{\pi}{2} + \varphi - \alpha\right)} \tag{3-35}$$

将 $\overline{AB} = L$ 代入式（3-35），则可得

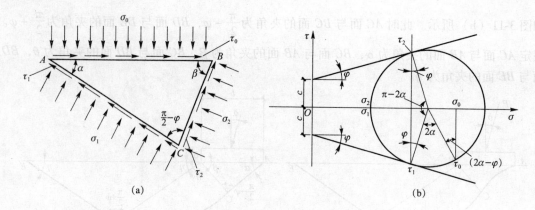

图 3-12 块体 ABC 上的作用力及其相互关系

$$\overline{BC} = \frac{L\sin\alpha}{\cos\varphi} \tag{3-36}$$

$$\overline{AC} = \frac{L\cos(\alpha - \varphi)}{\cos\varphi} \tag{3-37}$$

根据块体 ABC 上作用力在竖直轴 y 方向投影之和为零的条件, 即根据 $\sum y = 0$ 的条件, 可得

$$\sigma_0 \cdot \overline{AB} = \sigma_1 \cdot \overline{AC}\cos\alpha + \tau_1 \cdot \overline{AC}\sin\alpha - \sigma_2 \cdot \overline{BC}\sin(\varphi - \alpha) + \tau_2 \cdot \overline{BC}\cos(\varphi - \alpha)$$

将式 (3-36) 和式 (3-37) 代入上式, 消去 L 后得

$$\sigma_0 = \sigma_1 \frac{\cos(\alpha - \varphi)\cos\alpha}{\cos\varphi} + \tau_1 \frac{\cos(\alpha - \varphi)\sin\alpha}{\cos\varphi} + \sigma_2 \frac{\sin\alpha\sin(\varphi - \alpha)}{\cos\varphi} +$$

$$\tau_2 \frac{\sin\alpha\cos(\varphi - \alpha)}{\cos\varphi} \tag{3-38}$$

如将土的黏聚力 c 作为土的内结构压力, 即

$$\left.\begin{array}{l} \tau_1 = \sigma_1\tan\varphi + c = \left(\sigma_1 + \dfrac{c}{\tan\varphi}\right)\tan\varphi = (\sigma_1 + \sigma_c)\tan\varphi = \sigma_1'\tan\varphi \\[2mm] \tau_2 = \sigma_2\tan\varphi + c = \left(\sigma_2 + \dfrac{c}{\tan\varphi}\right)\tan\varphi = (\sigma_2 + \sigma_c)\tan\varphi = \sigma_2'\tan\varphi \end{array}\right\} \tag{3-39}$$

式中 c——地基土的黏聚力, kPa;

$$\left.\begin{array}{l} \sigma_c = \dfrac{c}{\tan\varphi} \\[2mm] \sigma_1' = \sigma_1 + \sigma_c \\[2mm] \sigma_2' = \sigma_2 + \sigma_c \end{array}\right\} \tag{3-40}$$

将式 (3-39) 代入式 (3-38), 则得

$$\sigma_0 = \sigma_1' \frac{\cos(\alpha - \varphi)}{\cos\varphi}(\cos\alpha + \sin\alpha\tan\varphi) + \sigma_2'\frac{\sin\alpha}{\cos\varphi}\left[\sin(\varphi - \alpha) + \cos(\varphi - \alpha)\tan\alpha\right] \tag{3-41}$$

根据块体 ABC 上作用力在水平轴 x 方向投影之和为零的条件, 即根据 $\sum x = 0$ 的条件, 可得

$$\tau_0 = -\sigma_1 \frac{\cos\ (\alpha-\varphi)\ \sin\alpha}{\cos\varphi} + \tau_1 \frac{\cos\ (\alpha-\varphi)\ \cos\alpha}{\cos\varphi} + \sigma_2 \frac{\sin\alpha\cos\ (\varphi-\alpha)}{\cos\varphi} +$$

$$\tau_2 \frac{\sin\alpha\sin\ (\varphi-\alpha)}{\cos\varphi}$$

同样，将式（3-39）代入上式，则可得

$$\tau_0 = \sigma_1' \frac{\cos\ (\alpha-\varphi)}{\cos\varphi}\ (-\sin\alpha+\cos\alpha\tan\varphi)\ +\sigma_2' \frac{\sin\alpha}{\cos\varphi}[\cos\ (\varphi-\alpha)\ +\sin\ (\varphi-\alpha)\ \tan\alpha]$$

$$(3-42)$$

由图 3-12（b）可知，当 AC 面上的抗剪强度指标 c、φ 和 BC 面上的抗剪强度指标 c、φ 相等时，应力 $\sigma_1=\sigma_2$，$\tau_1=\tau_2$。同时由图 3-12（b）可得

$$\sigma_1 = \sigma_2 = \sigma_0 + \tau_0\tan\ (\varphi-2\alpha)\ -\tau_1\tan\varphi$$

将 $\tau_1=\sigma_1\tan\varphi+c$ 代入上式，则得

$$\sigma_1 = \sigma_2 = \frac{1}{(1+\tan^2\varphi)}\ [\sigma_0+\tau_0\tan\ (\varphi-2\alpha)\ -c\tan\varphi] \qquad (3-43)$$

由于 p 与水平线的夹角为 δ，故应力

$$\left.\begin{array}{l}\sigma_0 = p\cos\delta \\ \tau_0 = p\sin\delta\end{array}\right\} \qquad (3-44)$$

将式（3-44）代入式（3-41）和式（3-42），并考虑到 $\sigma_1=\sigma_2$，即 $\sigma_1'=\sigma_2'$，则得

$$p = \frac{1}{\cos\delta}\left\{\sigma_1' \frac{\cos\ (\alpha-\varphi)}{\cos\varphi}\ (\cos\alpha+\sin\alpha\tan\varphi)\ +\sigma_2' \frac{\sin\alpha}{\cos\varphi}[\sin\ (\varphi-\alpha)\ +\cos(\varphi-\alpha)\tan\alpha]\right\}$$

$$= \frac{1}{\cos\delta}\left\{\sigma_1'\left[\frac{\cos\alpha}{\cos\varphi}+\frac{2\sin\alpha\cos(\varphi-\alpha)}{\cos\varphi}\tan\varphi\right]\right\} \qquad (3-45)$$

$$p = \frac{1}{\sin\delta}\left\{\sigma_1' \frac{\cos\ (\alpha-\varphi)}{\cos\varphi}\ (-\sin\alpha+\cos\alpha\tan\varphi)\ +\sigma_2' \frac{\sin\alpha}{\cos\varphi}[\cos\ (\varphi-\alpha)\ +\sin(\varphi-\alpha)\tan\alpha]\right\}$$

$$= \frac{1}{\sin\delta}\left\{\sigma_1'\left[\frac{\cos(2\alpha-\varphi)}{\cos\varphi}\tan\varphi\right]\right\} \qquad (3-46)$$

令式（3-45）与式（3-46）相等，消去 σ_1' 并将等式左右乘以 $\cos\varphi$，则可得

$$\sin\delta[\cos\varphi+\sin\ (2\alpha-\varphi)\ \tan\varphi+\sin\varphi\tan\varphi] = \cos\delta[\cos\ (2\alpha-\varphi)\ \tan\varphi]$$

上式也可以写成下列形式：

$$\frac{\sin\delta}{\cos\varphi}[1+\sin\ (2\alpha-\varphi)\ \sin\varphi] = \cos\delta\cos\ (2\alpha-\varphi)\ \tan\varphi$$

由此可得

$$\sin\delta+\sin\ (2\alpha-\varphi)\ \sin\varphi-\cos\delta\cos\ (2\alpha-\varphi)\ \sin\varphi = 0$$

即

$$\sin\delta-\cos\ (2\alpha-\varphi+\delta)\ \sin\varphi = 0$$

因此

$$\alpha = \frac{1}{2}\left[\arccos\left(\frac{\sin\delta}{\sin\varphi}\right)+\varphi-\delta\right] \qquad (3-47)$$

由图 3-12（a）中的几何关系可得

$$\beta = \frac{\pi}{2}+\varphi-\alpha \qquad (3-48)$$

或

$$\beta = \frac{\pi}{2} - \frac{1}{2}\left[\arccos\left(\frac{\sin\delta}{\sin\varphi}\right) - \delta\right] + \frac{1}{2}\varphi \qquad (3\text{-}49)$$

②块体 BDE 中的角度关系和滑动面上的应力关系。

在块体 BDE 的边界 BE 上作用有等强度的法向应力 σ_n，如图 3-13（a）所示，而

$$\sigma_n = q_2 + q_n + q_3 \qquad (3\text{-}50\mathrm{a})$$

式中　q_n——边界面（地基面）BE 上的均布荷载，kPa；

q_2——块体 CBD 的重量化引成等强度外荷载后的荷载强度，kPa；

q_3——块体 BDE 的重量化引成等强度外荷载后的荷载强度，kPa。

在块体 BDE 的 BD 面上作用有等强度的法向应力 σ_3 和剪应力 τ_3，在 DE 面上作用有等强度的法向应力 σ_4 和剪应力 τ_4，如图 3-13（a）所示。

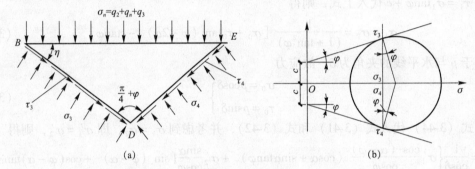

图 3-13　块体 BDE 上的作用力及其相互关系

当块体 BDE 处于极限平衡状态时，块体上各应力之间的关系可用图 3-13（b）上的应力圆来表示。由图 3-13（b）可知，当已知 BD 面和 DE 面上的抗剪强度指标 c 和 φ 时，则 BD 面和 DE 面上的应力满足下列关系：

$$\left.\begin{array}{l} \sigma_3 = \sigma_4 \\[4pt] \tau_3 = \tau_4 \end{array}\right\} \qquad (3\text{-}50\mathrm{b})$$

由图 3-13（a）中块体 BDE 的几何关系可知，在满足式（3-50b）的前提下，$\angle EBD$ 必然等于 $\angle DEB$，即

$$\angle EBD = \angle DEB = \eta = \frac{1}{2}\left[\pi - \left(\frac{\pi}{2} + \varphi\right)\right] = \frac{\pi}{4} - \frac{\varphi}{2} \qquad (3\text{-}51)$$

根据块体 BDE 上的作用力在竖直轴上的投影之和为零的条件，即根据 $\sum y = 0$ 的条件，可得

$$2\,\overline{BD} \cdot \tau_3 \sin\eta + \sigma_n \cdot \overline{BE} - 2\,\overline{BD} \cdot \sigma_3 \cos\eta = 0$$

式中

$$\left.\begin{array}{l} \overline{BE} = 2\,\overline{BD}\cos\eta \\[4pt] \tau_3 = \sigma_3\tan\varphi + c \end{array}\right\} \qquad (3\text{-}52)$$

将式（3-52）代入前面的平衡方程并经整理后得

$$\sigma_3 = \frac{\sigma_n + c\tan\eta}{1 - \tan\varphi\tan\eta} \qquad (3\text{-}53)$$

块体 BDE 的自重为

$$G_3 = \frac{1}{2}\gamma\,\overline{BD}^2\sin2\eta \tag{3-54}$$

式中　γ——地基土的重度，kN/m^3。

因此

$$q_3 = \frac{G_3}{\overline{BE}} = \frac{\gamma}{4}\overline{BD}\frac{\sin^2\eta}{\cos\eta} \tag{3-55}$$

由于 CD 面为对数螺旋曲线，故

$$\overline{BD} = \overline{BC}\cdot\mathrm{e}^{\theta\tan\varphi} = \frac{L\sin\alpha}{\cos\varphi}\mathrm{e}^{\theta\tan\varphi} \tag{3-56}$$

式中　θ——BC 面与 BD 面之间的夹角（弧度）。

由于

$$\beta + \theta + \eta = \pi \tag{3-57}$$

故

$$\theta = \pi - (\beta + \eta) = \frac{3\pi}{4} + \frac{\varphi}{2} - \beta \tag{3-58}$$

将式（3-56）代入式（3-55），则得

$$q_3 = \frac{1}{4}\gamma L\frac{\sin2\eta\sin\alpha}{\cos\varphi\cos\eta}\mathrm{e}^{\theta\tan\varphi} \tag{3-59}$$

③块体 BCD 上的应力关系。在块体 BCD 的 BD 面上作用有法向应力 σ_3 和剪应力 τ_3，在 BC 面上作用有法向应力 σ_2 和剪应力 τ_2，在 CD 面上作用有法向应力 σ 和剪应力 τ，其中 $\tau = \sigma\tan\varphi + c$，如图 3-14 所示。

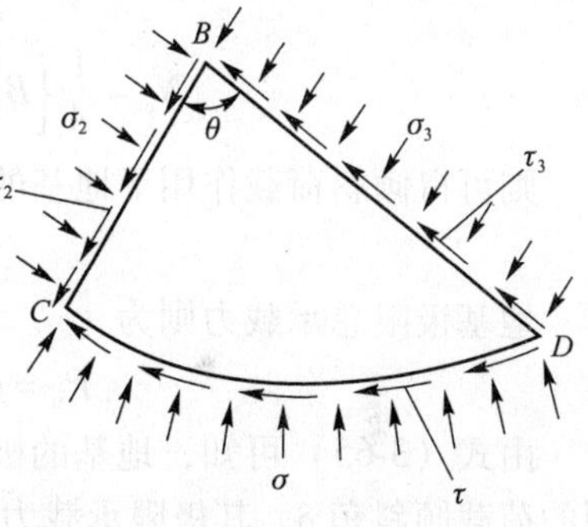

块体 BCD 的重量为

$$G_2 = \frac{\gamma L^2}{4\tan\varphi}\cdot\frac{\sin^2\alpha}{\cos^2\varphi}\,(\mathrm{e}^{2\theta\tan\varphi} - 1) \tag{3-60}$$

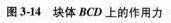

图 3-14　块体 BCD 上的作用力

将 G_2 转化为边界 BE 上的等强度外荷 q_2，即

$$q_2 = \frac{G_2}{\overline{BE}} = \frac{\gamma L\sin\alpha}{8\tan\varphi\cos\eta\cos\varphi}\,(\mathrm{e}^{\theta\tan\varphi} - \mathrm{e}^{-\theta\tan\varphi}) \tag{3-61}$$

此时块体 BCD 处于无侧力状态。

若以 B 点为力矩中心，根据块体上作用力对 B 点的力矩平衡条件可得

$$\sigma_3\cdot\mathrm{e}^{2\theta\tan\varphi} - \sigma_2 + \frac{c}{\tan\varphi}\,(\mathrm{e}^{2\theta\tan\varphi} - 1) = 0 \tag{3-62}$$

④地基的极限承载力和承载力安全度。

将式（3-43）和式（3-53）代入式（3-62）后得

$$\frac{\sigma_n + c\tan\eta}{(1 + \tan^2\varphi)}\mathrm{e}^{2\theta\tan\varphi} - \frac{1}{(1 + \tan^2\varphi)}\{[\sigma_0 + \tau_0\tan(\varphi - 2\alpha)] - c\tan\varphi\} + \frac{c}{\tan\varphi}\,(\mathrm{e}^{2\theta\tan\varphi} - 1) = 0$$

由此可得

$$\sigma_0 + \tau_0\tan(\varphi - 2\alpha) = (1 + \tan^2\varphi)\left[\frac{\sigma_n + c\tan\eta}{(1 + \tan^2\varphi)}\mathrm{e}^{2\theta\tan\varphi} + \frac{c}{\tan\varphi}\,(\mathrm{e}^{2\theta\tan\varphi} - 1)\right] + c\tan\varphi \tag{3-63}$$

将式（3-49）、式（3-58）和式（3-60）代入式（3-62）中，则得

$$\sigma_0 + \tau_0 \tan(\varphi - 2\alpha) = (1 + \tan^2\varphi)\left\{\left[\frac{c\tan\eta}{1 - \tan\varphi\tan\eta}e^{2\theta\tan\varphi} + \frac{c}{\tan\varphi}(e^{2\theta\tan\varphi} - 1)\right] + \right.$$

$$\left. q_n \cdot \frac{e^{2\theta\tan\varphi}}{1 - \tan\varphi\tan\eta} + \frac{1}{4}\gamma L\frac{\sin2\eta\sin\alpha}{\cos\varphi\cos\eta(1 - \tan\varphi\tan\eta)}e^{3\theta\tan\varphi} + \right.$$

$$\left. \frac{\gamma L\sin\alpha(e^{3\theta\tan\varphi} - e^{\theta\tan\varphi})}{8\tan\varphi\cos\varphi\cos\eta(1 - \tan\varphi\tan\eta)}\right\} + c \cdot \tan\varphi - \frac{1}{2}\gamma L\frac{\sin\alpha\sin\beta}{\cos\varphi}$$

$$(3-64)$$

将式（3-44）代入式（3-64），同时再令

$$A = \cos\delta + \sin\delta\tan(\varphi - 2\alpha) \tag{3-65}$$

$$B = 1 + \tan^2\varphi \tag{3-66}$$

$$D = \frac{e^{2\theta\tan\varphi}}{1 - \tan\varphi\tan\eta} \tag{3-67}$$

$$N_r = \frac{1}{4A}\sin\alpha\left\{B\left[D\frac{\sin2\eta}{\cos\varphi\cos\eta}e^{\theta\tan\varphi} + \frac{D(e^{\theta\tan\varphi} - e^{-\theta\tan\varphi})}{2\sin\varphi\cos\eta}\right] - \frac{2\sin\beta}{\cos\varphi}\right\} \tag{3-68}$$

$$N_q = D \cdot \frac{B}{A} \tag{3-69}$$

$$N_c = \frac{1}{A}\left\{B\left[D\tan\eta + \frac{1}{\tan\varphi}(e^{2\theta\tan\varphi} - 1)\right] + \tan\varphi\right\} \tag{3-70}$$

则可得倾斜荷载作用下地基的极限承载力为

$$p_u = \gamma L N_r + q N_q + c N_c \tag{3-71}$$

地基极限总承载力则为

$$P_u = p_u \cdot L = (\gamma L N_r + q N_q + c N_c)L \tag{3-72}$$

由式（3-65）可知，地基的极限荷载 P（或 p）与荷载的倾斜角 δ 相关，同一地基对不同的荷载倾斜角 δ，其极限承载力是不同的。在设计计算中，所要计算的地基极限承载力应该是与地基实际作用荷载的倾斜角 ψ 相应的地基极限承载力，也就是在按式（3-71）或式（3-72）计算地基极限承载力时，式（3-65）中的 δ 应取其等于 ψ，即令 $\delta = \psi$。

若地基上（即基础底面）实际作用的荷载包括竖直荷载 W 和水平荷载 Q，则其合成荷载（合力）的作用线与水平线的夹角为

$$\psi = \arctan\left(\frac{Q}{W}\right) \tag{3-73}$$

式中 ψ——荷载作用线与水平线的夹角，°；

W——竖直向外荷载，kN；

Q——水平向外荷载，kN。

竖直荷载 W 和水平荷载 Q 的合成荷载 P 可按下式计算：

$$P = \sqrt{W^2 + Q^2} \tag{3-74}$$

式中 P——作用在地基上的倾斜荷载，kN。

地基极限承载力 P_u（或 p_u）与地基上实际作用荷载 P（或 $p = P/L$）的比值，表示地基承载力的安全度，因此在按式（3-74）计算地基上的倾斜荷载 P 后，即可按下式计算地基承载力的安全度：

$$k = \frac{P_u}{P} \tag{3-75}$$

或

$$k = \frac{p_u}{p} \tag{3-76}$$

式中　k——地基承载力安全系数，一般取 2 ~ 3；

　　　p——基础底面单位宽度上的外荷载，kN，即 $p = \dfrac{P}{L}$。

（2）平衡力法。破坏土体的形状如图 3-15 所示，可分为主动区 ABC，过渡区 BCD 和被动区 CDE，滑动面 AB、BC、CD 和 DE 均为平面，BD 为对数螺旋曲线，仍用式（3-32）表示。AB 面与 AC 面的夹角为 α，BC 面与 AC 面的夹角为 β，BC 面与 CD 面

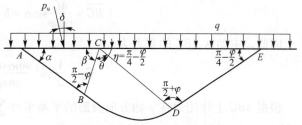

图 3-15　破坏土体的形状

的夹角为 θ，CD 面与 CE 面的夹角为 $\eta = \dfrac{\pi}{4} - \dfrac{\varphi}{2}$，$DE$ 面与 CE 面的夹角也为 $\dfrac{\pi}{4} - \dfrac{\varphi}{2}$，$CD$ 面与 DE 面的夹角为 $\dfrac{\pi}{2} + \varphi$，AB 面与 BC 面的夹角则为 $\dfrac{\pi}{2} - \varphi$。

在破坏体表面作用有均布超载 $q = \gamma d$，其中 γ 为地基土的重度，d 为基础埋置深度（或基坑开挖深度），在 AC 面（基础底面）作用有倾斜的极限荷载 p_u，p_u 的作用线与竖直线的夹角为 δ。此时破坏土体 $ABDECA$ 处于极限平衡状态。

根据式（3-63）可知

$$\alpha = \frac{1}{2}\left[\arccos\left(\frac{\sin\delta}{\sin\varphi}\right) + \varphi - \delta\right] \tag{3-77}$$

$$\beta = \pi - \left(\alpha + \frac{\pi}{2} - \varphi\right) = \frac{\pi}{2} + \varphi - \alpha \tag{}$$

而角度

$$\theta = \pi - (\beta + \eta) \tag{3-78}$$

或

$$\theta = \frac{3\pi}{4} - \left(\beta - \frac{\varphi}{2}\right) \tag{3-79}$$

①主动区 ABC。在主动区 ABC 的 AC 面上作用有均布超载 q 和极限外荷载 P_u，P_u 的作用线与竖直线的夹角为 δ；AB 面上作用有反力 R_1，R_1 的作用线与 AB 面的法线成夹角 φ，同时在 AB 面上尚作用有土的黏聚力 c，作用方向沿 AB 面向上；BC 面上作用有反力 R_1'，R_1' 的作用线与 BC 面的法线成夹角 φ，而且 BC 面上尚作用有黏聚力 c，其作用方向为沿 BC 面向上。此外，在主动区 ABC 上还作用有土体 ABC 的重力 G_1，如图 3-16 所示。

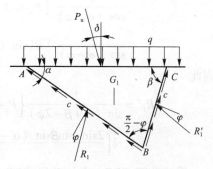

图 3-16　主动区 ABC 的计算图

根据图 3-16 上 △ABC 的几何关系可得

$$G_1 = \frac{1}{2}\gamma\,\overline{AC} \times \overline{AB}\sin\alpha$$

由于

$$\overline{AC} = b \tag{3-80}$$

$$\overline{AB} = \frac{\overline{AC}}{\cos\varphi}\sin\beta = b\,\frac{\sin\beta}{\cos\varphi} \tag{3-81}$$

$$\overline{BC} = \frac{\overline{AC}}{\cos\varphi}\sin\alpha = b\,\frac{\sin\alpha}{\cos\varphi} \tag{3-82}$$

因此，主动区 ABC 的重力为

$$G_1 = \frac{1}{2}\gamma b^2\,\frac{\sin\alpha\sin\beta}{\cos\varphi} \tag{3-83}$$

根据 ABC 上作用力在 y 轴方向投影的平衡条件 $\sum y = 0$，可得

$$P_u\cos\delta + qb + G_1 - c\,\overline{AB}\sin\alpha - R_1\cos\,(\alpha - \varphi)\,-c\,\overline{BC}\sin\beta - R_1'\cos\,(\beta - \varphi)\,=0$$

将式（3-81）和式（3-82）代入上式可得

$$P_u\cos\delta + qb + G_1 - cb\,\frac{\sin\alpha\sin\beta}{\cos\varphi} - R_1\cos\,(\alpha - \varphi)\,-cb\,\frac{\sin\alpha\sin\beta}{\cos\varphi} - R_1'\cos\,(\beta - \varphi)\,=0$$

由此得

$$R_1 = \frac{1}{\cos\,(\alpha - \varphi)}\left[P_u\cos\delta + qb + G_1 - 2cb\,\frac{\sin\alpha\sin\beta}{\cos\varphi} - R_1'\cos\,(\beta - \varphi)\right] \tag{3-84}$$

根据 ABC 上作用力在 x 轴方向投影的平衡条件 $\sum x = 0$，可得

$$P_u\sin\delta + R_1\sin\,(\alpha - \varphi)\,-R_1'\sin\,(\beta - \varphi)\,+c \cdot \overline{BC}\cos\beta - c \cdot \overline{AB}\cos\alpha = 0$$

将式（3-81）和式（3-82）代入上式可得

$$P_u\sin\delta + R_1\sin\,(\alpha - \varphi)\,-R_1'\sin\,(\beta - \varphi)\,+cb\,\frac{\sin\alpha}{\cos\varphi}\cos\beta - cb\,\frac{\sin\beta}{\cos\varphi}\cos\alpha = 0$$

由此可得

$$R_1 = \frac{1}{\sin\,(\alpha - \varphi)}\left[R_1'\sin\,(\beta - \varphi)\,+cb\,\frac{\sin\,(\beta - \alpha)}{\cos\varphi} - P_u\sin\delta\right] \tag{3-85}$$

令式（3-84）等号的右边和式（3-85）等号的右边相等得

$$\frac{1}{\cos\,(\alpha - \varphi)}\left[P_u\cos\delta + qb + G_1 - 2\,cb\,\frac{\sin\alpha\sin\beta}{\cos\varphi} - R_1'\cos\,(\beta - \varphi)\right]\,=$$

$$\frac{1}{\sin\,(\alpha - \varphi)}\left[R_1'\sin\,(\beta - \varphi)\,+cb\,\frac{\sin\,(\beta - \alpha)}{\cos\varphi} - P_u\sin\delta\right]$$

因此

$$R_1' = \frac{1}{\sin\,(\alpha + \beta - 2\varphi)}\Bigg\{P_u\sin\,(\alpha + \delta - \varphi)\,+\,(qb + G_1)\,\sin\,(\alpha - \varphi)\,-$$

$$cb\left[\frac{2\sin\alpha\sin\beta\sin\,(\alpha - \varphi)\,+\cos\,(\alpha - \varphi)\,\sin\,(\beta - \alpha)}{\cos\varphi}\right]\Bigg\} \tag{3-86}$$

②被动区 CDE。在被动区 CDE 的 CE 面上作用有超载 $q = \gamma d$；在 CD 面上作用有反力

R'_3，R'_3的作用线与 CD 面的法线成 φ 角，同时在 CD 面上还作用有黏聚力 c，其作用方向是沿 CD 面向下；在 DE 面上作用有反力 R_3，其作用线与 DE 面的法线成 φ 角，同时在 DE 面上还作用有黏聚力 c，其作用方向是沿 DE 面向下。此外，在被动区 CDE 上还作用有土体 CDE 的重力 G_3，如图 3-17 所示。

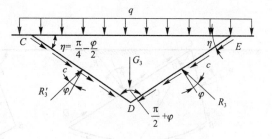

图 3-17 被动区 CDE 的计算图

根据图 3-17 上三角形 CDE 的几何关系可得

$$G_3 = \frac{\gamma}{2}\overline{CE} \cdot \overline{CD}\sin\eta$$

其中

$$\overline{CD} = \overline{BC} \cdot \mathrm{e}^{\theta\tan\varphi} = b\frac{\sin\alpha}{\cos\varphi} \cdot \mathrm{e}^{\theta\tan\varphi} \tag{3-87}$$

$$\overline{CE} = \frac{\overline{CD}}{\sin\eta}\cos\varphi = \frac{b\sin\alpha}{\sin\eta}\mathrm{e}^{\theta\tan\varphi} \tag{3-88}$$

因此

$$G_3 = \frac{1}{2}\gamma b^2\frac{\sin^2\alpha}{\cos\varphi\sin\eta} \cdot \mathrm{e}^{2\theta\tan\varphi} \tag{3-89}$$

根据 CDE 上作用力在 y 轴方向投影的平衡条件 $\sum y = 0$，可得

$$q \cdot \overline{CE} + G_3 - R'_3\cos(\varphi + \eta) - R_3\cos(\varphi + \eta) + 2c \cdot \overline{CD}\sin\eta = 0$$

因此

$$R_3 = \frac{1}{\cos(\varphi + \eta)}\left[q \cdot \overline{CE} + G_3 - R'_3\cos(\varphi + \eta) + 2c \cdot \overline{CD}\sin\eta\right]$$

将式（3-87）和式（3-88）代入上式，则得

$$R_3 = \frac{1}{\cos(\varphi + \eta)}\left[\frac{qb\sin\alpha}{\sin\eta}\mathrm{e}^{\theta\tan\varphi} + G_3 - R'_3\cos(\varphi + \eta) + \frac{2cb\sin\alpha\sin\eta}{\cos\varphi}\right] \tag{3-90}$$

根据被动区 CDE 上作用力在 x 轴方向投影的平衡条件 $\sum x = 0$，可得

$$R'_3\sin(\varphi + \eta) + c \cdot \overline{CD}\cos\eta - R_3\sin(\varphi + \rho) - c \cdot \overline{DE}\cos\eta = 0$$

由于 $\overline{CD} = \overline{DE}$，故根据上式可得

$$R'_3 = R_3 \tag{3-91}$$

将式（3-91）代入式（3-90）得

$$R_3 = \frac{1}{2\cos(\varphi + \eta)}\left[\frac{qb\sin\alpha}{\sin\eta}\mathrm{e}^{\theta\tan\varphi} + G_3 + \frac{2cb\sin\alpha\sin\eta}{\cos\varphi}\right] \tag{3-92}$$

③过渡区 BCD。在过渡区 BCD 作用有重力 G_2，在 BC 面上作用有反力 R'_1，其作用线与 BC 面的法线成 φ 角，同时在 BC 面上还作用有黏聚力 c，其作用方向是沿 BC 面向下；在 DC 面上作用有反力 R'_3，其作用线与 DC 面的法线成 φ 角，同时在 DC 面上还作用有黏聚力 c，其作用方向是沿 DC 面向上；在 BC 面上作用有反力 R_2，其作用方向是沿螺旋曲线的径向方向，此外 DC 面上还作用有黏聚力 c，其作用方向是沿 BD 面指向 B 点，如图 3-18（a）所示。

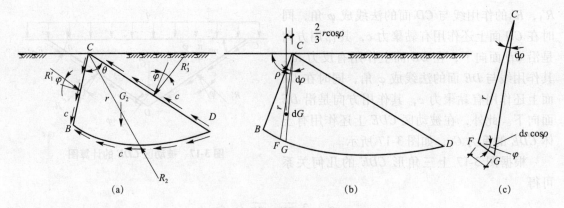

图 3-18　过渡区 *BCD* 的计算

根据过渡区 *BCD* 上作用力对 *C* 点的力矩平衡条件 $\sum M = 0$，可得

$$R'_1\cos\varphi \cdot \frac{1}{2}\overline{BC} - R'_3\cos\varphi \cdot \frac{1}{2}\overline{CD} - M_c + M_G = 0$$

故

$$R'_1 = R'_3 \cdot \frac{\overline{CD}}{\overline{BC}} + \frac{2}{\overline{BC}\cos\varphi}M_c - \frac{2}{\overline{BC}\cos\varphi}M_G \tag{3-93}$$

式中　M_c——BD 面上的黏聚力 c 对 C 点的力矩；

　　　M_G——过渡区 *BCD* 的自重 G_2 对 C 点的力矩。

将式（3-82）和式（3-87）代入式（3-93），则得

$$R'_1 = R'_3 \cdot e^{\theta\tan\varphi} + \frac{2}{b\sin\alpha}M_c - \frac{2}{b\sin\alpha}M_G = 0 \tag{3-94}$$

如果从过渡区中取出一个微分土体 *CFG*，如图 3-18（b）所示，则该微分土体的自重 dG 等于

$$dG = \frac{\gamma}{2}r^2 d\rho$$

式中　r——微分土体 *CFG* 的矢量半径，m；

　　　$d\rho$——微分土体 *CFG* 的两侧边 *CF* 与 *CG* 的夹角（弧度）。

微分土体 *CFG* 的重心对 *C* 点的力臂等于 $\frac{2}{3}r\cos\rho$，其中 ρ 为 *CF* 与水平线的夹角，因此微分土体 *CFG* 的自重 dG 对 *C* 点的力矩为

$$dM = \frac{1}{2}\gamma r^2 d\rho \cdot \frac{2}{3}r\cos\rho = \frac{1}{3}\gamma r^3\cos\rho \cdot d\rho$$

将上式积分，即可得过渡区 *BCD* 的自重 G_2 对 C 点的力矩：

$$
\begin{aligned}
M_G &= \int dM = \int_{\beta}^{\beta+\theta} \frac{1}{3}\gamma r^3\cos\rho d\rho = \int_{\beta}^{\beta+\theta} \frac{1}{3}\gamma \overline{BC}^3\cos\rho \cdot e(\rho - \beta)\tan\varphi \cdot d\rho \\
&= \frac{1}{3}\gamma b^3 \frac{\sin^3\alpha}{\cos^3\varphi(9\tan^2\varphi + 1)} \\
&\quad \{e^{3\theta\tan\varphi}[\sin(\beta+\theta) + 3\tan\varphi\cos(\beta+\theta)] - [\sin\beta + 3\tan\varphi\cos\beta]\}
\end{aligned}
\tag{3-95}
$$

作用在微分土体 CFG 的底边 FG 上的黏聚力等于 cds，ds 是微分土体底边 FG 的长度，如图 3-18（c）所示。该黏聚力 cds 可分解为两个力，一个分力与矢径正交，等于 cdscosφ；另一个分力与矢径平行，等于 cdssinφ，由于该分力的作用线平行于矢径，故对 C 点的力矩为零，因此作用在微分土体 CFG 上的黏聚力对 C 点的力矩为

$$dM_c = crds\cos\varphi = cr^2\frac{d\rho'}{\cos\varphi}\cdot\cos\varphi = cr^2d\rho'$$

$$= c\cdot\overline{BC}^2\cdot e^{2\rho'\tan\varphi}d\rho'$$

式中　ρ'——CF 面与 BC 面之间的夹角。

所以，过渡区 BCD 的滑动面 BD 上的黏聚力对 C 点的力矩为

$$M_c = \int dM_c = \int_0^\theta c\cdot\overline{BC}^2 e^{2\rho'\tan\varphi}d\rho' = \int_0^\theta cb^2\frac{\sin^2\alpha}{\cos^2\varphi}e^{2\rho'\tan\varphi}d\rho'$$

$$= \frac{cb^2\sin^2\alpha}{2\tan\varphi\cos^2\varphi}(e^{2\theta\tan\varphi}-1) \tag{3-96}$$

将式（3-95）和式（3-96）代入式（3-94）得

$$R_1' = R_3'\cdot e^{\theta\tan\varphi} + \frac{cb\sin\alpha}{\tan\varphi\cos^2\varphi}(e^{2\tan\varphi}-1) - \frac{2\gamma b^2\sin^2\alpha\cdot e^{3\beta\tan\varphi}}{3\cos^3\varphi(9\tan^2\varphi+1)}\times$$

$$\{e^{3\theta\tan\varphi}[\sin(\beta+\theta)+3\tan\varphi\cos(\beta+\theta)]-[\sin\beta+3\tan\varphi\cos\beta]\} \tag{3-97}$$

④极限承载力。将式（3-86）和式（3-93）代入式（3-97）得

$$\frac{1}{\sin(\alpha+\beta-2\varphi)}\left\{P_u\sin(\alpha+\delta-\varphi)+(qb+G_1)\sin(\alpha-\varphi)-cb\left[\frac{2\sin\alpha\sin\beta\sin(\alpha-\varphi)}{\cos\varphi}+\right.\right.$$

$$\left.\left.\frac{\cos(\alpha-\varphi)\sin(\beta-\varphi)}{\cos\varphi}\right]\right\} = \frac{e^{\theta\tan\varphi}}{2\cos(\varphi+\eta)}\left[\frac{qb\sin\alpha}{\sin\eta}e^{\theta\tan\varphi}+G_3+\frac{2cb\sin\alpha\sin\eta}{\cos\varphi}\right]+$$

$$\frac{cb\sin\alpha}{\tan\varphi\cos^2\varphi}(e^{2\theta\tan\varphi}-1)-\frac{2\gamma b^2\sin^2\alpha}{3\cos^3\varphi(9\tan^2\varphi-1)}\times\{e^{3\theta\tan\varphi}[\sin(\beta+\theta)+3\tan\varphi\cos(\beta+\theta)]-$$

$$[\sin\beta+3\tan\varphi\cos\beta]\}$$

由此得总的极限承载力为

$$P_u = \frac{\sin(\alpha+\beta-2\varphi)}{\sin(\alpha+\delta-\varphi)}\left\{-(qb+G_1)\frac{\sin(\alpha-\varphi)}{\sin(\alpha+\beta-2\varphi)}+\frac{cb}{\sin(\alpha+\beta-2\varphi)}\times\right.$$

$$\left[\frac{2\sin\alpha\sin\beta\sin(\alpha-\varphi)+\cos(\alpha-\varphi)\sin(\beta-\varphi)}{\cos\varphi}\right]+\frac{e^{\theta\tan\varphi}}{2\cos(\varphi+\eta)}\times$$

$$\left(\frac{qb\sin\alpha}{\sin\eta}e^{\theta\tan\varphi}+G_3+\frac{2cb\sin\alpha\sin\eta}{\cos\varphi}\right)+\frac{cb\sin\alpha}{\tan\alpha\cos^2\varphi}(e^{2\theta\tan\varphi}-1)-$$

$$\frac{2\gamma b^2\sin^2\alpha\cdot e^{3\beta\tan\varphi}}{3\cos^3\varphi(9\tan^3\varphi+1)}\{e^{3\theta\tan\varphi}[\sin(\beta+\theta)+3\tan\varphi\cos(\beta+\theta)]-$$

$$\left.[\sin\beta+3\tan\varphi\cos\beta]\}\right\}$$

将式（3-83）和式（3-89）代入上式，并经整理后得

$$P_u = \gamma b^2\frac{\sin\alpha\sin(\alpha+\beta-2\varphi)}{\cos\varphi\sin(\alpha+\delta-\varphi)}\left\{\frac{e^{3\theta\tan\varphi}\cdot\sin\alpha}{4\cos(\varphi+\eta)}-\frac{\sin(\alpha-\varphi)\sin\beta}{2\sin(\alpha+\beta-2\varphi)}-\right.$$

$$\frac{2\sin\alpha}{3\cos^2\varphi(9\tan^2\varphi+1)}\{e^{3\theta\tan\varphi}[\sin(\beta+\theta)+3\tan\varphi\cos(\beta+\theta)]-$$

$$[\sin\beta + 3\tan\varphi\cos\beta]\}\} + qb\frac{\sin\ (\alpha+\beta-2\varphi)}{\sin\ (\alpha+\delta-\varphi)}\left[\frac{\sin\alpha\cdot\mathrm{e}^{2\theta\tan\varphi}}{2\sin\eta\cos\ (\varphi+\eta)} - \frac{\sin\ (\alpha-\varphi)}{\sin\ (\alpha+\beta-2\varphi)}\right] +$$

$$cb\frac{\sin\ (\alpha+\beta-2\varphi)}{\sin\ (\alpha+\delta-\varphi)}\left[\frac{2\sin\alpha\sin\beta\sin\ (\alpha-\varphi)\ +\cos\ (\alpha-\varphi)\ \sin\ (\beta-\varphi)}{\cos\varphi\sin\ (\alpha+\beta-2\varphi)} + \right.$$

$$\left.\frac{\sin\alpha\sin\eta}{\cos\varphi\cos\ (\varphi+\eta)}\mathrm{e}^{\theta\tan\varphi} + \frac{\sin\alpha}{\sin\varphi\cos\varphi}\ (\mathrm{e}^{2\theta\tan\varphi}-1)\right]$$

令

$$\left.\begin{array}{l}A = \dfrac{\sin\ (\alpha+\beta-2\varphi)}{\sin\ (\alpha+\delta-\varphi)}\\[2mm] B = \dfrac{\sin\alpha}{\cos\varphi}\\[2mm] D = \mathrm{e}^{\theta\tan\varphi}\\[2mm] E = \mathrm{e}^{2\theta\tan\varphi}\\[2mm] F = \mathrm{e}^{3\theta\tan\varphi}\end{array}\right\} \tag{3-98}$$

$$N_r = AB\left\{\frac{F\cdot\sin\alpha}{4\cos\ (\varphi+\eta)} - \frac{\sin\ (\alpha-\varphi)}{2\sin\ (\alpha+\beta-2\varphi)} - \frac{2B}{3\cos\varphi\ (9\tan^2\varphi+1)}\times\right.$$
$$\left.\{F[\sin\ (\beta+\varphi)\ +3\tan\varphi\cos\ (\beta+\theta)] - [\sin\beta+3\tan\varphi\cos\beta]\}\right\} \tag{3-99}$$

$$N_q = A\left[\frac{E\sin\alpha}{2\sin\eta\cos\ (\alpha+\eta)} - \frac{\sin\ (\alpha-\varphi)}{\sin\ (\alpha+\beta-2\varphi)}\right] \tag{3-100}$$

$$N_c = A\left[\frac{2\sin\alpha\sin\beta\sin\ (\alpha-\varphi)\ +\cos\ (\alpha-\varphi)\ \sin\ (\beta-\varphi)}{\cos\varphi\sin\ (\alpha+\beta-2\varphi)} + \frac{DB\sin\eta}{\cos\ (\varphi+\eta)} + \frac{B}{\sin\varphi}\ (E-1)\right] \tag{3-101}$$

因此地基的极限总承载力

$$P_u = \gamma b^2 N_r + qbN_q + cbN_c \tag{3-102}$$

而地基的极限承载力为

$$p_u = \frac{P_u}{b} = \gamma bN_r + qN_q + cN_c \tag{3-103}$$

在上列计算公式中，角度 δ 按下式计算：

$$\delta = \arctan\left(\frac{Q}{W}\right) \tag{3-104}$$

式中　Q——建筑物基础实际作用在地基上的总水平荷载，kN；

　　　W——建筑物基础实际作用在地基上的总竖直荷载，kN。

2. 考虑渗流力作用时地基的极限承载力

考虑渗流力作用时地基破坏体的形状与不考虑渗流力作用时破坏体的形状相同，仍分为主动区 ABC、过渡区 BCD 和被动区 BDE 三部分，如图 3-19 所示，各部分的角度关系也仍按未考虑渗流力或孔隙压力时的情况计算，即

$$\delta = \arctan\left(\frac{Q}{W}\right)$$

$$\alpha = \frac{1}{2}\left[\arccos\left(\frac{\sin\delta}{\sin\varphi}\right) + \varphi - \delta\right]$$

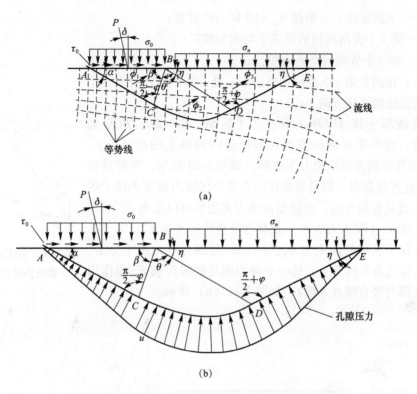

图 3-19 考虑渗流力或孔隙压力作用时地基的计算图

$$\beta = \frac{\pi}{2} + \varphi - \alpha$$

$$\theta = \pi - (\beta + \eta)$$

$$\eta = \frac{\pi}{4} - \frac{\varphi}{2}$$

式中　δ——地基极限荷载作用线与竖直线的夹角，°；

　　　φ——地基土的内摩擦角，°；

　　　α——滑动面 AC 与地基表面 AB 的夹角，°；

　　　β——滑动面 BC 与地基表面 AB 的夹角，°；

　　　θ——滑动面 BC 与滑动面 DB 的夹角，°；

　　　η——滑动面 DB 与地基表面 BE 的夹角，°；

　　　Q——地基上实际作用的总水平荷载，kN；

　　　W——地基上实际作用的总竖直荷载，kN。

　　为了确定渗流力对地基承载力的影响，首先需要确定作用在破坏土体 $ABEDCA$ 上的渗流力的大小和作用方向，这可以通过绘制地基渗流的流网图来确定。

　　假定地基渗流的流网图如图 3-19（a）所示，则根据流网图可确定破坏土体范围内每一个流网网格内的渗流力大小，即

$$f_i = \gamma_\omega J_i \omega_i \qquad\qquad (3\text{-}105)$$

式中　f_i——破坏土体 $ABEDCA$ 范围内作用在第 i 个流网网格形心处的渗流力，kN；

γ_ω——水的重度，一般按 $\gamma_\omega = 10 \ kN/m^3$ 计算；

J_i——第 i 个流网网格的渗流平均水力坡降；

ω_i——第 i 个流网网格的面积，m^2。

渗流力 f_i 作用在第 i 个流网网格的形心处，其作用方向平行于该网格两条流线的平均方向。

按照将破坏土体 $ABEDCA$ 分成三个区域，即 ABC、BCD 和 BDE 的方式，将各个区域内作用在每个流网网格上的渗流力 f_i，f_2，f_3，…按其作用方向绘制力多边形，如图 3-20 所示，并将其首尾 a、m 两点连接起来，即可求得作用在整个区域内破坏土体上的总渗流力 ϕ 及其作用方向，也就是由该力多边形可以量出 a、m 两点的直线长度 $\overline{am}$（即 ϕ 力大小）及其与竖直线的夹角 μ。

然后将各个区域的渗流力 ϕ_1、ϕ_2、ϕ_3 分别分解为两个分力，一个分力与竖直力平行为 F，另一个分力则与极限荷载 P_u 的作用方向平行（即与竖直线成 δ 角），如图 3-21（a）所示。

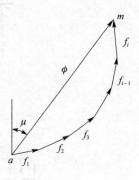

图 3-20　各区域流网网格
渗流力的力多边形

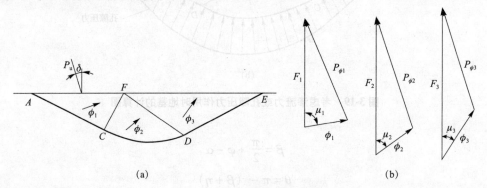

(a)　　　　　　　　　　　(b)

图 3-21　各区域渗流力的分解

各区域渗流力 ϕ 的两个分力 F 和 P_ϕ ［图 3-21（b）］可以分别按下列计算式计算：

$$F_1 = \phi_1 \frac{\sin(\delta + \mu_1)}{\sin\delta} \tag{3-106}$$

$$P_{\phi_1} = \phi_1 \frac{\sin\mu_1}{\sin\delta} \tag{3-107}$$

$$F_2 = \phi_2 \frac{\sin(\delta + \mu_2)}{\sin\delta} \tag{3-108}$$

$$P_{\phi_2} = \phi_2 \frac{\sin\mu_2}{\sin\delta} \tag{3-109}$$

$$F_3 = \phi_3 \frac{\sin(\delta + \mu_3)}{\sin\delta} \tag{3-110}$$

$$P_{\phi_3} = \phi_3 \frac{\sin\mu_3}{\sin\delta} \tag{3-111}$$

式中　F_1、F_2、F_3——作用在破坏区域 ABC、BCD 和 BDE 上的渗流力 ϕ_1、ϕ_2、ϕ_3 在竖直方向的分力，kN；

$P_{\phi1}$、$P_{\phi2}$、$P_{\phi3}$——作用在破坏区域 ABC、BCD 和 BDE 上的渗流力 ϕ_1、ϕ_2、ϕ_3 在平行极限荷载 P_u 方向（即与垂直线成 δ 角方向）的分力；

μ_1、μ_2、μ_3——作用在破坏区域 ABC、BCD 和 BDE 上的渗流力 ϕ_1、ϕ_2、ϕ_3 的作用线与竖直线之间的夹角；

δ——极限荷载 P_u 与竖直线的夹角。

由于 $P_{\phi1}$、$P_{\phi2}$、$P_{\phi3}$ 的作用方向是与极限荷载 P_u 的作用线平行，而方向相反，所以 $P_{\phi1}$、$P_{\phi2}$、$P_{\phi3}$ 的作用是直接减小了地基的承载力；而 F_1、F_2、F_3 的作用方向是竖直向上，作用点位于破坏区的形心处，所以 F_1、F_2、F_3 的作用相当于减小了破坏土体的重量。

根据图 3-21（a）中的几个关系，可以求得各破坏区域 ABC、BCD 和 BDE 的土体重量为

$$G_1 = \frac{1}{2}\gamma b^2 \frac{\sin\alpha\sin\beta}{\cos\varphi} \tag{3-112}$$

$$G_2 = \frac{1}{4}\gamma b^2 \frac{\sin\alpha}{\cos\varphi\sin\varphi}\ (e^{2\theta\tan\varphi} - 1) \tag{3-113}$$

$$G_3 = \frac{1}{2}\gamma b^2 \frac{\sin^2\alpha\sin2\eta}{\cos^2\varphi}e^{2\theta\tan\varphi} \tag{3-114}$$

式中　G_1——破坏区域 ABC 的土体重量，kN；

　　　G_2——破坏区域 BCD 的土体重量，kN；

　　　G_3——破坏区域 BDE 的土体重量，kN；

　　　b——建筑物的基础宽度，m。

计算渗流力 φ 与破坏区域土体重量的比值，即

$$\lambda_1 = \frac{F_1}{G_1} \tag{3-115}$$

$$\lambda_2 = \frac{F_2}{G_2} \tag{3-116}$$

$$\lambda_3 = \frac{F_3}{G_3} \tag{3-117}$$

同时计算各破坏区域土体重度的换算值

$$\gamma_1 = \gamma - \lambda_1 \tag{3-118}$$

$$\gamma_2 = \gamma - \lambda_2 \tag{3-119}$$

$$\gamma_3 = \gamma - \lambda_3 \tag{3-120}$$

由于渗流力 F_1、F_2、F_3 的作用相当于使各破坏土体的重度由原来的 γ 分别改变（减轻）为 γ_1、γ_2、γ_3，因此在考虑渗流力 ϕ_1、ϕ_2、ϕ_3 作用时，地基的极限承载力为

$$p_u = bN_r' + qN_q + cN_c - P_{\phi1} - P_{\phi2} - P_{\phi3} \tag{3-121}$$

式中　N_r'、N_q、N_c——考虑渗流力作用时地基的承载力系数，其中 N_q 和 N_c 仍分别按式（3-100）和式（3-101）计算，而 N_r' 则应按下式计算：

$$N_r' = AB\left\{\frac{\gamma_3 F\sin\alpha}{4\cos\ (\varphi+\eta)} - \frac{\gamma_1\sin\ (\alpha-\varphi)\ \sin\beta}{2\sin\ (\alpha+\beta-2\varphi)} - \frac{2\gamma_2 B}{3\cos\varphi\ (9\tan^2\varphi+1)} \times \right.$$

$$\left. \{F[\sin\ (\beta+\theta)\ +3\tan\varphi\cos\ (\beta+\theta)] - (\sin\beta+3\tan\varphi\cos\beta)\}\right\} \tag{3-122}$$

渗流力对地基承载力的影响也可以单独进行计算，即在考虑地基受渗流力作用时地基的极限承载力也可以按下式计算：

$$p'_u = p_u - p \tag{3-123}$$

式中 p'_u——考虑渗流力作用时地基的极限承载力，kN；

p_u——未考虑渗流力作用时地基的极限承载力，kN；

p——由于渗流力作用对地基极限承载力的影响值，kPa。

由于渗流力作用对地基极限承载力的影响值 p 可按下式计算：

$$p = A\left\{\frac{e^{\theta\tan\varphi}}{2\cos(\varphi+\eta)}F_3 - \frac{\sin(\alpha-\varphi)}{\sin(\alpha+\beta-2\varphi)}F_2 - \frac{4F_2\tan\varphi}{3\cos\varphi(9\tan^2\varphi+1)}\times\right.$$

$$\left.\left\{e^{3\theta\tan\varphi}[\sin(\beta+\theta)+3\tan\varphi\cos(\beta+\theta)] - (\sin\beta+3\tan\varphi\cos\beta)\right\}\right\}$$

式中

$$A = \frac{\sin(\alpha+\beta-2\varphi)}{\sin(\alpha+\delta-\varphi)}$$

3. 考虑孔隙压力影响时地基的极限承载力

当破坏土体边界面 *ACDE* 上作用有孔隙压力 u 时 [图 3-19（b）]，首先应将边界面分成许多小段，分别将各小段内的孔隙压力按直线分布求得其合力 u_1，u_2，u_3…，其作用方向分别垂直作用于各分段。然后对各破坏土体区域内的各分段的孔隙压力 u_1，u_2，u_3…按一定比例尺绘制力多边形（图 3-22），并求得其合力 u 及其作用线与竖直线的夹角 ρ。

求得各破坏土体滑动面上的总孔隙压力 u_1、u_2、u_3 及其与竖直线的夹角 ρ_1、ρ_2、ρ_3 以后，再分别将 u_1、u_2、u_3 分解为两个分力，一个分力与竖直线平行，分别为 F_{u1}、F_{u2}、F_{u3}；另一个分力则与极限荷载 P_u 的作用线方向一致，分别为 P_{u1}、P_{u2}、P_{u3}，如图 3-23 所示。

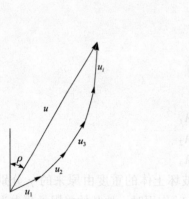

图 3-22　孔隙压力的力多边形

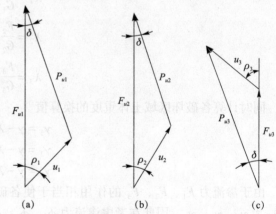

图 3-23　各破坏区域上的孔隙压力分解图

上述各分力可根据图 3-23 中所表示的力三角形的几何关系求得：

$$P_{u1} = \frac{\sin\rho_1}{\sin\delta}u_1 \tag{3-124}$$

$$F_{u1} = \frac{\sin(\delta+\rho_1)}{\sin\delta}u_1 \tag{3-125}$$

$$P_{u2} = \frac{\sin\rho_2}{\sin\delta}u_2 \tag{3-126}$$

$$F_{u2} = \frac{\sin(\delta+\rho_2)}{\sin\delta}u_2 \tag{3-127}$$

$$P_{u3} = \frac{\sin\rho_3}{\sin\delta}u_3 \tag{3-128}$$

$$F_{u3} = \frac{\sin(\delta+\rho_3)}{\sin\delta}u_3 \tag{3-129}$$

式中 P_{u1}、P_{u2}、P_{u3}——作用在各破坏区域 ABC、BCD、BDE 上的孔隙压力 u_1、u_2、u_3 沿极限荷载 P_u 作用方向的分力，kN；

       F_{u1}、F_{u2}、F_{u3}——作用在各破坏区域 ABC、BCD、BDE 上的孔隙压力 u_1、u_2、u_3 沿竖直线方向的分力；

       ρ_1、ρ_2、ρ_3——孔隙压力 u_1、u_2、u_3 与竖直线的夹角；

       δ——极限荷载与竖直线的夹角。

求得各破坏区域上孔隙压力 u_1、u_2、u_3 的分力 P_{u1}、P_{u2}、P_{u3} 和 F_{u1}、F_{u2}、F_{u3} 后，即可按式（3-121）计算地基的极限承载力 P_u，或者按式（3-123）计算地基极限承载力。在按上述计算式计算时，式中的 $P_{\phi1}$、$P_{\phi2}$、$P_{\phi3}$ 分别用 P_{u1}、P_{u2}、P_{u3} 代替，而式中的 $F_{\phi1}$、$F_{\phi2}$、$F_{\phi3}$ 则分别用 F_{u1}、F_{u2}、F_{u3} 代替。

习 题

【3-1】 确定地基承载力设计值有哪些方法？

【3-2】 地基基础设计有哪些要求和规定？

【3-3】 地基变形指标有哪些？其数学表达式分别是什么？

【3-4】 地基承载力计算的方法有哪些？

【3-5】 某条形基础底宽 $b = 1.8$ m，埋深 $d = 1.2$ m，地基土为黏土，内摩擦角标准值 $\varphi_k = 20°$，黏聚力标准值 $c_k = 12$ kPa，地下水位与基底平齐，土的有效重度 $\gamma' = 10$ kN/m^3，基底以上土重度 $\gamma_m = 18.3$ kN/m^3。试确定地基承载力特征值 f_a。

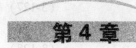

第4章

复合地基承载力

4.1 概　述

4.1.1 复合地基的概念

复合地基（Composite Foundation）是指天然地基在地基处理过程中部分土体得到增强，或被置换，或在天然地基中设置加筋材料，加固区由基体（天然地基土体）和增强体两部分组成的人工地基。

近年来，随着地基处理技术和复合地基理论的发展，复合地基技术在土木工程各个领域如房屋建筑、高速公路、铁路、机场、堤坝等工程建设中得到广泛应用，并取得了良好的社会效益和经济效益，复合地基在我国已经成为一种常用的地基处理形式。

4.1.2 复合地基的分类

根据地基中增强体的方向，可将复合地基分为竖向增强体复合地基和水平向增强体复合地基两大类，如图4-1所示。竖向增强体（Vertical Reinforcement Layer）材料可采用砂石桩、水泥土桩、土桩、灰土桩、渣土桩、低强度混凝土桩、钢筋混凝土桩、管桩、薄壁筒桩等；水平向增强体（Horizontal Reinforcement Layer）材料多采用土工合成材料，如土工格栅、土工布等。

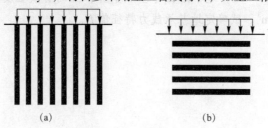

(a)　　　　　　　　　　　　　(b)

图4-1　复合地基的类型

（a）竖向增强体复合地基；（b）水平向增强体复合地基

竖向增强体复合地基一般又称为桩体复合地基。根据桩体材料性质，可将桩体复合地基分为散体材料桩复合地基和粘结材料桩复合地基两类。

散体材料桩复合地基如碎石桩复合地基、砂桩复合地基等，其桩体由散体材料组成，没有内聚力，单独不能成桩，只能依靠周围土体的围箍作用才能形成桩体。

粘结材料桩复合地基根据桩体刚度大小分为柔性桩复合地基、半刚性桩复合地基和刚性桩复合地基三类。如水泥土桩、土桩、灰土桩、渣土桩主要形成柔性桩复合地基；各类钢筋混凝土桩（如管桩、薄壁筒桩）主要形成刚性桩复合地基；各类低强度桩（如粉煤灰碎石桩、石灰粉煤灰桩、素混凝土桩），刚性较一般柔性桩大，但明显小于钢筋混凝土桩，故主要形成的是半刚性桩复合地基。

复合地基的分类如图 4-2 所示。

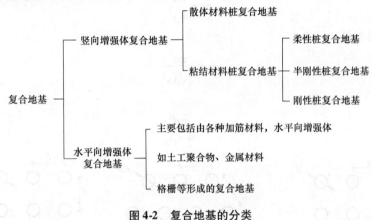

图 4-2　复合地基的分类

4.1.3　复合地基选用原则

针对具体工程的特点，选用合理的复合地基形式可获得较好的经济效益。复合地基的选用原则如下：

（1）水平向增强体复合地基主要用于提高地基稳定性。在地基压缩土层不是很厚的情况下，采用水平向增强体复合地基可有效提高地基稳定性，减小地基沉降；但对高压缩土层较厚的情况，采用水平向增强体复合地基对减小总沉降效果不明显。

（2）散体材料桩复合地基承载力主要取决于桩周土体所能提供的最大侧限力，因此散体材料桩复合地基适于加固砂性土地基，对饱和软黏土地基应慎用。

（3）对深厚软土地基，可采用刚度较大的复合地基，适当增加桩体长度以减小地基沉降，或采用长短桩复合地基的形式。

（4）刚性基础下采用粘结材料桩复合地基时，若桩土相对刚度较大，且桩体强度较小时，桩头与基础间宜设置柔性垫层；若桩土相对刚度较小，或桩体强度足够时，也可不设褥垫层。

（5）填土路堤下采用粘结材料桩复合地基时，应在桩头上铺设刚度较好的垫层（如土工格栅砂垫层、灰土垫层），垫层铺设可防止桩体向上刺入路堤，增加桩土应力比，发挥桩体能力。

4.1.4　复合地基中的基本术语

（1）面积置换率 m。面积置换率是复合地基设计的一个基本参数。若单桩桩身横断面面积为 A_p，该桩体所承担的复合地基面积为 A，则面积置换率 m 定义为：

$$m = \frac{A_p}{A} \tag{4-1}$$

常见的桩位平面布置形式有正方形、等边三角形和矩形等，如图 4-3 所示。以圆形桩为例，若桩身直径为 d，单根桩承担的等效圆直径为 d_e，桩间距为 s，则 $m = A_p/A = d^2/d_e^2$，其中，$d_e = 1.13 s$（正方形），$d_e = 1.05 s$（等边三角形），$d_e = 1.13 \sqrt{s_1 s_2}$（矩形）。面积置换率按下式计算。

正方形布桩：

$$m = \frac{\pi d^2}{4 s^2} \tag{4-2}$$

等边三角形布桩：

$$m = \frac{\pi d^2}{2\sqrt{3} s^2} \tag{4-3}$$

矩形布桩：

$$m = \frac{\pi d^2}{4 s_1 s_2} \tag{4-4}$$

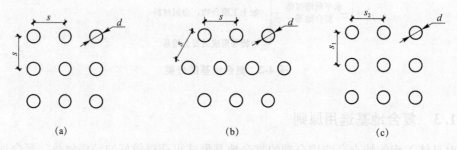

图 4-3　桩位平面布置形式

（a）正方形布置；（b）等边三角形布置；（c）矩形布置

（2）桩土应力比 n。复合地基中用桩土应力比 n 或荷载分担比 N 来定性地反映复合地基的工作状况。

桩土受力如图 4-4 所示，在荷载作用下，复合地基桩体竖向应力 σ_p 和桩间土的竖向应力 σ_s 之比，称为桩土应力比，用 n 表示。

$$n = \frac{\sigma_p}{\sigma_s} \tag{4-5}$$

桩体承担的荷载 P_p 与桩间土承担的荷载 P_s 之比称为桩土荷载分担比，用 N 表示。

$$N = \frac{P_p}{P_s} \tag{4-6}$$

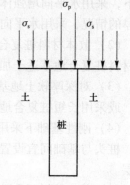

图 4-4　桩土受力示意图

桩土荷载分担比和桩土应力比之间可通过下式换算：

$$N = \frac{mn}{1-m} \tag{4-7}$$

式中　m——复合地基面积置换率，$m = \dfrac{A_p}{A} = \dfrac{d^2}{d_e^2}$。

各类桩的桩土应力比 n 见表 4-1。

表 4-1　各类桩的桩土应力比

钢或钢筋混凝土桩	水泥粉煤灰碎石（CFG）桩	水泥搅拌桩（含水泥 5%～12%）	石灰桩	碎石桩
>50	20～50	3～12	2.5～5	1.3～4.4

（3）复合模量 E_{sp}。复合地基加固区由增强体和天然土体两部分组成，是非均质的。在复合地基设计时，为简化计算，将加固区视作一均质的复合土体，用假想的、等价的均质复合土体来代替真实的非均质复合土体，这种等价的均质复合土体的模量称为复合地基土体的复合模量。

复合模量 E_{sp} 计算公式应用材料力学方法，由桩土变形协调条件推演而得：

$$E_{sp} = mE_p + （1 - m）E_s \tag{4-8}$$

式中　E_p——桩体压缩模量，MPa；

　　　E_s——土体压缩模量，MPa；

　　　m——复合地基面积置换率，$m = \dfrac{A_p}{A} = \dfrac{d^2}{d_e^2}$。

4.2　竖向增强体复合地基承载力计算

4.2.1　作用机理与破坏模式

1. 作用机理

竖向增强体复合地基荷载传递路线如图 4-5 所示。上部结构通过基础将一部分荷载直接传递给地基土体，另一部分通过桩体传递给地基土体，桩和桩间土共同承担荷载。

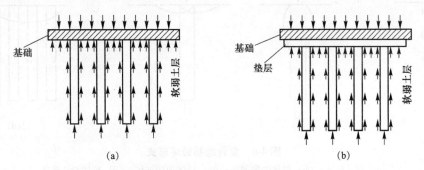

图 4-5　桩体复合地基荷载传递路线示意图
（a）无垫层复合地基；（b）有垫层复合地基

竖向增强体复合地基的加固效应主要表现在以下几方面：

（1）桩体置换作用。由于复合地基中桩体的刚度比周围土体的刚度大，在荷载作用下，桩体产生应力集中现象，此时桩体应力远大于桩间土应力。桩体承担较多荷载，桩间土上作用荷载减小，使得复合地基承载力提高，沉降降低。刚性桩复合地基的桩体置换作用较明显。

（2）挤密效应。砂桩、砂石桩、土桩、灰土桩、石灰桩等，在施工过程中由于振动、挤密作用，使桩间土得到一定的密实，改善了土体的物理力学性能。对于生石灰桩，由于其材料具有吸水、发热和膨胀作用，对桩间土也起到挤密作用。松散的砂土和粉土的复合地基，其挤密效果较显著。

（3）排水效应。碎石桩、砂桩、粉煤灰碎石桩等，具有较好的透水性，构成了地基中的竖向排水通道，加速桩间土的排水固结，大大提高了桩间土的抗剪强度。对于软黏土复合地基，排水效应较明显。

2. 破坏模式

复合地基破坏模式与复合地基的桩身材料、桩体强度、桩型、地质条件、荷载形式、上部结构形式等诸因素密切相关。复合地基可能的破坏形式有刺入破坏、桩体鼓胀破坏、桩体剪切破坏和整体滑动破坏四种。

（1）刺入破坏。当桩体刚度较大、地基土强度较低时，桩尖向下卧层刺入，使地基土变形加大，导致土体破坏，如图4-6（a）所示。刺入破坏是高黏结强度桩复合地基破坏的主要形式。

（2）桩体鼓胀破坏。由于桩身无黏聚力，在压力作用下易发生侧移，当桩间土不能提供足够的围压时，桩体侧向变形增大，产生鼓胀破坏，如图4-6（b）所示。桩体鼓胀破坏易发生在散体材料桩复合地基中。

（3）桩体剪切破坏。在荷载作用下，复合地基中桩体发生剪切破坏，进而引起复合地基全面破坏，如图4-6（c）所示。低强度柔性桩较易产生桩体剪切破坏。

（4）整体滑动破坏。在荷载作用下，复合地基沿某一滑动面产生滑动破坏，在滑动面上，桩与桩间土同时发生剪切破坏，如图4-6（d）所示。各种复合地基均可能发生整体滑动破坏。

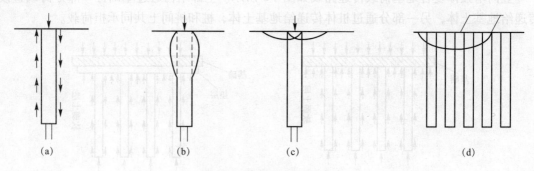

图4-6 复合地基破坏形式

（a）刺入破坏；（b）桩体鼓胀破坏；（c）桩体剪切破坏；（d）整体滑动破坏

此外，在复合地基设计中还应重视沉降问题，尤其是刚性基础下的复合地基设计，应控制最大沉降量和不均匀沉降。

4.2.2 复合地基承载力计算

竖向增强体复合地基承载力的计算思路如下：先分别确定桩体和桩间土承载力，然后根据一定原则叠加两部分承载力，进而得到复合地基承载力。

1. 复合地基极限承载力

竖向增强体复合地基极限承载力 P_{cf} 可用下式计算：

$$P_{cf} = k_1\lambda_1 m P_{pf} + k_2\lambda_2(1-m)P_{sf} \tag{4-9}$$

式中　P_{cf}——复合地基极限承载力，kPa；

　　　P_{pf}——单桩极限承载力，kPa；

　　　P_{sf}——天然地基极限承载力，kPa；

　　　k_1——复合地基中桩体实际极限承载力与单桩极限承载力不同的修正系数；

　　　k_2——复合地基中桩间土实际极限承载力与天然地基极限承载力不同的修正系数；

　　　λ_1——反映复合地基破坏时，桩体发挥其极限强度的比例，称为桩体极限强度发挥度；

　　　λ_2——反映复合地基破坏时，桩间土发挥其极限强度的比例，称为桩间土极限强度发挥度；

　　　m——复合地基面积置换率，$m = A_p/A = d^2/d_e^2$。

系数 k_1（一般大于 1.0）主要反映复合地基中桩体实际极限承载力与自由单桩载荷试验测得的极限承载力的区别。上部结构荷载对桩间土的压力作用，使得桩间土对桩体产生侧向压力，复合地基中桩体实际极限承载力提高。对散体材料桩，其影响效果较大。

系数 k_2 主要反映复合地基中桩间土实际极限承载力与天然地基极限承载力的区别。系数 k_2 的影响因素较多，如桩体设置方法、桩体材料、土体性质等。

若能有效地确定复合地基中桩体和桩间土的实际极限承载力，且破坏模式是桩体先破坏进而引起复合地基全面破坏，则式（4-9）可改写为

$$P_{cf} = mP_{pf} + \lambda(1-m)P_{sf} \tag{4-10}$$

式中　P_{pf}——桩体实际极限承载力，kPa；

　　　P_{sf}——桩间土实际极限承载力，kPa；

　　　λ——桩体破坏时，桩间土极限强度发挥度；

　　　m——复合地基面积置换率，$m = A_p/A = d^2/d_e^2$。

若取安全系数为 K，则复合地基容许承载力 P_{cc} 的计算公式为

$$P_{cc} = \frac{P_{cf}}{K} \tag{4-11}$$

2. 复合地基承载力特征值

竖向增强体复合地基承载力可采用特征值形式表示，类似式（4-10），其表达式为

$$f_{spk} = mf_{pk} + \beta(1-m)f_{sk} \tag{4-12}$$

或者

$$f_{spk} = m\frac{R_a}{A_p} + \beta(1-m)f_{sk} \tag{4-13}$$

式中　f_{spk}——复合地基承载力特征值，kPa；

　　　R_a——单桩竖向承载力特征值，kN；

　　　f_{pk}——桩体的竖向承载力特征值，kPa；

　　　f_{sk}——桩间土加固后的地基承载力特征值，kPa；

　　　m——复合地基面积置换率，$m = A_p/A = d^2/d_e^2$；

　　　β——桩间土承载力折减系数，见表4-2。

表4-2 桩间土承载力折减系数

石灰桩	振冲桩碎石桩	水泥粉煤灰碎石桩	夯实水泥土桩	水泥土搅拌桩	高压喷射注浆法
1.05~1.2	1.0	0.75~0.95	0.9~1.0	0.1~0.4（桩端土好） 0.5~0.9（桩端土差）	0.5~0.9（摩擦桩） 0~0.5（端承桩）

3. 软弱下卧层验算

当复合地基加固区下卧层为软弱土层时，尚须验算下卧层承载力。要求作用在下卧层顶面处的基础附加应力 P_0 和自重应力 σ_{cz} 之和，不超过下卧层的容许承载力，即

$$P = P_0 + \sigma_{cz} \leqslant f_{az} \tag{4-14}$$

式中 P_0——相应于荷载效应标准组合时，软弱下卧层顶面处的附加压力，kPa，可采用压力扩散法计算；

σ_{cz}——软弱下卧层顶面处土的自重压应力，kPa；

f_{az}——软弱下卧层顶面处经深度修正后的地基承载力特征值，kPa。

4. 复合地基承载力修正

经处理后的地基，当按地基承载力确定基础底面积及埋深而需要对地基承载力特征值进行修正时，根据《建筑地基处理技术规范》（JGJ 79—2012）的规定，修正系数按下述要求取值：基础宽度的地基承载力修正系数取0；基础埋深的地基承载力修正系数取1.0。

4.2.3 桩体承载力特征值的确定

（1）刚性桩复合地基和柔性桩复合地基。对刚性桩复合地基和柔性桩复合地基，桩体承载力特征值 f_{ak} 可采用类似摩擦桩承载力特征值公式［式（4-15）］，以及根据桩身材料抗压强度公式［式（4-16）］分别计算，并取其小值。

$$f_{pk} = \frac{R_a}{A_p} = \frac{1}{A_p}\left(u_p \sum q_{si}l_i + \alpha q_p A_p\right) \tag{4-15}$$

$$f_{pk} = \frac{R_a}{A_p} = \frac{\eta f_{cu} A_p}{A_p} = \eta f_{cu} \tag{4-16}$$

式中 R_a——单桩竖向承载力特征值，kN；

q_{si}——桩周摩阻力特征值，kPa；

u_p——桩身周边长度，m；

q_p——桩端端阻力特征值，kPa；

α——桩端天然地基土的承载力折减系数，可取0.4~0.6；

l_i——按土层划分的各段桩长，对柔性桩，桩长大于临界桩长时，计算桩长应取临界桩长值，m；

A_p——桩身横断面面积，m^2；

η——桩身强度折减系数，可取0.2~0.33；

f_{cu}——桩体混合料试块标准养护28 d立方体抗压强度平均值，kPa。

（2）散体材料桩复合地基。对散体材料桩复合地基，桩体极限承载力主要取决于桩侧土体所能提供的最大侧限力。散体材料桩在荷载作用下桩体发生膨胀，使桩周土进入塑性状态。

$$f_{pk} = \sigma_{ru} k_p \tag{4-17}$$

式中　k_p——桩体材料的被动土压力系数；

σ_{ru}——桩间土能提供的侧向极限应力。

4.3　水平向增强体复合地基承载力计算

4.3.1　作用机理与破坏模式

1. 作用机理

水平向增强体复合地基主要指在地基中铺设各种加筋材料，如土工织物、土工格栅等形成的复合地基，可用于加固软土路基、堤坝和油罐基础等。以路堤为例，其加筋作用主要体现在以下三个方面。

（1）承担水平荷载，提高地基土承载力。在竖向荷载作用下，路堤产生水平推力，由于水平向的推力作用，地基竖向承载力下降。在路堤加筋中，利用土工合成材料加筋体承担水平荷载，可显著提高地基承载力。加筋体受力如图 4-7 所示。

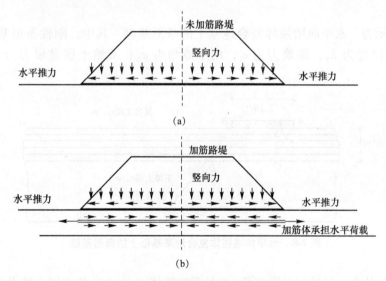

图 4-7　加筋体受力示意图
（a）未加筋路堤；（b）加筋路堤

（2）增强地基土的约束力，提高竖向承载力。当基底粗糙时，水平向加筋材料能有效约束地基土的侧向变形，从而提高地基土竖向承载力。

（3）增强路堤填料土拱效应，调整不均匀沉降。在未加筋路堤中，在荷载作用下，地基表层产生"锅底状"沉降变形；在加筋路堤中，由于加筋体是良好的受拉材料，使得土拱得到足够的拱脚水平力，形成有效的土拱效应。土拱效应可将地基沉降调整成"平底碟状"，显著减小地基的最大沉降量，并使地基所受竖向压应力重新分布，增加路堤稳定性。

2. 破坏模式

水平向增强体复合地基破坏模式可分为滑弧破坏、加筋体绷断、承载破坏和薄层挤出破坏四种类型。

（1）滑弧破坏。填土、地基和土工织物三者共同作用，当土工织物抗拉刚度低、延伸率较大时，复合体沿滑动面发生剪切破坏。此种破坏可采用圆弧滑动稳定分析法进行分析。

（2）加筋体绷断。当加筋体刚度大、延伸率小而抗拉强度又不高时，易形成较大的弓形沉降，使加筋体产生绷断破坏。

（3）承载破坏。当加筋土工织物与垫层构成一个整体性较好的柔性地基时，可能出现由于地基承载力不足引起的地基整体失稳破坏。

（4）薄层挤出破坏。当薄层土强度较低时，可能使薄层土水平向塑性挤出，形成薄层破坏。

具体工程的主控破坏形式与材料性质、受力情况及边界条件有关，地基破坏形式由土的强度发挥程度和土工织物加筋体强度发挥程度的相互关系决定。

4.3.2 承载力计算方法

水平向增强体复合地基承载力计算理论尚不成熟，下面仅介绍 Florkiewicz（1990）承载力计算公式。

图 4-8 所示为一水平向增强体复合地基上的条形基础。其中，刚性条形基础宽度为 b，加筋复合土层厚度为 Z_0，黏聚力为 c_r，内摩擦角为 φ_0；天然土层黏聚力为 c，内摩擦角为 φ。

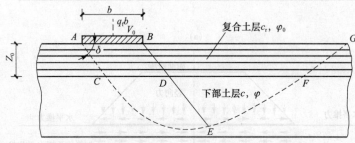

图 4-8　水平向增强体复合地基基础上的条形基础

Florkiewicz 认为，基础的极限荷载 $q_f b$ 是无加筋体（$c_r = 0$）的双层土体系的常规承载力 $q_0 b$ 与由加筋引起的承载力提高值 $\Delta q_f b$ 之和，即

$$q_f b = q_0 b + \Delta q_f b \tag{4-18}$$

复合土层中各点的黏聚力 c_r 值取决于所考虑的方向，其表达式（Schlosser 和 Long）为

$$c_r = \sigma_0 \frac{\sin\delta\cos(\delta - \varphi_0)}{\cos\varphi_0} \tag{4-19}$$

式中　δ——所考虑的方向与加筋体方向的倾斜角；

σ_0——加筋体材料的纵向抗拉强度。

当复合土层中加筋体沿滑移面 AC 面断裂时，地基破坏，此时刚性基础移动速度为 V_0，加筋体沿 AC 面断裂引起的能量耗散率增量为 D。

$$D = \overline{AC}c_{\mathrm{r}}V_0 \frac{\cos\varphi_0}{\sin(\delta-\varphi_0)} = \sigma_0 V_0 Z_0 \cot(\delta-\varphi_0) \tag{4-20}$$

上述分析忽略了 $ABCD$ 区和 $BGFD$ 区中，由于加筋体存在（$c_{\mathrm{r}} \neq 0$）能量耗散率增量的增加。根据上限定理，可得承载力提高值为

$$\Delta q_{\mathrm{f}} = \frac{D}{V_0\, b} = \frac{Z_0}{b}\sigma_0 \cot(\delta-\varphi_0) \tag{4-21}$$

式中，δ 值根据 Praudtl 的破坏模式确定。

4.4　复合地基沉降计算方法

复合地基沉降计算总的思路是：将地基沉降分为复合地基加固区沉降 s_1 和下卧层沉降 s_2 两部分，如图 4-9 所示，分别计算 s_1 和 s_2，然后将二者相加即得复合地基总沉降量，即

$$s = s_1 + s_2 \tag{4-22}$$

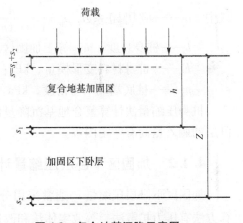

图 4-9　复合地基沉降示意图

4.4.1　加固区压缩量计算

加固区土层压缩量 s_1 可采用复合模量法、应力修正法和桩身压缩量法计算。

（1）复合模量法。将复合地基加固区中增强体和地基土体视为一复合土体，采用复合压缩模量 E_{sp} 评价复合土体的压缩性，并用分层总和法计算加固区沉降量。加固区土层压缩量 s_1 计算表达式为

$$s_1 = \sum_{i=1}^{n} \frac{\Delta p_i}{E_{\mathrm{sp}i}} h_i \tag{4-23}$$

式中　Δp_i——第 i 层复合土层上附加应力增量，kPa；

$E_{\mathrm{sp}i}$——第 i 层复合土层的复合压缩模量，kPa，见式（4-8）；

h_i——第 i 层复合土层的厚度，m。

（2）应力修正法。根据复合地基桩间土分担的荷载，按照桩间土的压缩模量，采用分层总和法计算桩间土的压缩量，将计算得到的桩间土的压缩量视为加固区土层的压缩量。

其具体计算方法如下：将未加固地基（天然地基）在荷载 p 作用下相应厚度内的压缩量 $s_{1\mathrm{s}}$ 乘以应力修正系数 μ_{s}，即得到复合地基沉降量。其计算公式为

$$s_1 = \sum_{i=1}^{n} \frac{\Delta p_{\mathrm{s}i}}{E_{\mathrm{s}i}} h_i = \mu_{\mathrm{s}} \sum_{i=1}^{n} \frac{\Delta p_i}{E_{\mathrm{s}i}} h_i = \mu_{\mathrm{s}} s_{1\mathrm{s}} \tag{4-24}$$

式中　Δp_i——未加固地基在荷载 p 作用下第 i 层土上的附加应力增量，kPa；

$\Delta p_{\mathrm{s}i}$——复合地基在第 i 层桩间土上的附加应力增量，kPa；

μ_{s}——应力修正系数，$\mu_{\mathrm{s}} = \dfrac{1}{1 + m(n-1)}$；

n、m——复合地基桩土应力比和复合地基面积置换率；

E_{si}——未加固地基第 i 层土的压缩模量，kPa；

h_i——第 i 层土层的厚度，m。

（3）桩身压缩量法。令荷载作用下的桩身压缩量为 s_p，桩底端下卧层土体刺入量为 Δ，如图 4-10 所示，则加固区土层压缩量计算公式为

$$s_1 = s_p + \Delta \tag{4-25}$$

桩身压缩量 s_p 可按下式计算：

$$s_p = \frac{(\mu_p p + p_{b_0})}{2E_p} l \tag{4-26}$$

图 4-10　桩身压缩量法示意图

式中　μ_p——应力修正系数，$\mu_p = \dfrac{n}{1 + m\ (n-1)}$；

l——桩身长度，m，等于加固区厚度 h；

E_p——桩身材料变形模量，kPa；

p_{b_0}——桩底端端承力密度，kPa。

桩身压缩量法计算复合地基沉降量的思路清晰，但准确计算桩身压缩量和桩底端刺入下卧层的刺入量尚有一定困难。

4.4.2　加固区下卧层压缩量计算

加固区下卧层压缩量 s_2 通常采用分层总和法计算。作用在下卧层土体上的附加应力计算方法有压力扩散法、等效实体法和改进的 Geddes 法。

（1）压力扩散法。压力扩散法计算加固区下卧层上附加应力如图 4-11（a）所示，复合地基作用面长度为 L，宽度为 b，荷载密度为 p，加固区厚度为 h，复合地基压力扩散角为 β，则作用在下卧土层上的荷载 P_b 为

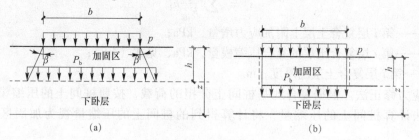

图 4-11　压力扩散法和等效实体法

（a）压力扩散法；（b）等效实体法

$$P_b = \frac{bLp}{(b + 2h\tan\beta)\ (L + 2h\tan\beta)} \tag{4-27}$$

（2）等效实体法。等效实体法计算加固区下卧层上附加应力如图 4-11（b）所示，复合地基作用面长度为 L，宽度为 b，荷载密度为 p，加固区厚度为 h，等效实体侧平均摩阻力密度为 f，则作用在下卧土层上的荷载 P_b 为

$$P_b = \frac{bLp - (2b + 2L) \; hf}{bL} \tag{4-28}$$

（3）改进的 Geddes 法。设复合地基总荷载为 P，桩体承担荷载 P_p，桩间土承担荷载 P_s $= P - P_p$。黄绍铭等（1991 年）建议，由桩体荷载 P_p 和桩间土承担的荷载 P_s 共同产生的地基中的竖向附加应力表达式为

$$\sigma_z = \sigma_{z,Q} + \sigma_{z,p_s} \tag{4-29}$$

式中　$\sigma_{z,Q}$——桩体承担的荷载 P_p 在地基中产生的竖向应力；

　　　σ_{z,p_s}——桩间土承担的荷载 P_s 在地基中产生的竖向应力。

σ_{z,p_s} 的计算方法和天然地基中的应力计算方法相同，$\sigma_{z,Q}$ 采用 Geddes 法计算。

S. D. Geddes（1966 年）将长度为 L 的单桩在荷载 Q 作用下对地基土产生的作用力，视作桩端集中力 Q_p、桩侧均匀分布摩阻力 Q_r 和桩侧随深度线性增长的分布摩阻力 Q_t 三种形式荷载的组合，如图 4-12 所示。根据弹性理论半无限体中作用一集中力的 Mindilin 应力解积分，导出了单桩的上述三种形式荷载在地基中产生的应力计算公式。地基中的竖向应力 $\sigma_{z,Q}$ 可按下式计算：

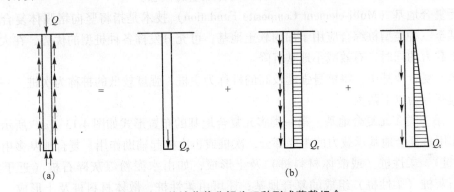

图 4-12　单桩荷载分解为三种形式荷载组合
（a）桩受力示意图；（b）桩作用于土上的力 Q_p、Q_r、Q_t

$$\sigma_{z,Q} = \sigma_{z,Qr} + \sigma_{z,Qp} + \sigma_{z,Qt} = \frac{Q_p K_p}{L^2} + \frac{Q_r K_r}{L^2} + \frac{Q_t K_t}{L^2} \tag{4-30}$$

式中　K_p、K_r、K_t——竖向应力系数。

4.4.3　复合地基沉降计算方法的选择

上述复合地基沉降计算的每一种方法都有一定的适用条件，设计中应根据复合地基桩体材料及地质条件的不同，分别选择最适合的计算方法。

（1）散体材料桩复合地基沉降计算方法选择。散体材料桩复合地基置换率较大，桩土应力比较小，因此加固区压缩量常采用复合模量法计算，下卧层压缩量可采用分层总和法计算，地基附加应力常采用压力扩散法计算。

（2）柔性桩复合地基沉降计算方法选择。与刚性桩复合地基相比，柔性桩复合地基置换率一般较高，桩土应力比较小，沉降计算方法与散体材料桩复合地基类似，故加固区压缩量一般可用复合模量法计算，下卧层压缩量采用分层总和法计算，地基中附加应力采用压力扩散法或等效实体法计算。

（3）刚性桩复合地基沉降计算方法选择。刚性桩复合地基置换率较小、桩土应力比较高，在荷载作用下桩的承载力能得到充分发挥，达到极限工作状态，所以可按经验根据桩体达到极限状态时所需的沉降来估算加固区沉降。当复合地基加固区下卧层有压缩性较大的土层时，复合地基沉降主要发生在下卧层中。其加固区压缩量一般采用桩身压缩量法计算，下卧层地基中附加应力可采用改进的 Geddes 法计算，也可采用压力扩散法或等效实体法计算。

4.5　多元复合地基

4.5.1　多元复合地基设计思想

竖向增强体复合地基中的三种类型桩（散体材料桩、柔性桩和刚性桩）的承载力和变形特征各不相同，每种复合地基均有其适用范围和优、缺点。在工程实践中，为获得良好的技术效果和经济效益，有关学者提出了多元复合地基的概念。

多元复合地基（Multi-element Composite Fundation）技术是指将竖向增强体复合地基中的两种甚至三种类型桩综合应用于加固软土地基，可充分发挥各种桩型的优势，在大幅度提高地基承载力的同时，有效减小地基沉降。

在多元复合地基中，将桩身强度较高的桩称为主桩，强度较低的桩称为次桩。一般将多元复合地基分为以下两类。

（1）第一类多元复合地基。第一类多元复合地基的布置形式如图 4-13（a）所示。主桩的置换作用是复合地基承载力的主要部分，次桩或再次桩起辅助作用。复合地基多由刚性桩（半刚性桩）、柔性桩（或散体材料桩）及土形成，如由水泥粉煤灰碎石桩（近于半刚性桩）和石灰桩（柔性桩）组成的复合地基；还可由柔性桩、散体材料桩及土形成，如石灰桩与碎石桩（散体材料桩）复合地基；还可由两种或两种以上刚度不同的柔性桩及土形成，如深层搅拌桩和石灰桩复合地基。

（2）第二类多元复合地基。第二类多元复合地基的布置形式如图 4-13（b）所示。主桩数量较少，主要布置在节点及荷载较大的承重墙下，以减小沉降为主要目的，地基承载力提高主要依靠次桩的置换作用。

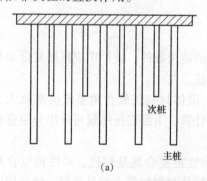
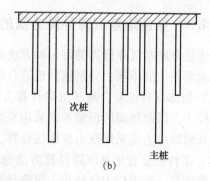

(a)　　　　　　　　　　　　　　(b)

图 4-13　多元复合地基布置形式

（a）第一类多元复合地基；（b）第二类多元复合地基

4.5.2 多元复合地基承载力计算

多元复合地基承载力计算采用加权原理，根据多元复合地基种类的不同，可将其承载力计算方法分为两类。

（1）第一类多元复合地基承载力特征值计算。假设加固单元面积为 A_c，在加固单元内主桩和次桩的截面总面积分别为 A'_{p1} 和 A'_{p2}，加固单元内桩间土面积为 A_s（$A_s = A_c - A'_{p1} - A'_{p2}$）。

复合地基承载力由三部分组成。当主桩为刚性桩，次桩为强度较高的柔性桩（深层水泥土搅拌桩）时，采用下式计算复合地基承载力特征值：

$$f_{spk} = m_1 \frac{R_{a1}}{A_{p1}} + \beta_2 m_2 \frac{R_{a2}}{A_{p2}} + \beta(1 - m_1 - m_2)f_{sk} \tag{4-31}$$

当主桩为刚性桩或强度较高的柔性桩，次桩为强度较低的柔性桩（石灰桩、灰土挤密桩等）时，采用下式计算复合地基承载力特征值：

$$f_{spk} = m_1 \frac{R_{a1}}{A_{p1}} + \beta_2 m_2 f_{pk2} + \beta(1 - m_1 - m_2)f_{sk} \tag{4-32}$$

式中 m_1、m_2——主桩和次桩的面积置换率，$m_1 = \dfrac{A'_{p1}}{A_c}$，$m_2 = \dfrac{A'_{p2}}{A_c}$；

       R_{a1}、R_{a2}——主桩和次桩的单桩竖向承载力特征值，kN；

       f_{spk}——复合地基承载力特征值，kPa；

       f_{pk2}——次桩的桩体强度，kPa；

       f_{sk}——桩间土承载力特征值，kPa；

       β、β_2——桩间土和次桩承载力发挥度系数，一般小于 1.0，与主桩、次桩的类别、桩长及强度有关，也与桩间土及桩端土的类别及强度有关。

（2）第二类多元复合地基承载力计算。第二类多元复合地基承载力提高主要依靠次桩的置换作用，可按以下两种情况考虑：

①考虑主桩分担一定的荷载，即根据桩的类型及地质条件采用经验参数法计算主桩承载力，扣除主桩承受的荷载后，剩余荷载由次桩形成的复合地基承担。

②将主桩的承载力作为安全储备，仅考虑次桩形成的复合地基承担上部结构荷载，此种情形即由三元复合地基蜕化为二元复合地基，具体计算步骤见本书4.3.2章节。

4.5.3 多元复合地基沉降计算

1. 第一类多元复合地基沉降计算方法

第一类多元复合地基中，沉降计算分为两种情形考虑：主桩与次桩桩长相等；主桩桩长大于次桩桩长。

（1）第一种情形（主桩与次桩桩长相等）。由于主桩与次桩桩长相等，因此加固区土层厚度即等于桩长，复合地基总沉降 s 由加固区沉降 s_1 和下卧层沉降 s_2 组成，即 $s = s_1 + s_2$。

加固区土层压缩量 s_1 可采用复合模量法计算。复合地基压缩模量 E_{sp} 值通过面积加权法计算，也可通过试验确定。

设主桩、次桩桩体变形模量分别为 E_{p1}、E_{p2}，土体压缩模量为 E_s，则加权平均计算复合地基压缩模量 E_{sp} 的表达式为

$$E_{sp} = m_1 E_{p1} + m_2 E_{p2} + (1 - m_1 - m_2) E_s \qquad (4-33)$$

下卧层压缩量 s_2 采用分层总和法计算，下卧层土体附加应力可采用应力扩散法计算。

（2）第二种情形（主桩桩长大于次桩桩长）。加固区土层压缩量 s_1 由两部分组成，采用分层总和法计算：

$$s_1 = s'_1 + s''_1 = \sum_{i=1}^{n_1} \frac{\Delta p_i}{E_{spi}} h_i + \sum_{j=n_1+1}^{n_2} \frac{\Delta \sigma_{sj}}{E_{spj}} h_j \qquad (4-34)$$

式中 s'_1——次桩桩长范围内加固区土层的压缩量，m；

       s''_1——次桩桩端至主桩桩端范围内加固土层的压缩量，m；

       n_1——次桩桩长范围内土的分层数；

       n_2——整个加固区范围内土的分层数；

       Δp_i——第 i 层复合土层上附加应力增量，kPa；

       $\Delta \sigma_{sj}$——扣除主桩承担荷载后次桩和桩间土应力 σ_s 在加固区第 j 层土产生的平均附加应力，kPa；

       h_i——加固区第 i 层土的分层厚度，m；

       h_j——加固区第 j 层土的分层厚度，m；

       E_{spi}——次桩桩长范围内第 i 层复合土层的压缩模量，MPa，采用式（4-33）计算；

       E_{spj}——次桩桩端至主桩桩端范围内第 j 层复合土层压缩模量，MPa，采用下式计算：

$$E_{sp} = m_1 E_{p1} + (1 - m_1) E_s \qquad (4-35)$$

下卧土层压缩量 s_2 采用分层总和法计算，下卧土层上附加应力采用实体深基础法计算。

2. 第二类多元复合地基沉降计算方法

由于第二类多元复合地基主桩置换率很小，绝大部分荷载由次桩和桩间土承担，所以沉降计算方法与第一类多元复合地基有较大区别。下面介绍两种计算方法。

（1）采用复合模量法计算加固区土层压缩量 s_1，采用改进的 Geddes 法计算下卧层土层压缩量 s_2。

（2）在工程中可采用实用简化的计算方法，即将总荷载扣除桩体承受的荷载后的剩余荷载作用在复合地基加固区上，其加固区土层和下卧层土层上的附加应力计算方法与天然地基中应力计算方法相同，复合地基加固区土层的复合压缩模量可用式（4-33）计算，也可按下式计算：

$$E_{sp} = m_2 E_{p2} + (1 - m_2) E_s \qquad (4-36)$$

显然，采用式（4-35）比采用式（4-36）计算的沉降量偏小。

习　题

【4-1】阐述复合地基的概念与分类。

【4-2】阐述竖向和水平向增强体复合地基承载力作用机理和破坏形式。

【4-3】阐述复合地基沉降计算方法。

【4-4】阐述多元复合地基设计思路。

【4-5】阐述多元复合地基承载力计算。

第 5 章

地基试验方法

5.1 概　述

当前，各种地基处理方法已大量地在工程实践中应用，取得了显著的经济效益。但是，到目前为止，一般难以对它进行严密的理论分析，也不能在设计时作精密的计算和定量的预测，只能依靠经验。同时，为了保证工程质量，往往需要通过现场测试对施工效果进行严格的监测和检验。因此，现场测试就成为地基处理的重要环节。

现场测试的具体目的是：①为工程设计提供依据；②作为施工的控制、监测和指导；③为理论研究提供试验手段。

为了检验地基处理的效果，通常在同一地点分别在处理前和处理后进行测试，以便进行对比，并应注意下列问题：

（1）为了有较好的可比性，前后两次测试应尽量由同一组织、用同一仪器、按同一标准进行；

（2）由于各种测试方法都有一定的适用范围，故必须根据测试目的和现场条件，选用最有效的方法；

（3）无论采用何种测试方法，都有一定的局限性，故应尽可能采用多种方法，进行综合评价。

现场测试一般具有直观、代表性强、工效高、避免取样运输过程中的扰动等优点，但也有不能测定土的基本参数、不易控制应力状态等不足之处，故有时仍需辅以一定的室内试验。

在测试工作中，量测仪具的功能和质量极为重要，往往是测试成果优劣的决定性因素。按原理，量测仪具分为非电测式和电测式两大类。

（1）非电测式量测仪具。非电测式量测仪具包括机械式和液压式。它的特点是性能可靠，使用简便，对环境适应性强；缺点是一般灵敏度较低，不便于遥测和测试记录的自动化，机械式量测仪具还不能进行结构内部和岩土内部应力变形的量测。

常用的机械式量测仪具有百分表、千分表、挠度计、测力计、水准式倾角计、手持式应变计等。

液压式量测仪具是利用液体的不可压缩性和流动性来传递压力和变形，常用的有压力枕（扁千斤顶）、液压式压力盒等。

（2）电测式量测仪具。电测式量测仪具的特点是元件轻而小、量程大、灵敏度高，便于量测结构内部和岩土内部的应力应变，便于遥测和测试记录的自动化。其发展很快，有取代非电测式量测仪具的趋势。但有些电测式量测仪具具有对环境的适应性差，精度低，长期稳定性不好等缺点。

电测式量测仪具一般由传感器、放大器、记录器组成，种类很多。按原理，常用的有电阻应变式、差动电阻式、滑动电阻式、差动变压器式、振弦式等。利用这些原理做成的量测仪具有电测百分表、电测位移计、电测应力计、电测应变计、电测钢筋计、振弦式土压力盒、埋入式应变计等。

随着电子、激光、微电脑等新技术的应用，电测技术正迅速向多功能、微型化、高灵敏度、高稳定性以及控制、数据采集和处理高度自动化的方向发展。

5.2 载荷试验

地基承载力特征值可由载荷试验或其他原位测试、公式计算并结合工程实践经验等方法综合确定，其中载荷试验是确定地基承载力的主要方法。

同一土层参加统计的试验点不应少于 3 个，各试验实测值极差不得超过平均值的 30%，取此平均值作为该土层的地基承载力特征值，对于岩石地基，取最小值为岩石地基承载力特征值。

5.2.1 试验方法

1. 浅层平板载荷试验

平板载荷试验（Plate Loading Test，PLT）是一种古老的，并被广泛应用的岩土原位测试方法。其属于缩尺试验，通过模拟建筑物基础地基土的受荷条件，比较直观地反映地基土的承载能力和变形特性。

平板载荷试验是在板底平整的刚性承压板上加荷，荷载通过承压板传递给地基，测定天然埋藏条件下地基土的变形特性，评定地基土的承载力，计算地基土的变形量，并预估实体基础的沉降量。

平板载荷试验一般是按布西奈斯克应力分布，配合土的材料常数（变形模量 E_0 和泊松比 ν）建立半无限体表面局部荷载作用下地基土的沉降量 s 计算公式。苏联什塔耶尔曾于1949 年推导出如下理论公式计算刚性承压板的沉降量：

$$s = 0.79 \frac{1-\nu^2}{E_0} d \cdot p \tag{5-1}$$

$$s = 0.83 \frac{1-\nu^2}{E_0} B \cdot p \tag{5-2}$$

式中　　d——圆形承压板宽度，cm；

　　　　B——方形承压板宽度，cm；

　　　　p——$p\text{-}s$ 直线段内任一点的压力，kPa；

　　　　ν——土的泊松比；

E_0——土的变形模量，kPa；

s——p 值对应的圆形或方形承压板的沉降量，cm。

由上述二式就可从载荷试验 p-s 曲线上直线比例段反求出土的变形模量。

为了模拟半无限体表面局部荷载作用，试坑宽度应大于承载板宽度的 3 倍。由于平板载荷试验的影响深度是有限的，故要求承压板下的土层为均质土，其厚度应大于承压板直径的 2 倍。

当基础尺寸和埋深不大时，可直接采用与基础尺寸相同的承压板，在基础底面标高上进行载荷试验，直接确定地基土的承载力。此外，还可进行不同承压板尺寸和不同埋深的对比试验，研究承压板尺寸不同和埋深不同时地基承载力的变化规律。

2. 深层平板载荷试验

早在 20 世纪 50 年代，我国已经流行一种深层载荷试验。这种试验的要点是：在试验点地面上用钻机钻一孔达到预定试验的深度，钻孔直径约 400 mm，然后用钻杆向钻孔内放入一个叫"括刀"的工具，旋转钻杆将孔底括平后，取出括刀，放入刚性承载板，用钢管与地面的加荷装置连接，然后分级加荷并观测沉降，得到一条压力与沉降关系曲线，再用浅层载荷试验的公式计算变形模量。

这种试验方法存在两个关键问题，一是孔底极难整平，用括刀括平的效果很差，而且无法检查，对试验结果的影响极大而又无法估计和修正；二是用浅层载荷试验的公式计算变形模量，其应力状态与实际不符。因此，该方法在 20 世纪 60 年代以后逐渐被淘汰，70 年代以后已停止使用。

20 世纪 80 年代开始，推行螺旋压板试验。这种方法可以在地下水位以下进行，取得了相当令人满意的成果，并且研制了专用设备，确定了标准试验方法，并列入《岩土工程勘察规范（2009 年版）》（GB 50021—2001）。但这种方法只适用于软土，硬土地区仍无工程界可以接受的方法。

20 世纪 80 年代以后，有些单位为了测定挖孔桩的端阻力，在人工开挖的井内做深层静力载荷试验。由于操作人员直接下到井底，整平试验面，安装承压板及其他设备，试验质量可以得到充分保证，试验成果可用于确定地基承载力和计算土的变形模量，故被纳入《建筑地基基础设计规范》（GB 50007—2011）和《岩土工程勘察规范（2009 年版）》（GB 50021—2001）。

与浅层平板载荷试验类似，深层平板载荷试验的影响深度也是有限的，要求承压板下 2 倍直径范围内为均质土。不同的是，浅层平板载荷试验位于半无限空间的表面，而深层平板载荷试验位于半无限空间的内部，故确定地基承载力时，前者需要深度修正，而后者不做深度修正，前者应力分布服从布西奈斯克原理，而后者近似于 Mindlin 原理。

3. 岩基载荷试验

一般情况下，岩石地基的承载力大大高于土质地基，对于岩体基本质量等级为Ⅰ级、Ⅱ级、Ⅲ级的岩石地基，其强度与混凝土相当，作为天然地基一般没有问题，作为桩基则主要由桩身强度控制，也可通过饱和单轴抗压强度乘折减系数确定承载力的特征值。对于Ⅳ级和Ⅴ级完整、较完整的软岩和极软岩，以及对地基承载力和地基变形有特殊要求时，可进行岩基载荷试验。但对于破碎和极破碎的岩石，因无法取试样进行饱和单轴抗压强度试验，又不适用岩基载荷试验，且无成熟的地方经验，则只能采用平板载荷试验，类似对待土基的办法处理。

由于岩基的承载力高、变形小，故规定承压板直径为 300 mm，对读数的时间间隔和稳定标准也做了与土基不同的具体规定。

4. 螺旋板载荷试验

螺旋板载荷试验是由 N. Janbu 于 1973 年提出的，目前在一些国家如瑞典、美国、挪威等，已用于实际工程中，主要用于难以取样的砂土中，近年也用于黏性土中，最大试验深度达 30 m。

螺旋板载荷试验装置如图 5-1 所示，把螺旋板作为承压板旋入地下预定深度，用千斤顶通过传力杆向螺旋板施加压力，反力由螺旋地锚提供。施加的压力由位于螺旋板上端的电测传感器测定，同时量测承压板的沉降。加荷方式可采用以下方法：

（1）常规的维持荷载法。即维持施加的荷载，观测沉降值，直至沉降基本稳定后，再施加下一级荷载。

（2）等沉降速率加荷法。例如控制沉降速率恒为 2 mm/min，即每沉降 1 mm（每隔 0.5 min）读取压力一次。

在一个深度的试验做完后，将螺旋板钻到下一个预定的试验深度，继续进行试验。试验点的间距一般不小于 1 m，对厚层的均质地基也可用 2~3 m 的间距。此项试验的可靠性在很大程度上取决于螺旋板钻入地中对土的扰动程度。为尽量保持土的原状，应控制螺旋板旋转一周钻进一个螺距。

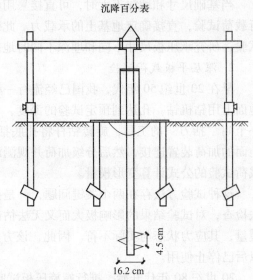

沉降百分表

图 5-1　螺旋板载荷试验装置示意图

螺旋板载荷试验也是一种深层载荷试验，可在地下水位以下使用，我国东部已有一些经验，并已列入《岩土工程勘察规范（2009 年版）》（GB 50021—2001）。根据螺旋板载荷试验成果，可确定地基承载力，计算土的变形模量和固结系数。

5.2.2　试验设备

载荷试验设备由承压板、加荷系统、反力系统和观测系统组成。

1. 承压板

承压板可用混凝土、钢筋混凝土、钢板、铸铁板等制成，也可在现场浇制，要求承压板具有足够的刚度，不破损、不弯曲，压板底面平整，形心和传力重心重合，搬运和安置方便。承压板可加工成圆形或方形，因圆形承压板地基受力均匀，故《岩土工程勘察规范（2009 年版）》（GB 50021—2001）推荐圆形。

承压板的面积，对浅层平板载荷试验，不应小于 0.25 m²；对软土不应小于 0.5 m²；对岩基，直径为 300 mm；对深层平板载荷试验，因需人工下入井内安装，承压板直径与井的直径又相同，因此面积为 0.5 m²。

2. 加荷系统

（1）重物加荷装置。将形状规则的钢锭、钢轨、混凝土件等重物，顺次对称放置在加荷台上，逐级加荷，因费时费力，现已很少采用。

（2）千斤顶加荷装置。根据试验要求，采用不同规格的手动液压千斤顶加荷，并配备压力表或测力计控制加荷值。

（3）重物、机械液压放大加荷装置。此类装置如 MT-3B 载荷试验仪，其基本原理是：将重物（砝码）经轮系放大（动滑轮及杠杆轮），拖动拉力油缸活塞，造成有压油流，按帕斯卡原理构成等压传递，由于大小活塞不等（稳压器与加荷顶面积不等），构成面积比（液压放大比），从而达到轮系放大、液压放大双重目的，其实际加荷值可放大 100 倍以上。

3. 反力系统

除压重加荷外，其他加荷系统均需与反力系统配套，视试验地层和上覆土层的软硬程度，可选择的反力系统大体有三种类型，即锚固式、撑壁式和平洞式，如图 5-2 所示。其中撑壁式适用于土质坑壁稳定、坑深 1.5 m 以上的试验；平洞式适用于稳定的岩壁或黄土陡坎下的试验。锚固式又分岩石地基的锚杆式、岩石或碎石类土地基的锚桩式、细颗粒土地基的地锚式，此类反力系统须配置简易钢轨梁或轨束梁、钢梁或桁构架、伞形构架等构成反力系统装置。

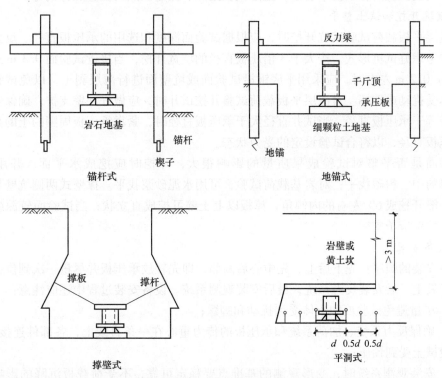

图 5-2 载荷试验反力系统

为确保反力系统和加荷系统的共同作用力与承压板中心在一条垂线上，在加荷系统与反力系统之间，应安设一套传力支座装置，即借助球面、滚珠等，调节反力系统与加荷系统之间的力系平衡，使荷载始终保持垂直传力状态。

4. 观测系统

测定承压板沉降和承压板周围地面升降的观测系统，由观测支架部件和测量仪表两部分组成，前者是用来固定量测仪表的装置，如顶部带丝扣的小钢钎、带螺孔的角钢、固定仪表的连接支架等，后者是用以量测沉降的百分表或其他仪表。量测仪表必须满足量测精度要求。其类型有以下几种：

（1）光学仪器类，采用普通水准仪（精度 1 mm）、精密水准仪（精度 0.2 mm），定位观测，现很少采用。

（2）机械仪表类，包括挠度计（量程大、最小刻度 0.1 mm）、百分表（最小刻度 0.01 mm、估读 0.001 mm，量程 5~30 mm），为常用仪表。

（3）电子仪表类，一般具有量程大、无人为读数误差等特点，且便于实现自动记录和自动数据处理。

5.2.3　试验操作

1. 试验前的准备工作

试验前的准备工作包括测力系统和沉降观测系统各种仪表的标定，试验设备各部件性能的检查，明确试验的各项技术要求，选定试验地点、测定试点的位置和标高等。

2. 试坑开挖和试土整平

对浅层平板载荷试验试坑开挖时，应根据试验面深度和选用的承压板直径、反力系统类型，事先考虑好试坑形式，按大于 3 倍压板直径的坑宽开挖，当接近试验面 0.3 m 或坑壁面（撑壁式）0.2 m 左右时，应采用平底锹沿试验面或坑壁面进行薄层剥土，以免试验土层或坑壁土体受扰动或破坏。对深层平板载荷试验开挖试井时，应做好井壁支护，确保安全，试井直径应等于承压板直径，当试井直径大于承压板直径时，紧靠承压板周围的土的高度应不小于承压板直径，以符合试验设定的受力状态。

试验面是否平整对试验成果质量的影响很大，开挖时应挖成水平面，并用不超过 20 mm 厚的中、粗砂找平；对岩基载荷试验，可用水泥砂浆找平；撑壁式两侧坑壁与撑板接触面，一般开挖成 60°左右的内倾角，撑板以上土壁可挖成直立状；当试验面较深或坑壁不稳定时，坑壁应予支撑。

3. 设备安装

设备安装的顺序：先下后上、先中心后两侧，即先轻放承压板并尽量一次到位，再放置千斤顶于其上，后安装反力系统，最后安装观测系统。设备安装过程中还应注意：

（1）尽量避免试验面和土体受到扰动和脚踩；

（2）确保反力系统、加荷系统和承压板的传力重心在一条直线上，各部件连接应牢固，但不应使试土受到预压；

（3）安装观测系统时，变形观测的基准点要稳定可靠，不受荷载板沉降的影响。除承压板量测的百分表外，还应在其两侧地面设置地面升降观测点。

（4）设备安装好后，要进行初步调试，使各部分处于最佳工作状态。

4. 加荷与观测

加荷分级不应少于 8 级，最终加载量不应小于设计要求的两倍。每级加载后，按间隔 10 min、10 min、10 min、15 min，以后为每隔半小时测计一次沉降；当连续两小时内，每小时的沉降量小于0.1 mm时，则认为已趋稳定，可加下一级荷载。当出现下列情况之一时，即可终止加荷：

（1）承压板周围的土明显地侧向挤出；

（2）沉降s急剧增大，荷载-沉降（p-s）曲线出现陡降段；

（3）在某一级荷载下，24 h内沉降速率不能达到稳定标准；

（4）$s/b \geq 0.06$（b为承压板宽度或直径）。

满足前三种情况之一时，其对应的前一级荷载定为极限荷载。对深层平板载荷试验的规定与浅层平板载荷试验基本相同。测量系统的初始稳定读数观测：加压前，每隔10 min读数一次，连续三次读数不变可开始试验。对岩基载荷试验的规定主要有：

（1）加载方式：单循环加载，荷载逐级递增直到破坏，然后分级卸载。

（2）荷载分级：第一次加载值为预估设计荷载的1/5，以后每级为1/10。

（3）沉降量测读：加载后立即测读一次，以后每10 min读数一次。

（4）稳定标准：连续三次读数之差均不大于0.01 mm。

（5）终止加载条件：当出现下述现象之一时，可终止加载：

①沉降量读数不断变化，在24 h内沉降速率有增大的趋势；

②压力加不上或勉强加上而不能保持稳定，若限于加载能力不能做到极限荷载，最大荷载也应增加到不少于设计要求的两倍。

（6）卸载观测：每级卸载为加载时的两倍，如为奇数，第一级可为三倍。每级卸载后，隔10 min测读一次，测读三次后可卸下一级荷载。全部卸载后，当测读到半小时回弹量小于0.01 mm时，即认为稳定。

5.2.4　确定地基承载力和计算变形模量

1. 绘制试验曲线

载荷试验完成后，应根据试验结果，绘制压力p与沉降s关系曲线及各级荷载下的沉降s与时间t关系曲线或时间对数关系曲线，如图5-3和图5-4所示。载荷试验成果见表5-1。

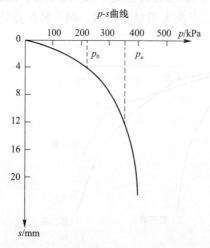

图 5-3　载荷试验压力与沉降关系曲线

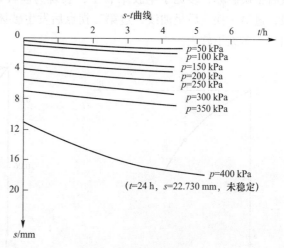

图 5-4　载荷试验沉降与时间关系曲线

表 5-1 载荷试验及计算成果

加荷次序	单位压力/kPa	累计沉降/mm	沉降增量/mm	校正后沉降量/mm	加荷次序	单位压力/kPa	累计沉降/mm	沉降增量/mm	校正后沉降量/mm	计算成果
1	25	0.390	0.390	0.455	9	225	4.134	0.656	4.112	比例界限: $p_0 = 225$ kPa
2	50	0.783	0.393	0.914	10	250	4.942	0.808	5.051	极限荷载: $p_u = 370$ kPa
3	70	1.253	0.470	1.371	11	275	5.774	0.832	5.883	直线段斜率: $c = 0.018\,27$
4	100	1.775	0.522	1.827	12	300	6.600	0.826	6.708	截距: $\Delta s = 0.108\,7$ mm
5	125	2.162	0.387	2.285	13	325	7.600	1.000	7.708	泊松比: $\nu = 0.24$
6	150	2.560	0.418	2.741	14	350	8.876	1.276	8.984	变形模量: $E_0 = 20$ MPa
7	175	3.027	0.447	3.198	15	375	11.138	2.506	11.148	
8	200	3.478	0.451	3.655	16	400	12.27	1.134	12.283	

2. 确定地基承载力

典型的 p-s 曲线如图 5-5 所示，曲线可分为三个阶段。

（1）直线变形阶段（压实阶段），当压力小于比例界限压力 p_0 时，p-s 曲线为直线关系，主要是承压板以下的土体压实。

（2）局部剪切阶段，当压力大于比例界限压力 p_0，但小于极限荷载 p_u 时，p-s 变为曲线关系，这一阶段除了土体的压实外，还有局部剪切破坏发生。

（3）破坏阶段，当压力增加很小，沉降却急剧增加，不能稳定，土中形成连续的剪切破坏滑动面，在地表出现隆起及裂缝。

p_0 和 p_u 是 p-s 曲线的两个重要特征点，在实际工程中，如控制基底压力小于或等于 p_0，地基的变形是不大的，而且可将地基作为直线变形体，用弹性理论来分析压力与变形的关系，并用变形模量 E_0 表征土的压力-应变关系。

载荷试验的破坏类型如图 5-6 所示。第一类是荷载不大于某一值时呈直线变形，超过此值后很快破坏，多见于半胶结岩土，表现为脆性破坏；第二类最常见，曲线前段大体为直线，过第一拐点后呈曲线，过第二拐点后发生破坏；第三类无明显直线段，两个特征点均不明显，多见于软土。

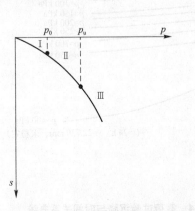

图 5-5 典型的 p-s 曲线图

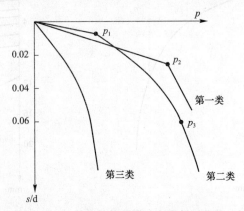

图 5-6 载荷试验破坏类型图

对土质地基载荷试验承载力特征值的取值方法如下：

（1）当 p-s 曲线上有比例界限时，取该比例界限所对应的荷载值；

（2）当极限荷载小于对应比例界限的荷载值的 2 倍时，取极限荷载值的一半；

（3）当不能按上述两点确定时，如承压板面积为 0.25 ~ 0.50 m²，可取 s/b = 0.01 ~ 0.015 所对应的荷载，但其值不应大于最大加载量的一半。

对岩质地基的规定如下：对应于 p-s 曲线上起始直线段的终点为比例界限；符合终止加载条件的前一级荷载为极限荷载，将极限荷载除以 3 的安全系数，所得值与对应于比例界限的荷载相比较，取小值，为地基承载力特征值。

地基设计时，对土质地基应进行基础埋深和宽度修正，对岩质地基则不进行深、宽修正。

3. 变形模量的计算

《岩土工程勘察规范（2009 年版）》（GB 50021—2001）的规定如下：土的变形模量可根据 p-s 曲线的初始直线段，按均质各向同性半无限弹性介质的弹性理论计算。

浅层平板载荷试验的变形模量 E_0，可按下式计算：

$$E_0 = I_0 \left(1 - \nu^2\right) \frac{pd}{s} \tag{5-3}$$

深层平板载荷试验和螺旋板载荷试验的变形模量 E_0，可按下式计算：

$$E_0 = \omega \frac{pd}{s} \tag{5-4}$$

式中　I_0——刚性承压板的形状系数，圆形承压板取 0.785，方形承压板取 0.886；

　　　ν——土的泊松比（碎石土取 0.27，砂土取 0.30，粉土取 0.35，粉质黏土取 0.38，黏土取 0.42）；

　　　d——承压板直径或边长，m；

　　　p——p-s 曲线线性段的压力，kPa；

　　　s——与 p 对应的沉降，mm；

　　　ω——与试验深度和土类有关的系数，可按表 5-2 选用。

表 5-2　深层载荷试验变形模量计算系数 ω

土类 d/z	碎石土	砂土	粉土	粉质黏土	黏土
0.30	0.477	0.489	0.491	0.515	0.524
0.25	0.469	0.480	0.482	0.506	0.514
0.20	0.460	0.471	0.474	0.497	0.505
0.15	0.444	0.454	0.457	0.479	0.487
0.10	0.435	0.446	0.448	0.470	0.478
0.05	0.427	0.437	0.439	0.461	0.468
0.01	0.418	0.429	0.431	0.452	0.459

注：d/z 为承压板直径和承压板底面深度之比。

用浅层平板载荷试验成果计算土的变形模量的公式是人们熟知的，其假设条件是荷载在弹性半无限空间的表面。深层平板载荷作用在半无限空间内部时，不宜采用荷载作用在半无限体表面的弹性理论公式。式（5-4）是在 Mindlin 解的基础上推算出来的，适用于地基内部垂直均布荷载作用下变形模量的计算。根据岳建勇和高大钊的推导，深层载荷试验的变形模量可按下式计算：

$$E_0 = I_0 I_1 I_2 \ (1-\nu^2) \ \frac{pd}{s} \tag{5-5}$$

式中：I_1 为与承压板埋深有关的系数，I_2 为与土的泊松比有关的系数，分别为

$$I_1 = 0.5 + 0.23 \frac{d}{z} \tag{5-6}$$

$$I_2 = 1 + 2\nu^2 + 2\nu^4 \tag{5-7}$$

为方便，令

$$\omega = I_0 I_1 I_2 \ (1-\nu^2) \tag{5-8}$$

则

$$E_0 = \omega \frac{pd}{s} \tag{5-9}$$

式（5-8）中，碎石的泊松比取 0.27，砂土取 0.30，粉土取 0.35，粉质黏土取 0.38，黏土取 0.42，选用可见表 5-2。

5.3 静力触探

5.3.1 概述

静力触探（CPT）是将一定规格的圆锥形探头，按一定的速率压入土中，量测土对探头的阻力，借以推测土的性质。静力触探既是一种原位测试手段，也是一种勘探手段，它和常规的钻探—取样—室内试验等勘探程序相比，具有快速、精确、经济和节省人力等特点。此外，在桩基工程勘察中，静力触探能准确地确定桩端持力层的特征，也是一般常规勘察手段所不能比拟的。

静力触探的基本原理是用准静力（相对动力触探而言，没有或很少有冲击荷载）将一个内部装有传感器的触探头以匀速压入土中，由于地层中各种土的软硬不同，探头所受的阻力自然也不一样，传感器将这种大小不同的贯入阻力通过电信号输入到记录仪表中记录下来，再通过贯入阻力与土的工程地质特征之间的定性关系和统计相关关系，来实现取得土层剖面、提供浅基承载力、选择桩端持力层和预估单桩承载力等工程地质勘查目的。

5.3.2 适用范围与用途

静力触探是探测地层时测试土性和检验地基处理效果的有效手段，具有质量好、效率高、成本低等显著优点，在我国已广泛应用。静力触探主要适用于黏性土、粉性土、砂性土。就黄河下游各类水利工程、工业与民用建筑工程、公路桥梁工程而言，静力触探适用于地面以下 50 m 内的各种土层，特别是对于地层情况变化较大的复杂场地及不易取得原状土的饱和砂土和高灵敏度的软黏土地层，更适合采用静力触探进行勘察。静力触探的主要用途是：

（1）作为勘探手段，划分土层，查明其水平方向和垂直方向的均匀性；

（2）确定砂土的密实度和黏性土的状态；

（3）评价地基土的承载能力、压缩性质、不排水强度、砂土和粉土液化等工程特性；

（4）检测人工填土的质量；

（5）探测桩基持力层，预估沉桩可能性和单桩承载力。

5.3.3　试验设备和试验方法

静力触探主要试验设备包括加压系统、反力系统和探头。主机有各种形式，如落地式、拖车式、工程车式、客车式等。双缸液压静力触探仪的示意图如图 5-7 所示。

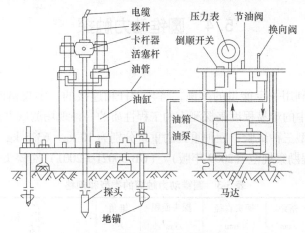

图 5-7　双缸液压静力触探仪

探头是静力触探的心脏，其结构如图 5-8 所示，单桥探头只能测定一个指标（比贯入阻力），双桥探头可以测定锥头阻力和侧壁阻力两个指标。双桥静力触探试验的成果曲线如图 5-9 所示。

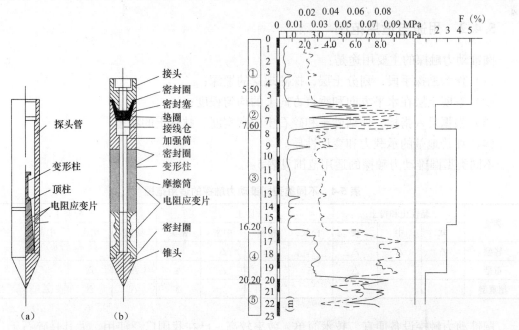

图 5-8　静力触探探头结构

（a）单桥探头；（b）双桥探头

图 5-9　双桥静力触探试验曲线

5.3.4 静力触探成果的应用

由图 5-9 可知，静力触探获得的成果是连续的沿深度的变化曲线，对软硬不同地层反应相当灵敏，可探测到钻探容易遗漏的薄夹层，且效率高，人为因素小，故被广泛应用于探测地层、估计砂土的密实度和黏性土的状态、确定地基土的承载力和桩基的承载力、判定砂土的液化、评价地基处理效果等。

5.4 圆锥动力触探

5.4.1 概述

圆锥动力触探是利用一定能量的落锤，将与探杆相连接的一定规格的圆锥形探头打入土中，根据探头贯入土中的难易程度来探测土的工程性质的一种现场测试方法。圆锥动力触探分为轻型、重型和超重型三种试验，三种重锤的重量分别为 10 kg、63.5 kg 和 120 kg。结果保留三位小数。《岩土工程勘察规范（2009 年版）》（GB 50021—2001）对探头规格的规定见表 5-3。

表 5-3　圆锥动力触探的类型和规格

类型	锤的质量 /kg	落距 /cm	探头直径 /mm	探头面积 /cm²	锥角 /°	指　标	探杆直径 /mm
轻型	10	50	40	12.6	60	贯入 30 cm 的锤击数 N_{10}	25
重型	63.5	76	74	43.0	60	贯入 10 cm 的锤击数 $N_{63.5}$	42
超重型	120	100	74	43.0	60	贯入 10 cm 的锤击数 N_{120}	50~60

5.4.2 用途与适用范围

圆锥动力触探的主要用途是：

(1) 作为勘探手段，划分土层，探测地层的埋深；

(2) 查明土层在水平方向和垂直方向上的均匀程度；

(3) 根据贯入指标，评估砂土和碎石土的密实度、黏性土的状态；

(4) 评价地基的承载力和变形性质。

不同类型圆锥动力触探的适用范围见表 5-4。

表 5-4　不同类型圆锥动力触探的适用范围

类型	黏性土和粉土			砂土				碎石土			
	软	中	硬	松散	稍密	中密	密实	松散	稍密	中密	密实
轻型	△	△	△	△	△	△					
重型			△	△	△	△	△	△	△		
超重型						△	△	△	△	△	△

圆锥动力触探设备便宜，技术简单，效率较高，已在我国广泛使用，尤其是碎石土，不能取样试验，重型和超重型圆锥动力触探是判定其密实度，确定其承载力的有效方法。用轻

型圆锥动力触探检验基坑土质是否异常，有效而方便，早已成为常规工作。圆锥动力触探的测试成果受探杆侧壁摩阻、杆长、地下水、人为因素以及临界深度和土层条件等因素影响较大，且对地方经验依赖性强，是较为粗略的定性测试方法，宜与其他勘探测试方法配合使用，单独使用时要十分慎重。

5.5　标准贯入试验

标准贯入试验（SPT）也是一种动力触探，是用质量为 63.5 kg 的穿心锤，以 76 cm 的落距，将一定规格的标准贯入器打入土中 15 cm，再打入 30 cm，最后 30 cm 的锤击数为标准贯入试验的指标 N。贯入器的规格如图 5-10 所示。

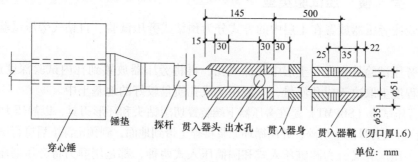

图 5-10　标准贯入试验装置

标准贯入试验是国内外应用最广泛的一种现场原位测试。标准贯入锤击数 N，可用以判定砂土的密实度、黏性土的状态、地基土的承载力、砂土的液化、桩基承载力等，也是检验地基处理效果的重要手段。

与其他动力触探方法相似，标准贯入试验的成果也是比较粗略的，影响因素较多。其中，杆长、地下水、落锤方式以及落锤控制精度、探杆平直度、探杆连接刚度等的影响大体和圆锥动力触探相似，所不同的主要是以下几点：

（1）标准贯入试验是在钻孔中进行，故基本上不存在探杆侧壁摩阻的影响。

（2）钻孔方法、护壁方法、清孔质量，对标准贯入试验影响很大，为了避免涌沙和试土的扰动，一般认为回转钻进、泥浆护壁的方法较好，孔底残土的厚度不应超过 5～10 cm，否则应重新清孔后再进行标准贯入试验。

标准贯入试验被广泛应用的主要原因有：①设备简单耐用，操作简易；②几乎适用于各种土层，包括地下水位以上和地下水位以下，还包括部分软岩和极软岩；③积累了大量应用经验。

5.6　旁（横）压试验

5.6.1　概述

旁压试验或称横压试验，是一种原位测试技术。其试验方法是在钻孔中放入一个可扩张的圆柱形旁压器，通过控制装置对孔壁施加压力，使土体产生变形，由此测得土体的应力-应变关系，即旁压曲线。这实质上是在钻孔中进行横向载荷试验。

通过对旁压试验成果分析，并结合地区经验，其可用于以下岩土工程：

（1）测求地基土的临塑荷载和极限荷载强度，从而估算地基土的承载力；

（2）测求地基土的变形模量，从而估算沉降量；

（3）估算桩基承载力；

（4）计算土的侧向基床系数；

（5）根据自钻式旁压试验的旁压曲线推求地基土的原位水平应力、静止侧压力系数。

旁压试验近年来在国内外岩土工程实践中得到迅速发展并逐渐成熟，试验方法简单、灵活、准确，适用于黏性土、粉土、砂土、碎石土、残积土、极软岩和软岩等地层的测试。

5.6.2 旁（横）压试验类型

旁压试验按旁压器放置在土层中的方式分为预钻式旁压试验、自钻式旁压试验和压入式旁压试验。

预钻式旁压试验是事先在土层中钻探成孔，再将旁压器放置到孔内试验深度进行试验，其结果很大程度上取决于成孔质量，一般用于成孔质量较好的地基土中。

自钻式旁压试验（SBPMT）是在旁压器下端装置切削钻头和环形刃具，以静压力压入土中，同时用钻头将进入刃具的土切碎，并用循环泥浆将碎土带到地面，到预定深度后进行试验。

压入式旁压试验又分为圆锥压入式和圆筒压入式两种，都是用静力将旁压器压入到指定深度进行试验，由于在压入过程中有挤土效应，对试验结果有一定的影响。

本节主要以预钻式旁压仪进行介绍。预钻式旁压仪主要由旁压器（探头）、控制装置、压缩气源和连接软管等组成，如图 5-11 所示。

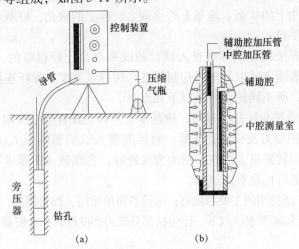

图 5-11　旁压试验装置示意图

（a）总装置图；（b）旁压器受压示意图

旁压器是由一空心金属圆柱筒和固定在金属筒上的橡皮膜组成，一般为三腔式，中腔为测量腔，上、下两腔为辅助腔。上、下两腔由金属管连通而与中腔严密密封，其作用是延长孔壁受压土层的长度，减小测量腔的端部影响，使土层近似地处于平面应变状态。

控制装置是旁压仪的加压和测量设备，由一系列仪表、阀门和管路组成；压缩气瓶是用高压氮气或用打气筒产生气压源；导管用于连接旁压器与控制装置，要求变形小。

预钻式旁压试验的成果优劣，关键在于成孔质量的好坏。孔径应与旁压器的直径相适应，孔径太小，将使旁压器放入发生困难或扰动孔壁；孔径太大，会因旁压器体积容量的限制而过早结束试验。成孔放入旁压器后，连接气压罐，分级加压（8～12 级），同时测读每级压力下的体积变化，直至终止试验，绘制压力与体积变化的曲线。

5.6.3 旁（横）压试验原理

旁压试验原理是通过向圆柱形旁压器内分级充气加压，在竖直的孔内使旁压膜侧向膨胀，并由该膜（或护套）将压力传递给周围土体，使土体产生变形直至破坏，从而得到压力与扩张体积（或径向位移）之间的关系。根据这种关系可对地基土的承载力（强度）、变形性质等进行评价。旁压试验可理想化为圆柱孔穴扩张课题，属于轴对称平面应变问题。标准的旁压试验曲线如图 5-12 所示，可划分为三个阶段：

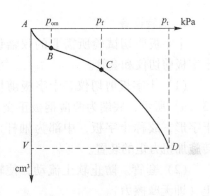

图 5-12 标准旁压试验曲线

（1）AB 为接触阶段，反映钻孔卸荷或为了充填旁压器与孔壁的空隙而产生的结果；

（2）BC 为直线变形段，直线段终点的横坐标 p_f 为屈服压力（临塑压力），旁压模量（梅纳模量）即在本阶段测得；

（3）CD 为塑性变形段，反映出土体逐步进入塑性流动，最后达到土体的极限压力 p_t。

进行旁压试验测试时，由加压装置通过增压缸的面积变换，将较低的气压转换为较高压力的水压，并通过高压导管传至试验深度处的旁压器，使弹性膜侧向膨胀，导致钻孔孔壁受压而产生相应的侧向变形。其变形量可由增压缸的活塞位移值 s 确定，压力 p 由与增压缸相连的压力传感器测得。根据所测结果，得到压力 p 和位移值 s（或换算为旁压腔的体积变形量 V）间的关系，即旁压曲线。根据旁压曲线可以得到试验深度处地基土层的初始压力、临塑压力、极限压力以及旁压模量等有关土力学指标。

5.7 十字板剪切试验

5.7.1 概述

十字板剪切试验是一种抗剪强度的原位测试方法，不用取原状土，而在现场直接测试地基土的强度。这种方法适用于地基为软弱黏性土、取原状土困难的条件，并可避免在软土中取样、运送及制备试样过程中受扰动影响试验成果的可靠性。十字板剪切试验主要应用于岩土工程的以下几个方面：

（1）获得饱和软黏土的抗剪强度和灵敏度；

（2）研究地基加固效果和强度变化规律；

（3）测定地基或边坡滑动位置；

（4）计算地基容许承载力和单桩承载力。

根据十字板剪切仪的不同，试验可分为普通十字板剪切试验和电测十字板剪切试验；根据贯入土体的不同方式，可分为预钻孔十字板剪切试验和自钻孔十字板剪切试验。

其试验原理是通过对土体施加一定扭矩，将土体剪坏，测定土体因抗剪对试验仪产生的最大扭矩，通过换算得到土体抗剪强度值。

5.7.2　试验方法

1. 试验设备

十字板剪切试验所需的仪器设备主要有十字板剪切仪和套管。

（1）十字板剪切仪。十字板剪切仪如图5-13（a）所示，底端为两薄钢板正交，横截面呈十字形，故称十字板，中部为轴杆，顶端为旋转施加扭力矩的装置。

（2）套管。防止软土流动，使轴杆周围无土（即无摩擦力）。

2. 试验步骤

十字板剪切试验步骤如下：

（1）打入套管至测点以上750 mm 高程，清除套管内的残留土；

（2）将十字板装在轴杆底端，插入套管并向下压至套管底端以下750 mm，或套管直径的3~5 倍以下深度；

（3）在地面上，对装在轴杆顶端的设备施加扭力矩，直至十字板旋转，土体破坏为止。

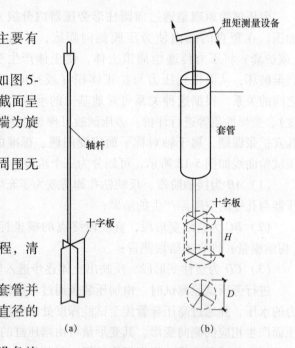

图 5-13　十字板剪切仪
（a）十字板剪切仪；（b）十字板剪切试验

土体的破坏面为十字板旋转形成的圆柱面及圆柱的上、下端面。剪切速率宜控制在2 分钟内测得峰值强度。

3. 技术要求

十字板剪切试验技术要求如下：

（1）十字板插入深度不应小于钻孔或套管直径的3~5 倍；孔间距大于 0.75~1 m。

（2）十字板插入土后应停留 2~3 min，时间太短或太长会使强度减小或增大。

（3）剪切速率一般为（1°~2°）/10 s，过快（黏滞性）、过慢（固结）都会使强度增加。一般 3~10 min 会出现峰值，之后应继续剪切 1 min。

（4）测出峰值后应快速转动 6 周，测重塑土的不排水抗剪强度。

4. 注意事项

十字板剪切试验注意事项如下：

（1）十字板的规格：形状宜为矩形，板高/板宽 =2，板厚为 2~3 mm，刃角为 60°，面积比为 13%~14%（板越小对土体扰动越小，测量值越好）。对于钻孔十字板剪切试验，十字板插入孔底以下的深度应大于 5 倍钻孔直径，以保证十字板能在不扰动土中进行剪切试验。

（2）由于圆柱侧面和顶面达到剪切破坏不是同时的，因此强度并不是真正的峰值，是一种平均抗剪强度。

（3）十字板插入土中与开始扭剪的间歇时间应小于 5 min。因为插入时产生的超孔隙水压力的消散，会使侧向有效应力增长。拖斯坦桑（Torstensson，1977）发现间歇时间为 1 h 和 7 d 的，试验所得不排水抗剪强度比间歇时间为 5 min 的，约分别增长 9% 和 19%。

（4）扭剪速率应控制良好。剪切速率过慢，由于排水导致强度增长；剪切速率过快，对饱和软黏性土由于黏滞效应也使强度增长。一般应控制扭剪速率为（1°~2°）/10 s，并以此作为统一的标准速率，以便能在不排水条件下进行剪切试验。测记每扭转 1°的扭矩，当扭矩出现峰值或稳定值后，要继续测读 1 min，以便确认峰值或稳定扭矩。

（5）重塑土的不排水抗剪强度，应在峰值强度或稳定值强度出现后，顺剪切扭转方向连续转动 6 圈后测定。

（6）抗剪强度的测定精度应达到 1~2 kPa。

（7）为测定软黏性土不排水抗剪强度随深度的变化，试验点竖向间距应取为 1 m，或根据静力触探等资料布置试验点。

5.7.3　相关计算

十字板剪切破坏扭力矩 M 由两部分组成：

（1）十字板旋转破坏土柱柱面强度。由土柱圆周长 D 乘以土柱高 H 为土柱周围面积，再乘以半径 $\dfrac{D}{2}$，即扭力臂，再乘以土柱侧面的抗剪强度 τ_V，可得土柱柱面强度，如式（5-10）等号右侧第一项所示。

（2）土柱上、下端面强度。由土柱圆面积 $\dfrac{\pi D^2}{4}$ 乘以扭矩力臂 $\dfrac{D}{3}$，再乘以土柱水平向抗剪强度 τ_H，再乘以 2（上、下端面），可得土柱上、下端面强度，如式（5-10）等号右侧第二项所示。

则十字板剪切破坏扭力矩 M 为

$$M = \pi DH \times \frac{D}{2}\tau_V + 2 \times \frac{\pi D^2}{4} \times \frac{D}{3}\tau_H \tag{5-10}$$

式中　D——十字板的直径，m；

　　　H——十字板的高度，m；

　　　τ_V、τ_H——剪切破坏时圆柱土体侧面和上、下面土的抗剪强度，kPa。

为简化计算，令 $\tau_V = \tau_H = \tau_+$，代入式（5-10）可得

$$\tau_+ = \frac{2M}{\pi D^2 \left(H + \dfrac{D}{3}\right)} \tag{5-11}$$

十字板现场剪切试验为不排水剪切试验。因此，其试验结果与无侧限抗压强度试验结果接近。饱和软土不排水抗剪强度 $\varphi_u = 0$，则

$$\tau_+ = \frac{q_u}{2} \tag{5-12}$$

鉴于十字板剪切试验设备简单，操作方便，原位测试成果令人满意，在软弱黏性土的工程勘察中得到了广泛应用。

5.8 现场大型剪切试验

现场大型剪切试验是在现场通过试验确定主体抵抗剪切破坏时的极限能力。其分为水平剪切法和水平挤压法两种。

水平剪切法与室内直剪试验相同，对几个试样施加不同的垂直压力，待固结稳定后，施加水平剪应力，使试样在预定的剪切面上发生破坏，找出每个试样的破坏剪应力，绘制抗剪强度与垂直应力的关系曲线。该曲线通常以近似的直线表示，其倾角表示内摩擦角 φ，在纵轴上的截距表示凝聚力 c。

水平挤压法是根据土体形成的破坏滑动面，用极限平衡分析的方法，反算出土体的抗剪强度参数。由于其成果质量较差，现已很少应用。

5.9 土中应力的测试

地基中的应力测试，是测定土体在受力情况下，土压力和孔隙水压力值及其消长速度和程度，以便计算地基土的固结度，推算土体强度随时间变化的规律，控制施工速度。此外，利用现场测量来验证理论计算，无论对理论的发展，还是对实际工程的建造和使用，均有很大的意义。

5.9.1 土中总应力的测试

1. 测试设备

测试设备为土压力盒，土压力盒是置于土体与结构界面上或埋设在自由土体中，用于测试土体对结构的土压力，即地基中土压力变化的测试传感器。

根据内部结构不同，土压力盒有钢弦式、差动电阻式、电阻应变式等多种。土压力盒又可分为单膜式和双膜式两类。单膜式受接触介质的影响较大，而使用前的标定要与实际土体一致往往做不到，因而测试误差较大，一般仅用于测量界面土压力。目前采用较多的是双膜式，其对各种介质具有较强适应性，因此多用于测量土体内部的土压力。

2. 测试方法

对于地基土的压力，一般测试基底反力或地下室侧墙的回填土压力，通常采用埋置法进行。在结构基底埋置土压力盒时，可先将其埋置在预制的混凝土土块内，整平地表，然后放置预制混凝土土块并将预制块浇筑在基底内。在结构物侧面安装土压力盒时，应将混凝土浇筑到预定高程处，将土压力盒固定到测量位置上，压力膜必须与结构外表面平齐。采用埋置法施工时，应尽量减少对原土体的扰动。土压力盒周围回填土的性状要与附近土体一致，以免引起地层应力的重分布。

3. 注意事项

（1）土压力盒的选用。选用构造合理的土压力盒，即受压板直径 D 与板中心变形 s 之比要大，以减少应力集中的影响。根据研究，D/s 的下限，对土中压力盒为 2 000，对接触式土压力盒为 1 000。监测土体的应力时，应采用直径与厚度之比较大的双膜式土压力盒；而测试接触土压力时，可采用直径与厚度之比较小的单膜式土压力盒。

（2）压力膜的保护。为避免颗粒粗、硬度高的回填材料直接冲击压力膜，且使压力膜均匀受压，常用沥青囊间接传力结构加以保护。沥青囊大小视挡土结构的形式、回填材料及回填工艺而定。当土压力盒承压膜直径 D 为 100 mm 时，采用（4~5）D 的边长。当宽度不足，如板桩的宽度较小时，可取与最大承受面相当的宽度。对于降水基坑，间接传力膜的设置也可采用细颗粒材料。无论采用哪种材料的间接传力介质，都必须密实，在使用过程中不允许挤出或流失。

5.9.2　土中孔隙水压力的测试

1. 测试设备

土中孔隙水压力的测试采用孔隙水压力计，也称渗压计，由金属壳体和透水石组成。孔隙水压力计的工作原理是把多孔元件（如透水石）放置在土中，使土中水连续通过元件的孔隙（透水后），把土体颗粒隔离在元件外面，而只让水进入感应膜的容器内，再测量容器中的水压力，即可测出孔隙水压力。孔隙水压力计的量程应根据埋置深度、孔隙水压力变化幅度等确定。

2. 测试设备基本条件

（1）必须有足够的强度和耐久性。孔隙水压力计埋入土体中，就要进行长期观测，如果发生故障就不能检修。因此，要求孔隙水压力计能够抵抗各种因素的作用，如土压力、水压力、温度变化、土的电解作用等。

（2）要求测头处的孔隙水体积不改变或改变不大，即测量的延滞时间要短。

（3）读数稳定，这对长期观测的仪器特别重要。

（4）测头体积要小，外形平整光滑，以便在压入埋设时尽可能地减少对土体的扰动和原有应力的改变。

3. 孔隙水压力的计算

目前采用的孔隙水压力监测方法有电测法、液压法和气压法。由于各自监测原理不同，计算公式也不尽相同。

（1）电测法。电测法计算孔隙水压力的公式为

$$\mu = K\ (f^2 - f_0^2) \tag{5-13}$$

式中　μ——测试孔隙水压力；

$\quad\quad K$——传感器标定系数；

$\quad\quad f_0$、f——初始频率值和监测频率值。

（2）液压法。液压法计算孔隙水压力的公式为

$$\mu = p^2 + \rho_w h \tag{5-14}$$

式中　μ——测试孔隙水压力；

$\quad\quad p$——压力表读数；

$\quad\quad h$——探头至压力表基准面高度；

$\quad\quad \rho_w$——水的密度。

（3）气压法。气压法计算孔隙水压力的公式为

$$\mu = C + \alpha p_{a} \tag{5-15}$$

式中 μ——测试孔隙水压力；

C、α——标定常数；

p_{a}——气压，用压力表量出。

5.10 地基沉降及位移观测

为了了解工程建筑在施工和使用过程中是否稳定安全，是否可能由于地基的变形而导致上部结构的倾斜、裂缝及其他过大的变形，需进行地基沉降和位移观测。地基沉降和位移观测成果是建筑物地基基础工程质量检查的主要依据，也是验证设计、检验施工质量和进行科学研究的重要资料。与地基处理有关的项目包括基坑回弹监测、土体内部水平位移监测、地基与基础水平位移监测等。

5.10.1 基坑回弹监测

基坑回弹是基坑开挖对坑底土层的卸荷作用引起基底面及坑外一定范围内土体的回弹变形或隆起。基坑回弹产生的原因如下：

（1）上部土体开挖卸载使深层土体应力释放而产生向上隆起的弹性变形。

（2）基坑内土体开挖后，支护内外压力差使其底部产生侧向位移，导致靠近围护结构内侧的土体向上隆起。

通过监测掌握基坑内土体回弹状况，以便优化施工方案，确保基坑及周边环境的安全。

1. 监测设备

基坑回弹监测采用回弹监测标或深层沉降标配合水准仪进行。回弹监测标如图 5-14 所示，由角钢、圆盘及反扣装置构成。

2. 监测方法

由于回弹监测标埋设于基坑底部，在基坑开挖过程中不便于实时监测，故采用回弹监测标时，通常仅在基坑开挖前及设计标高后分别监测一次，在基坑开挖过程中一般不予监测。有时也在浇筑基础底板混凝土之前再监测一次。

基坑开挖至设计高程后回弹监测标的高程可采用高程传递法进行监测，如图 5-15 所示。架设地面基点为 A 点，回弹监测标为 B 点，在基坑边架设一吊杆，从杆顶向下悬挂一根钢尺，钢尺下垂吊一个重锤，重锤的重力应与检定钢尺时所用的拉力相同，在

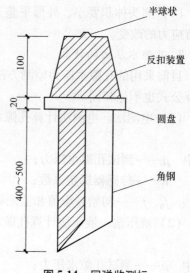

图 5-14 回弹监测标

地表基准点 A（高程为 H_A）和基坑之间架设水准仪，先测读基准点上水准尺读数 a，再测读钢尺下部读数 b。然后将水准仪搬入基坑，测读钢尺下部读数 c 和回弹监测标上水准尺读数 d。则回弹监测标的高程 H_B 可按下式计算：

$$H_B = H_A + (a - b) + (c - d) \tag{5-16}$$

因基坑回弹的测量精度要求较高，故计算时应对钢尺进行尺长和温度的修正。

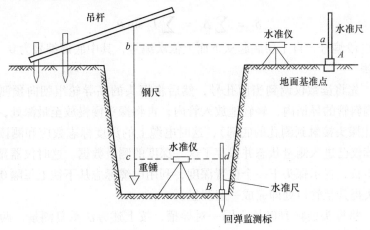

图 5-15　回弹监测计算图

5.10.2　土体内部水平位移监测

1. 监测设备

土体内部水平位移监测通常采用测斜仪，测斜仪是一种能有效且精确地测量土体内部水平位移或变形的工程监测仪器，也可用于监测临时或永久性地下结构的水平位移。测斜仪可分为固定式和活动式两种，固定式是将探头固定埋设在结构物内部的固定点上；活动式即先埋设带导槽的测斜管，间隔一定时间将探头放入管内沿导槽滑动，测定斜度变化，计算水平位移。

测斜仪由测斜管、测斜探头、数字式测读仪及电缆四部分组成。测斜管在基坑开挖前埋设于土体内，测斜管内设有导槽，测量时将测斜探头的导向滚轮卡在导槽中，沿槽滚动将测斜探头放入测斜管，并由引出的导线将测斜管的倾斜角或正弦值显示在测读仪上，通过计算获得土体内部水平位移。

2. 监测原理

测斜探头内设有加速度计传感器，可以感应导管在每一深度处的倾斜角度，传感器针对这一倾斜角度输出一个电压信号，在测读仪的面板上显示出来。该电压信号是以测斜导槽为方向基准，通过输出的电压信号获得某深度处测斜探头的倾斜角，计算其正弦函数，即可得到该深度处的水平位移，假设孔底水平位移为零，自下而上累计计算，即可得到该深处水平位移变化总值。监测原理如图 5-16 所示。

将测斜管分为 n 个测段，每个测段的长度为 L_i（500 ~ 1 000 mm），在某一深度位置上所得的是两对导轮之间的倾角 θ_i，通过计算可得到每一区段的变形 Δ_i，计算公式为

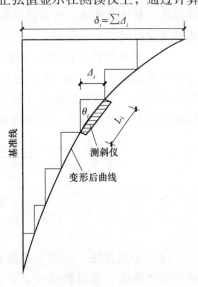

图 5-16　监测原理

$$\Delta_i = L_i \sin\theta_i \tag{5-17}$$

自下而上累计，即可得到某深处的水平位移值 δ_i，即

$$\delta_i = \sum^i \Delta_i = \sum^i L_i \sin\theta_i \tag{5-18}$$

式中　i——各区段编号，自土层底起从下而上依次编号，其中底部编号为 0。

3. 监测方法

（1）正测。先将读数仪调到当前孔号，然后将探头的高导轮组朝向预测变形方向，把探头导轮卡在测斜管的导槽内，轻轻地放入管内，再将探头慢慢放至最深处，以孔底为基准点（注：不能让探头接触到测孔的底部），这时电缆上的深度标志数应和测读仪显示的孔深相同，此时测读仪已进入测量状态并保存了这一深度的测量数据。这时仪器显示的深度自动减去一个测量步长，提示探头下一个位置深度，利用电缆标志从下往上每隔 0.5 m 或 1 m 测一个点，待探头提升至管口处即完成一遍测量。

（2）反测。将探头旋转 180° 插入同一对导槽，按上述方法重复测量，两次测量的各测点在同一位置上的两个读数应数字接近、符号相反。正反读数绝对值的平均值即为监测值。采用正反测量的目的是抵消敏感元件因零位偏差造成的误差，以提高测量精度。

5.10.3　地基与基础水平位移监测

1. 监测设备

地基与基础水平位移监测是基坑工程中最直接、最重要的监测项目。通过监测可以随时获得地基与基础水平位移和沉降变形量，从而判定基坑的稳定程度，必要时调整基坑开挖的顺序和速度，确保基坑施工安全。主要采用的监测仪器为经纬仪或全站仪。

2. 监测方法

（1）直接丈量法。适用于边长不大于 50 m 的小型基坑。基坑开挖前，在监测部位埋设测点，用钢卷尺丈量出位移方向上相关测点的距离作为初始值。测量时要求钢卷尺用测力计控制拉力，一般为钢卷尺鉴定时的拉力（49 N），并记录测量时的现场气温，对距离进行温度修正。基坑开挖后，再对这些测点之间的距离进行测量，将测量结果与初始值比较，其差值即为测点间的相对位移。

（2）视准线法。适用于为直线式的水平位移的监测。沿基坑边线或其延长线上的两端设置工作基点 A、B，A、B 两点形成的直线即为视准线，在视准线上沿基坑边线按照需要设置若干测点。监测时置镜于 A 点，瞄准 B 点即确定视准线方向，测量各监测点到视准线的偏移量即为水平位移值。视准线法监测示意如图 5-17 所示。

图 5-17　视准线法监测示意图

A、B——基坑两端的工作基点；a、b、c、d——位移监测点

（3）小角度法。适用于观测点零乱、不在同一直线上的情况。在离基坑两倍开挖深度距离的地方，选设测点 A'，若测点至观测点 T 的距离为 s，则在不小于 $2s$ 的范围之外，选设后方向点 A'。用经纬仪或全站仪观测 β 角，一般测 2~4 测回，并测量测点 A' 到观测

点 T 的距离。

为保证 β 角初始值的准确性，要测定 2 次。以后每次测定 β 角的变化量，按下式计算观测点位移量：

$$\Delta T = \frac{\Delta \beta}{\rho} \cdot s \tag{5-19}$$

式中　ΔT——观测点的位移量，mm；

　　　$\Delta \beta$——β 角的变化量，°；

　　　ρ——换算常数，$\rho = 3\,600 \times 180 / \pi = 206\,265$；

　　　s——测点至观测点的距离，mm。

（4）控制网法。适用于要求测出基坑整体绝对位移量的情况。控制网的建立可根据施工现场的通视条件、工程的精度要求，采用边会交法、基坑线法或复合导线法等。各种布网均应考虑图形强度，长短边不宜悬殊。

5.11　地基土的波速测试

弹性波在土中的传播速度是反映土的动力特性的一项重要参数。由此可以确定土的动剪切模量 G 和动弹性模量 E。通过对加固前后土的弹性波速度的比较，还可以检验土的加固效果。

由于土中压缩波速度受到含水量的影响，不能真实地反映土的动力特性，故通常以剪切波为主。测试的方法有跨孔法、单孔检波法以及稳态振动法（又称面波法）。

5.11.1　跨孔法

在测试场地上，钻两个平行的孔。在同样的深度上，一个孔内设置振源，另一个孔内放检波器。检波器记录由振源发出并经过土体的剪切波，测出剪切波自激发至接收的时间间隔 Δt，根据平行钻孔的间距 Δx，即可算得剪切波在土中的传播速度 v_s。其计算公式为

$$v_s = \frac{\Delta x}{\Delta t} \tag{5-20}$$

该方法可以达到较大的测试深度。

5.11.2　单孔检波法

单孔检波法的基本原理也是通过直接接收由震源发出的波确定土的波速。其与跨孔法不同的是只钻一个孔，地面激振，孔底接收，或相反。前者为孔下单孔检波法，后者为孔顶单孔检波法。所得波速为地表至测点之间土层的平均波速。但该方法测试深度有限。

5.11.3　稳态振动法

在地表施加一个频率为 f 的稳态强迫振动，其能量以振动波的形式向半空间扩散。这时的波速可由下式确定：

$$v_R = f \cdot L_R \tag{5-21}$$

式中　v_R——强迫振动引起的瑞利波（面波）的速度，m/s；

　　　f——激荡器激振频率，Hz；

　　　L_R——瑞利波波长，m。

由此可知，当激振频率一定时，只要测出波长，就可计算波速。瑞利波速度反映了深度为一个波长的土层的平均值，比剪切波波速略小，可近似地按下式换算：

$$v_s = \frac{v_R}{95} \times 100 \tag{5-22}$$

5.11.4　地面振动波衰减的测试

强夯、打桩都会引起地面振动，随着振动能量的扩散，对施工场地周围的建筑物和人身健康都会有一定影响，因此各国都有一定规定，加以限制。我国规定振动加速度 a 不得超过 $0.1g$。苏联、联邦德国从人所能承受振动的生理角度出发，有更严格的限制。为此，需进行地面振动波衰减的测试。

根据波在弹性半空间中的传播理论，地表振源产生的振动在地表主要以面波形式向四周扩散。衰减规律如下：

$$\frac{A}{A_0} \propto \frac{1}{\sqrt{r}} \tag{5-23}$$

式中　A_0——地表震源处的振幅；

　　　A——距离地表震源 r 处的振幅；

　　　r——离开震源的距离，m。

由于土不是弹性介质，随着土性不同、振动能量大小不同，面波在地表的衰减也会有所不同，因此都采用直接测试法。

习　题

【5-1】阐述载荷试验的试验过程及注意事项。

【5-2】静力触探和圆锥动力触探的适用条件有哪些？

【5-3】阐述旁（横）压试验的类型和原理。

【5-4】阐述地基沉降及位移观测的方法。

【5-5】地基土的波速测试方法有哪些？

第6章

换填垫层法

6.1 概　述

换填垫层法（Replacement Cushion Method）是将基础底面以下不太深的一定范围内的软弱土层挖去，然后以质地坚硬、强度较高、性能稳定、具有抗侵蚀性的砂、碎石、卵石、素土、灰土、煤渣、矿渣等材料分层充填，并同时以人工或机械方法分层压、夯、振动，使之达到要求的密实度，成为良好的人工地基。换填垫层与原土相比，具有承载力高、刚度大、变形小等优点。按换填材料的不同，将垫层分为砂垫层、砂砾垫层、碎石垫层、灰土或素土垫层、粉煤灰垫层、矿渣垫层以及用其他性能稳定、无侵蚀性的材料做的垫层等。

6.1.1　换填垫层法适用范围

换填垫层法适用于淤泥、淤泥质土、湿陷性黄土、素填土、杂填土地基及暗沟、古井、古墓等浅层处理。其常用于多层或低层建筑的条形基础、独立基础、地坪、料场及道路工程。因换填的宽、深范围有限，换填垫层法既安全又经济。换填垫层法各种垫层的适用范围见表6-1。

表6-1　各种垫层的适用范围

垫层种类	适用范围
砂垫层 （碎石、砂砾）	中小型建筑工程的滨、塘、沟等局部处理；软弱土和水下黄土处理 （不适用于湿陷性黄土）；也可有条件地用于膨胀土地基
素土垫层	中小型工程，大面积回填，湿陷性黄土
灰土垫层	中小型工程，膨胀土，尤其是湿陷性黄土
粉煤灰垫层	厂房、机场、港区陆域和堆场等大面积填筑
矿渣垫层	中小型建筑工程，地坪、堆场等大面积地基处理和场地平整；铁路、道路路基处理

6.1.2　换填垫层法作用

换填垫层处理软土地基，其作用主要体现在以下几个方面。

（1）提高浅层地基承载力。浅基础的地基承载力与持力层的抗剪强度有关。如果以抗剪强度较高的砂或其他填筑材料代替软弱的土，就可提高地基承载力，并将建筑物基础压力扩散到垫层以下的软弱地基，避免地基遭到破坏。

（2）减少地基的变形量。一般地基浅层部分沉降量在总沉降量中所占的比例较大。以条形基础为例，在相当于基础宽度的深度范围内其沉降量约占总沉降量的50%。若以密实砂或其他填筑材料来代替上部软弱土层，就可以减少这部分的沉降量。由于砂垫层或其他垫层具有应力扩散作用，使作用在下卧层土上的压力较小，所以可相应减少下卧层土的沉降量。

（3）加速软土层的排水固结。当建筑物的不透水基础直接与软弱土层相接触时，在荷载的作用下，软弱土层地基中的水会被迫绕基础两侧排出，从而使基底下的软弱土不易固结，形成较大的孔隙水压力，还可能导致由于地基强度降低而产生塑性破坏的危险。砂垫层和砂砾垫层等垫层材料的透水性大，软弱土层受压以后，垫层可作为良好的排水面，能够使基础下面的孔隙水压力迅速消散，加速垫层下软弱土层的固结并提高其强度，避免地基土发生塑性破坏。

采用透水材料做垫层相当于增设了一层水平排水通道，起到排水作用。在建筑物的施工过程中，孔压消散加快，有效应力增加也相应加快，有利于提高地基承载力，增加地基的稳定性，加速施工进度以及减小建筑物建成后的工后沉降。

（4）防止土的冻胀。由于粗颗粒的垫层材料孔隙大，不易产生毛细管现象，因此可以防止寒冷地区土中结冰而造成的冻胀。这时，砂垫层的底面应满足当地冻结深度的要求。

（5）消除地基土的湿陷性、胀缩性或冻胀性。对于湿陷性黄土、膨胀土或季节性冻土等特殊土来说，处理的目的主要是消除或部分消除地基土的湿陷性、胀缩性或冻胀性。

在膨胀土地基上可选用砂、碎石、块石、煤渣、二灰或灰土等材料作为垫层以消除胀缩作用，但垫层厚度应依据变形计算来确定，一般不少于0.3 m，且垫层宽度应大于基础宽度，而两侧宜用与垫层相同的材料回填。

换填垫层法在处理一般软弱地基时，主要可起到上述前三种作用，而在某些工程中也可能几种作用同时发挥，如既起到提高地基承载力、减小沉降量的作用，又起到排水作用。

6.2　压实原理

土的压实是指土体在压实能量作用下，土颗粒克服粒间阻力，产生位移，使土中孔隙减小，密度增加。土的压实性是指土在压实能量作用下能被压密的特性。影响土的压实性的因素很多，主要有含水量、击实功及土的级配等。土的压实原理如下：

（1）当黏性土的含水量（以质量分数计，以下同）较小时，水化膜很薄，以结合水为主，颗粒间引力大，在一定的外部压实功作用下，还不能克服这种引力而使土粒相对移动，压实效果差，土的干密度较小。

（2）当增加土的含水量时，结合水膜逐渐增厚，颗粒间引力减弱，土粒在相同的压实功下易于移动而挤密，压实效果提高，土的干密度也随之提高。

（3）当土中含水量增大到一定程度后，孔隙中开始出现自由水，结合水膜的扩大作用并不明显，颗粒间引力很弱，但自由水充填在孔隙中，阻止了土粒间的移动，并随着含水量的继续增大，移动阻力逐渐增大，压实效果反而下降，土的干密度随之减小。

6.2.1　土的压实与含水量的关系

在低含水量时，水被土颗粒吸附在土粒表面，土颗粒因无毛细管作用而互相联结很弱，土粒在受到夯击等冲击作用下容易分散而难于获得较高的密实度。

在高含水量时，土中多余的水分在夯击时很难快速排出而在土孔隙中形成水团，削弱了土颗粒间的联结，使土粒润滑而变得易于移动，夯击或碾压时容易出现类似弹性变形的"橡皮土"现象（软弹现象），失去夯击效果。

所以，含水量太高或太低都得不到好的压实效果。要使土的压实效果最好，其含水量一定要适当。对过湿的土进行碾压会出现"橡皮土"，不能增大土的密实度；而对很干的土进行碾压，也不能把土充分压实。这说明填土的压实存在着最优含水量的问题。

6.2.2　击实功

击实功是用击数来反映的，如用同一种土料，在同一含水量下分别用不同击数进行击实试验，就能得到一组随击数不同的含水量与干密度关系曲线。从而得出如下结论：

（1）对于同一种土，最优含水量和最大干密度随压实功能而变化；

（2）击实功能越大，得到的最优含水量越小，相应的最大干密度越高。但干密度增大不与击实功增大成正比，故企图单纯地采用增大击实功以提高干密度是不经济的，有时还会引起填土面出现"光面"。

含水量超过最优含水量以后，压实功能的影响随含水量的增加而逐渐减小；击实曲线和饱和曲线（土在饱和状态 $S_r = 100\%$ 时含水量与干密度的关系曲线）不相交，且击实曲线永远在饱和曲线的下方。这是因为在任何含水量下，土都不会被击实到完全饱和状态，亦即击实后的土内总留存一定量的封闭气体，故土是非饱和的。相应于最大干密度的饱和度在80%左右。

6.2.3　土的级配

级配良好的土压实性较好，这是因为不均匀土内较粗土粒形成的孔隙有足够的细土粒去充填，因而能获得较高的干密度；均匀级配的土压实性较差，这是因为均匀土内较粗的土粒形成的孔隙很少有细土粒去充填。

以上所揭示的土的压实特性均是由室内击实试验得到的。但实际工程中，垫层填土、路堤施工填筑的情况与室内击实试验的条件是有差别的。室内击实试验是用锤击的方法使土体密度增加。实际上，击实试验使土样在有侧限的击实筒内进行，不可能发生侧向位移，力作用在有侧限的土体上，则夯实会均匀，且能在最优含水量状态下获得最大干密度。而现场施工的土料，土块大小不一，含水量和铺填厚度又很难控制均匀，实际压实土的均匀性会较差。因此，施工现场所能达到的干密度一般都低于击实试验所获得的最大干密度。因此，对现场土的压实，应以压实系数与施工含水量来进行控制。

6.3　垫层的设计

垫层设计，既要有足够厚度以置换可能被剪切破坏的软弱土层，又要有足够宽度以防止垫层向两侧挤出。

6.3.1 垫层厚度的确定

垫层的厚度 z 应根据垫层底部下卧土层的承载力确定，如图6-1所示，并符合下式要求：

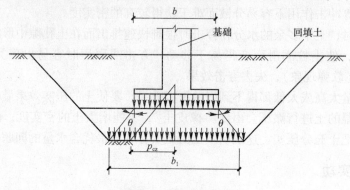

图6-1 砂垫层剖面图

$$p_c + p_{cz} \leqslant f_{az} \tag{6-1}$$

式中 p_c——垫层底面处的附加应力设计值，kPa；

p_{cz}——垫层底面处土的自重压力值，kPa；

f_{az}——经深度修正后垫层底面处土层的地基承载力特征值，kPa。

垫层底面处的附加压力值 p_z 可按压力扩散角进行简化计算，计算如图6-1所示。

条形基础

$$p_z = \frac{b\,(p - p_c)}{b + 2z \cdot \tan\theta} \tag{6-2}$$

矩形基础

$$p_z = \frac{b \cdot L\,(p - p_c)}{(b + 2z \cdot \tan\theta)\,(L + 2z \cdot \tan\theta)} \tag{6-3}$$

式中 b——矩形基础或条形基础底面的宽度，m；

L——矩形基础底面的长度，m；

p——基础底面压力的设计值，kPa；

p_c——基础底面处土的自重压力值，kPa；

z——基础底面下垫层的厚度，m；

θ——垫层的压力扩散角，(°)，宜通过试验确定，当无试验资料可按表6-2采用。

表6-2 压力扩散角 θ 单位：(°)

换填材料 z/b	中砂、粗砂、砾砂、圆砾、角砾、卵石、碎石	黏性土和粉土 $(8 < I_p < 14)$	灰土
0.25	20	6	28
≥0.50	30	23	

注：I_p 指土的塑性指数。

具体计算时，一般可根据垫层的承载力确定出基础宽度，再根据下卧土层的承载力确定出垫层的厚度。可先假设一个垫层厚度，然后按式（6-3）进行验算，直至满足要求为止。地基处理规范规定，换填垫层的厚度不宜小于 0.5 m，也不宜大于 3 m。

6.3.2 垫层宽度的确定

垫层的底面宽度应以满足基础底面应力扩散和防止垫层向两侧挤出为原则进行设计，一般按下式计算或根据当地经验确定：

$$b' = b + 2z\tan\theta \tag{6-4}$$

式中 b'——垫层底面宽度，m；

b——基础底面宽度，m；

θ——垫层的压力扩散角，°，按表6-2采用。

垫层顶面每边宜比基础底面大 0.3 m，或从垫层底面两侧向上按当地开挖基坑经验的要求放坡，整片垫层的宽度可根据施工要求适当加宽。

6.3.3 垫层承载力的确定

垫层承载力宜通过现场试验确定。当无试验资料时，可按表6-3选用，并应验算下卧层的承载力。

表6-3 各种垫层的承载力

施工方法	换填材料类别	压实系数 λ_c	承载力特征值 f_{ak}/kPa
碾压、振密或重锤夯实	碎石、卵石	0.94 ~ 0.97	200 ~ 300
	砂夹石（其中碎石、卵石占全重的30% ~ 50%）		200 ~ 250
	土夹石（其中碎石、卵石占全重的30% ~ 50%）		150 ~ 200
	中砂、粗砂、砾砂、角砾、圆砾		150 ~ 200
	粉质黏土		130 ~ 180
	灰土	0.93 ~ 0.95	200 ~ 250
	粉煤灰	0.90 ~ 0.95	120 ~ 150
	石屑	0.94 ~ 0.97	150 ~ 200
	矿渣	—	200 ~ 300

注：①压实系数小的垫层，承载力标准值取低值，反之取高值；原状矿渣垫层取低值，分级矿渣或混合矿渣垫层取高值。

②采用轻型击实试验时，压实系数 λ_c 宜取高值；采用重型击实试验时，压实系数 λ_c 宜取低值。重锤夯实土的承载力标准值取低值，灰土取高值。

③矿渣垫层的压实指标为最后两遍压实的压陷差小于 2 mm。

④压实系数 λ_c 为土控制干密度 ρ_d 与最大干密度 ρ_{dmax} 的比值，土的最大干密度宜采用击实试验确定，碎石或卵石的最大干密度可取 20 ~ 22 kg/m³。

6.3.4 沉降计算

对于重要建筑或垫层下存在软弱下卧层的建筑，应进行地基变形计算。建筑物基础沉降等于垫层自身的变形量 s_1 与下卧土层的变形量 s_2 之和。对超出原地面标高的垫层或换填材料的密度高于天然土层密度的垫层，宜早换填，并应考虑其附加荷载对拟建建筑物及既有邻近建筑物的影响。

【例 6-1】 某砌体结构住宅，承重墙下为条形基础，宽 1.2 m，埋深 1.0 m，承重墙传至基础荷载 $F = 180$ kN/m；地表为 1.5 m 厚的杂填土，$\gamma = 16$ kN/m³，$\gamma_{sat1} = 17$ kN/m³；下面为淤泥层，$\gamma_{sat1} = 19$ kN/m³，地基承载力 $f_{ak} = 67$ kPa，地下水埋深 1.0 m。试设计基础的垫层。

【解】 （1）垫层材料选中砂，并设垫层厚度 $z = 1.5$ m。则垫层的应力扩散角 $\theta = 30°$。

（2）垫层厚度的验算。

基础底面平均压力设计值 p 为

$$p = \frac{F+G}{b} = \frac{180 + 1.2 \times 1 \times 20}{1.2} = 170 \ (\text{kPa})$$

基底处的自重应力为

$$\sigma_c = 16 \times 1.0 = 16 \ (\text{kPa})$$

垫层底面处的附加应力为

$$\sigma_c = \frac{b(p - \sigma_c)}{b + 2z\tan\theta} = \frac{1.2 \times (170 - 16)}{1.2 + 2 \times 1.5\tan 30°} = 63 \ (\text{kPa})$$

垫层底面处的自重应力为

$$\sigma_{cz} = 16 \times 1.0 + (17 - 10) \times 0.5 + (19 - 10) \times 1.0 = 28.5 \ (\text{kPa})$$

经深度修正得地基承载力设计值 f_{az}（查表得深度修正系数 $\eta_d = 1.1$）为

$$f_{az} = f_{ak} + \eta_d \gamma_d (d - 0.5)$$
$$= 67 + 1.1 \times (2.5 - 0.5) \times 28.5/2.5$$
$$= 92 \ (\text{kPa})$$

$$\sigma_c + \sigma_{cz} = 63.0 + 28.5 = 91.5 \ (\text{kPa}) < 92 \text{ kPa}$$

故满足强度要求，垫层厚度选定为 1.5 m 合适。

（3）确定垫层底宽。

$$b' = b + 2z\tan\theta = 1.2 + 2 \times 1.5\tan 30° = 2.93 \ (\text{m})$$

取 b' 为 3 m，按 1:1.5 边坡开挖。

6.4 垫层施工

6.4.1 垫层施工方法

换填垫层的施工可按换填材料（如砂石垫层、素土垫层、灰土垫层、粉煤灰垫层和矿渣垫层等）分类，或按压（夯、振）实方法分类。目前国内常用的垫层施工方法主要有机械碾压法、振动压实法和重锤夯实法。

1. 机械碾压法

机械碾压法是指用压路机、推土机、平碾、羊足碾或其他碾压机械在地基表面来回开动，利用机械自重把松散土地基压实加固的一种方法。机械碾压法常用于地下水位以上大面积填土的压实及一般非饱和黏土和杂填土地基的浅层处理。

机械碾压法对表层地基加固的深度一般可达 2~3 m。一般黏土经表层压实处理，其地基承载力可达 80~100 kPa。碾压地基时，一般采用分层回填压实法。当处理杂填土地基时，将建筑范围内一定深度内的杂填土挖除，开挖范围应从基底边缘沿纵向放出 3 m 左右，横向放出 1.5 m 左右。开挖深度宜按照设计要求确定，一般挖至基底以下 1 倍基础宽度深处。先用 80 ~ 120 kN 的压路机或其他压实机械将槽底部碾压几遍之后，再将原土分层回填碾压，每层虚铺厚度不大于 300 mm。有时也可在原土中掺入碎石、碎砖等粗、细集料，如在其中掺入石灰，则效果更好。碾压施工需控制土的最优含水量。

对饱和黏性土进行表面压实，应考虑采取适当的排水措施以加快土体的固结。也可结合碾压进行挤填，即先在土面上堆填块石、片石、碎砖等，然后将其压入土中，这样做可起到置换和挤出软土的作用，堆料和碾压宜分层进行。

碾压质量的检验，以填土的最大干密度为主要指标。当垫层为砂性土或黏土时，其最大干密度常通过击实试验确定，而且所有的施工参数（如施工机械、铺筑厚度、碾压遍数与填筑含水量等）均须由现场试验确定。在施工现场相应的压实能的作用下，施工现场所能达到的干密度一般均低于击实试验所得到的最大干密度。由于现场条件与室内试验条件不同，故对现场填土地基的质量应以压实系数和施工含水量进行控制。

碾压的效果主要取决于被压实土的含水量和压实机械的压实能量。压实能量越大，最优含水量越小，则压实影响深度也就越大。因此，在实际工程中，如要求获得较好的压实效果，就应根据具体的碾压机械的压实能量来控制碾压土的含水量，并选择适当的分层碾压厚度和碾压遍数。此外，也可根据被压实土的含水量来选择适当的碾压机械、碾压厚度和碾压遍数。

碾压后的地基承载力主要取决于土质、施工机具和施工质量等。由于填土的土质差别较大，因此很难给出统一的承载力值。一般在有条件的情况下，通过现场载荷试验来确定。根据一些地区经验，用 80 ~ 120 kN 压路机碾压后的杂填土地基，其承载力标准值可取 80 ~ 120 kPa。

2. 振动压实法

振动压实法是用振动压实机械在地基表面施加振动力以振实浅层松散土地基的处理方法。这种方法的工作原理是振动力使地基土的颗粒受振动，移动至稳固位置，减小土的孔隙而使土压实。实践证明，用振动压实法处理砂土地基及碎石、矿渣等渗透性较好的无黏性土为主的松散填土地基效果良好。振密后的地基有较强的抗震能力。振动压实机自重约 20 kN，振动力为 50 ~ 100 kN，振动机的频率为 1 160 ~ 1 180 r/min，振幅为 3.5 mm。振动压实机的结构如图 6-2 所示。

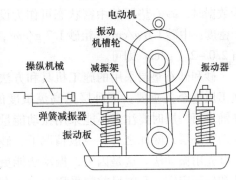

图 6-2　振动压实机的结构

地下水位过高会影响振实效果，当地下水位距离振实面小于 0.6 m 时，应降低地下水位。另外，施振前应对工程场地的周围环境进行调查。一般情况下，振源与邻近建筑物、地下管线或其他设施的距离应大于 3 m，必要时还可采取适当的隔振措施，如开挖隔振沟等。如有危房和重要地下管线，应事先对其进行加固处理。振动压实效果通常与填土成分、振动持续时间等因素有关。一般振动时间越长，效果越好，但振动持续时间超过某一值后，振动引起的沉降量就基本稳定，再继续施振便起不到进一步压实的作用。因此，在施工之前需进行试振，得出稳定下沉量与时间的关系，然后再决定所需的振动时间和沉降量。对于主要由炉渣、碎砖和瓦块等组成的建筑垃圾，振动时间约在 1 min 以上；对于含炉灰等的细粒填土，振动时间为 3 ~ 5 min，有效振动深度为 1.2 ~ 1.5 m。

3. 重锤夯实法

重锤夯实法是利用起重设备将夯锤提升到一定高度，然后自由落锤，利用重锤自由下落时的冲击能来夯实浅层土层，重复夯打，使浅部地基土或分层填土夯实。主要设备为起重机、夯锤、钢丝绳和吊钩等。重锤夯实法一般适用于地下水位距地表 0.8 m 以上非饱和的黏性土、砂土、杂填土和分层填土，用以提高其强度，减少其压缩性和不均匀性，也可用于消除或减少湿陷性黄土的表层湿陷性，但在有效夯实深度内存在软弱土，或当夯击振动对邻近建筑物或设备有影响时，不得采用。饱和土在瞬间冲击力作用下水不易排出，很难夯实。

6.4.2 垫层施工要求及要点

1. 材料要求

在垫层的施工中，填料质量的好坏是直接影响垫层施工质量的关键因素。对于砂、石料和矿渣等垫层，主要检验其粒径级配以及含泥量；对于土、石灰填料，主要检查其含水量是否接近最优含水量、石灰的质量等级以及活性 $CaO + MgO$ 的含量、存放时间等。

2. 施工参数、机具及方法选择

砂石垫层选用的砂石料应进行室内击实试验，实验曲线上干密度 ρ_d 的峰值为最大干密度 ρ_{dmax}，与之对应的制备土样含水量为最优含水量 ω_{op}，然后根据设计要求的压实系数 λ_c（土的控制干密度 ρ_d 与最大干密度 ρ_{dmax} 之比）和施工含水量 $\omega = \omega_{op} \pm$（2% ~ 3%）来控制填土的工程质量（图6-3）。在无击实试验数据时，砂石垫层的中密状态可作为设计要求的干密度：中砂 1.6 g/cm³，粗砂 1.7 g/cm³，碎石、卵石 2.0 ~ 2.1 g/cm³ 即可。

砂和砂石垫层采用的施工机具和方法对垫层的施工质量至关重要。下卧层是高灵敏度的软土时，在铺设第一层时要注意不能采用振动能量大的机具扰动下卧层，除此之外，一般情况下，砂及砂石垫层首先用振动法。这是因为，振动法能更有效地使砂和砂石密实。我国目前常采用的方法有振动压实法（包括平振和插振）、夯实法、碾压法等。常采用的机具有振捣器、振动压实机、平板振动器、蛙式打夯机、压路机等。

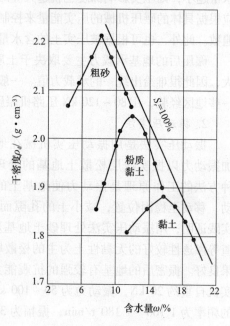

图6-3 砂土和黏土的压实曲线

3. 施工要点

（1）砂垫层施工中的关键是将砂加密到设计要求的密实度。常用的加密方法有振动法（包括平振、插振、夯实）、碾压法等。这些方法要求在基坑内分层铺砂，然后逐层振密或压实，分层的厚度视振动力的大小而定，一般为 15 ~ 20 cm。施工时，下层的密实度经检验合格后，方可进行上层施工。

（2）砂及砂石料可根据施工方法的不同控制最优含水量。最优含水量由工地试验确定。

（3）铺筑前，应先行验槽，浮土应清除，边坡必须稳定，防止塌土。基坑（槽）两侧附近如有低于地基的孔洞、沟、井和墓穴等，应在未做垫层前加以填实。

（4）开挖基坑铺设砂垫层时，必须避免扰动软弱土层的表面，否则坑底土的结构在施工时遭到破坏后，其强度就会显著降低，以致在建筑物荷重的作用下，产生很大的附加沉降。因此，基坑开挖后应及时回填，不应暴露过久或浸水，并防止践踏坑底。

（5）砂、砂石垫层底面应铺设在同一标高上，如深度不同，基坑地基土面应挖成踏步（阶梯）或斜坡搭接，搭接处应注意捣实，施工应按先深后浅的顺序进行。

（6）人工级配的砂石垫层，应将砂石拌和均匀后，再行铺填捣实。采用细砂作为垫层的填料时，应注意地下水的影响，且不宜使用平振法、插振法。

（7）地下水位高出基础底面时，应采用排水降水措施，这时要注意边坡的稳定，以防止塌土混入砂石垫层中影响垫层的质量。

6.4.3　垫层施工常见问题

（1）机械开挖基坑时，出现超挖现象，使垫层的下卧土层发生扰动，降低了基底软土的强度。

预防办法：机械开挖基坑时，预留 30～50 cm 的土层由人工清理。

处理办法：如实际中出现了超挖现象或基坑底的土受到扰动，标高允许的话，适当调整垫层的标高，由人工清理掉基坑底的扰动软土，再进行垫层施工。

（2）进厂材料不符合质量要求。常见的材质方面的问题有：进厂的砂石材料级配不合理，含泥量过大；石灰、粉煤灰不符合质量等级要求，含水量过大或过小，有机质含量过高，石灰的存放时间过长，灰土拌和不均匀；土料含水量过大或过小，土料没过筛就使用，土料含有机质、杂质过多。

预防和处理办法：针对不同的质量不合格原因，采取相应的措施。总体来说，就是要严把材料进料关，定期对材料进行抽样检查，甚至对每批进厂材料均要抽样检查，严禁不合格的填料用于垫层工程中。

（3）分层填筑密实度不均匀或密实度值太小。产生的原因主要是，施工时分层厚度太大，导致分层铺筑密实度达不到设计要求，或者由于填土的含水量远大于或小于其最优含水量以及压实遍数不够，导致垫层密实度达不到设计要求。另外，密实度不均匀也可能是施工方法不当引起。

预防和处理办法：改进施工方法，采用恰当的分层厚度、压实遍数，严格控制施工时填料的含水量接近其最优含水量。对于砂石垫层、干渣垫层，一般要保持洒水饱和时进行施工。对素土、灰土和粉煤灰垫层，含水量要在控制范围内施工才能达到设计密实度。另外，在垫层搭接部位要严格控制，避免发生密实度不均匀，适当增加质量抽检数量和次数。基坑底已存在的古穴、古井、空洞等未及时发现，也会导致垫层施工后密实度不均匀，所以在验槽时要详细勘查、排除。

6.5　质量检验

垫层质量检验包括分层施工质量检查和工程质量验收。分层施工的质量标准是使垫层达到设计要求的密实度。检验方法主要有环刀法和贯入测定法（可用钢叉或钢筋贯入代替）两种。

6.5.1 砂石、矿渣垫层质量检验方法

对粉质黏土、灰土、砂石、粉煤灰垫层的施工质量，可选用环刀取样、静力触探、轻型动力触探或标准贯入试验等方法进行检验；对碎石、矿渣垫层的施工质量可采用重型动力触探等进行检验。

砂（砂石、碎石）垫层的质量检验所采用的主要方法如下：

（1）环刀法。采用环刀法检验垫层的施工质量时，取样点应选择位于每层垫层厚度的2/3 深度处。检验点数量，条形基础下垫层每 10～20 m 不应少于 1 个点，独立柱基、单个基础下垫层不应少于 1 个点。用容积不小于 200 cm³ 的环刀压入每层 2/3 的深度处取样，取样前测点表面应刮去 30～50 mm 厚的松砂，环刀内的砂样应不包含粒径大于 10 mm 的泥团和石子。测定其干密度应符合设计要求方可认为合格。砂石或卵（碎）石垫层的质量检验，可在砂石（碎石、卵石、砾石）或垫层中设置纯砂点，在相同的施工条件下，用环刀取样测定其干密度。

（2）贯入测定法。采用标准贯入试验或动力触探检验垫层的施工质量时，每分层平面上检验点的间距不应大于 4 m。先刮去砂垫层表面 30～50 mm 厚的松砂，然后用钢筋的贯入度大小来定性地检查砂垫层的质量。根据砂垫层的控制干密度预先进行相关性试验来确定贯入度值。可采用直径 20 mm 及长度 1.25 m 的平头钢筋，自 700 mm 高处自由落下，贯入深度以不大于根据该砂的控制干密度测定的深度为合格。

当有成熟经验表明通过分层施工质量检查能够满足工程要求时，也可不进行工程质量的整体验收。

6.5.2 垫层质量要求

（1）砂垫层。要求最小干密度 $\rho_{dmin} \geqslant 1.6$ t/m³。

（2）灰土垫层。最小干密度以土料种类区分，分别为：黏土 $\rho_{dmin} \geqslant 1.45$ t/m³；粉质黏土 $\rho_{dmin} \geqslant 1.5$ t/m³；粉土 $\rho_{dmin} \geqslant 1.55$ t/m³。灰土垫层的压实系数 $\gamma_z = 0.93～0.95$。

（3）素土垫层。密实度可用压实系数来控制，一般要求 $\gamma_z \geqslant 0.94～0.95$。处理湿陷性黄土时也可掺入适量的石灰或水泥，控制最小干密度 $\rho_{dmin} \geqslant 1.6$ t/m³。

（4）碎石垫层。要求最小干密度 $\rho_{dmin} \geqslant 1.6$ t/m³。

（5）处理膨胀土垫层时，垫层材料采用砂、碎石和灰土等，要求最小干密度 $\rho_{dmin} \geqslant 1.55$ t/m³。

6.6 工程应用实例

6.6.1 工程概况

某学院动力馆是三层混合结构，建造在冲填土的暗浜范围内，上部建筑正立面与基础平剖面布置如图 6-4 和图 6-5 所示。

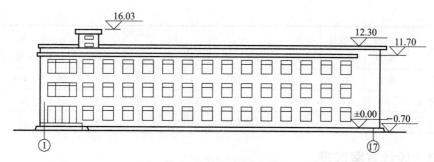

图 6-4　建筑物正立面

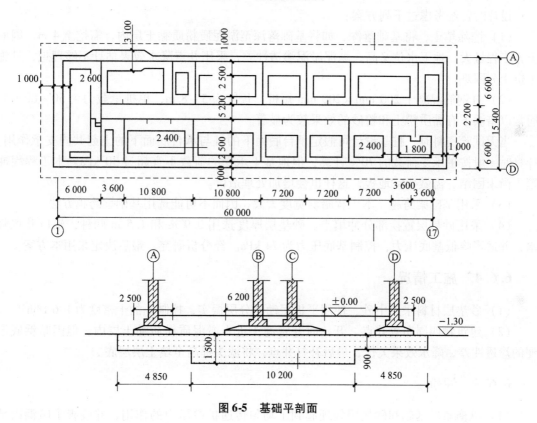

图 6-5　基础平剖面

6.6.2　工程地质条件

建筑物场地是一池塘，冲填时塘底淤泥未挖除，地下水位较高，冲填龄期虽然已达 40 年之久，但仍未能固结。其主要物理力学性质指标见表 6-4。在基础平面外冲填土层曾做过两个载荷试验，地基承载力标准值为 50 kPa 和 70 kPa。

表 6-4　地基土主要物理力学性质指标

土层类别	土层厚度/m	层底标高/m	w / (°)	γ / (kN·cm^{-3})	I_1	e	c /kPa	φ / (°)	α_{1-2} /MPa^{-1}	f /kPa
褐黄色冲填土	1.0	+3.38								
灰色冲填土	2.3	+1.08	35.6	17.74	11.3	1.04	8.8	22.5	0.29	

土层类别	土层厚度/m	层底标高/m	w	γ /（kN·cm⁻³）	I_1	e	c /kPa	φ /（°）	α_{1-2} /MPa⁻¹	f /kPa
塘底淤泥	0.5	+0.58	43.9	16.95	14.5	1.30	8.8	16	0.61	
淤泥质粉质黏土	7	−6.2	34.2	18.23	11.5	1.00	8.8	21	0.43	98
淤泥质黏土			53	16.66	20	1.47	9.8	11.5		59

6.6.3 设计方案选择

设计时曾经考虑过下列方案：

（1）挖除填土，将基础落深，如将基础落深至淤泥质粉质黏土层内，需挖土 4 m，因而土方工程量大，地下水位又高，塘泥淤泥渗透性差，采用井点降水效果估计不够理想，且施工也十分困难。

（2）打钢筋混凝土 200 mm × 200 mm 短桩，长度为 5 ~ 8 m，单桩承载力为 50 ~ 80 kN。通常以暗浜下有黏质粉土和粉砂的效果较为显著。

当无试验资料时，桩基设计可假定承台底面下的桩与承台底面下的土起共同支承作用。计算时一般按桩承受荷载的 70% 计算，但地基土承受的荷载不宜超过 30 kPa。本工程因冲填土尚未固结，需做架空地板，这样也会增加处理造价。

（3）采用基础梁跨越。本工程暗浜宽度太大，因而不可能选用基础梁跨越方法。

（4）采用砂垫层置换部分冲填土。砂垫层厚度选用 0.9 m 和 1.5 m 两种，辅以井点降水，并适当降低基底压力，控制基底压力为 74 kPa。经分析研究，最后决定采用本方案。

6.6.4 施工情况

（1）砂垫层材料采用中砂，使用平板振动器分层振实，控制土的干密度为 1.6 t/m³。

（2）建筑物四周布置井点，开始时井管滤头进入淤泥质粉质黏土层内，但因暗浜底淤泥的渗透性差，降水效果欠佳，最后补打井点，将滤头提高至填土层层底。

6.6.5 评价

（1）纵横条形基础和砂垫层处理起到了均匀传递扩散压力的作用，并改善了暗浜内部填土的排水固结条件。冲填土和淤泥在承受上部荷载后，孔隙水压力可通过砂垫层排水消散，地基土逐渐固结，强度也随之提高。

（2）实测沉降量约 200 mm，在规范容许沉降范围以内，实际使用效果良好。

习题

【6-1】阐述换填垫层法适用范围与垫层的作用。

【6-2】阐述换填垫层的压实原理。

【6-3】阐述换填垫层设计内容。

【6-4】阐述换填垫层施工方法。

【6-5】阐述换填垫层的质量检验方法。

第 7 章

强夯法与强夯置换法

7.1 概　述

7.1.1 强夯法的概念和发展

强夯法又名动力固结法或动力压实法。该方法是反复将夯锤（质量一般为 10～40 t）提到一定高度后，使其自由落下（落距一般为 10～40 m），给地基以冲击和振动能量，从而提高地基的承载力并降低其压缩性，改善地基性能，如改善砂土的抗液化条件、消除湿陷性黄土的湿陷性等。同时，夯击能还可提高土层的均匀程度，减少将来可能出现的差异沉降。

法国 Menard 技术公司于 1969 年首次应用强夯法对该国 Riviera 滨海填土进行夯实。该场地地质条件为新近填筑的厚约 9 m 的碎石填土，其下是厚 12 m 疏松的砂质粉土，场地上要求建造 20 幢 8 层住宅。由于碎石填土完全是新近填筑的，需要对地基进行加固处理，如图 7-1 所示。经 3 个月预压（荷载 100 kPa），沉降值达 200 mm，后又重新综合分析，认为该地基土质较差，最终决定采用强夯法处理。选用重约 100 kN 的夯锤，落距 13 m，对地基进行夯击后，量测整个场地的平均沉降量约为 500 mm，经对夯后的土层勘探取样并做土工试验，结果表明土的各项物理力学性质指标得到了较大改善，基底压力达到 300 kPa 是有保证的。建造的 8 层住宅竣工后，其平均沉降量仅为 13 mm，而差异沉降则可忽略不计。

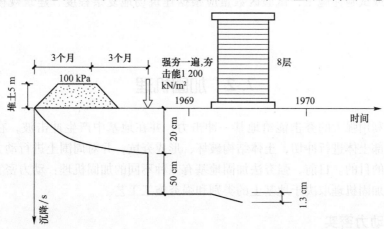

图 7-1　堆载预压与强夯的对比

20 世纪 70 年代，强夯法在法国、英国、德国、瑞典等国家得到了推广。我国于 1978 年 11 月至 1979 年初首次由交通部一航局科研所及其协作单位，在天津新港三号公路进行了强夯法试验研究。1979 年 8 月至 9 月，在河北秦皇岛码头堆煤场细砂地基进行了强夯法试验，因试验效果显著，该码头堆煤场的地基正式采用了强夯法加固，共节省投资 150 余万元。1979 年 4 月，中国建筑科学研究院及其协作单位在河北廊坊该院机械化研究所宿舍工程中进行强夯法处理可液化砂土和粉质黏土地基的野外试验研究，取得了较好的加固效果，于同年 6 月正式用于该工程施工。

20 世纪 80 年代后期，为使强夯法应用于高饱和度粉土地基处理，又发展了强夯置换法。强夯置换法是采用在夯坑内回填块石、碎石等粗颗粒材料，用夯锤夯击形成连续的强夯置换墩，最终形成砂石桩与软土构成的复合地基，从而提高地基的承载力并减少地基沉降。

对于饱和软土地基，为提高其加固效果，必须设计排水通道。为此，在软黏土地基上采用强夯法与袋装砂井（或塑料排水带）综合处理的加固方法也是一种发展途径。

7.1.2　强夯法适用范围

工程实践证明，强夯法适用于处理碎石土、砂土、低饱和度的粉土与黏性土、湿陷性黄土、素填土和杂填土等地基，均能取得较好的效果。对于软土地基，一般来说处理效果不显著。

强夯置换法则适用于高饱和度的粉土与软塑-流塑的黏性土等地基上对变形控制要求不严的工程。个别工程因设计、施工不当，采用强夯置换法加固后可能出现下沉较大或墩体与墩间土下沉不等的情况。为此规定：采用强夯置换法前，必须通过现场试验确定其适用性和处理效果，否则不得采用。

由于强夯法具有加固效果显著、适用土类广、设备简单、施工方便、节省劳力、施工期短、节约材料、施工文明和施工费用低等优点，应用强夯法和强夯置换法处理的工程范围极为广泛，有工业与民用建筑、仓库、油罐、公路和铁路路基、飞机场跑道及码头等。总之，强夯法在某种程度上比机械的、化学的和其他力学的加固方法的应用更为广泛和有效。

在强夯法和强夯置换法施工前，应在施工现场有代表性的场地上选取一个或几个试验区，进行试夯或试验性施工，试验区数量应根据建筑场地复杂程度、建筑规模及建筑类型确定。

7.2　加固机理

强夯法是利用强大的夯击能给地基一冲击力，并在地基中产生冲击波，在冲击力作用下，夯锤对上部土体进行冲切，土体结构破坏，形成夯坑，并对周围土进行动力挤压，从而达到地基处理的目的。目前，强夯法加固地基有三种不同的加固机理：动力密实、动力固结和动力置换。加固机理取决于地基土的类别和强夯施工工艺。

7.2.1　动力密实

强夯法加固处理多孔隙、粗颗粒、非饱和土体，其机理实质是动力密实。通过强夯，给土体施加冲击型动力荷载，夯击能使土的骨架变形，土体孔隙减小而变得密实。非饱和土的夯实过程，就是土中的空气被挤出的过程。动力密实可提高土的密实度和抗剪强度。

工程实践表明，在冲击动能作用下，地面会立即产生沉降，一般夯击一遍后，其夯坑深度可达 0.6～1.0 m，夯坑底部形成一层超压密硬壳层，承载力可比夯前提高 2～3 倍。非饱和土在中等夯击能量 1 000～2 000 kN·m 的作用下，主要产生冲切变形，在加固深度范围内气相体积大大减小，最大可减小 60%。

7.2.2　动力固结

用强夯法处理细颗粒饱和土时，则是借助于动力固结的理论，即巨大的冲击能量在土中产生很大的应力波，破坏了土体原有的结构，使土体局部发生液化并产生许多裂隙，增加了排水通道，使孔隙水顺利逸出，待超孔隙水压力消散后，土体固结。

解释强夯效应的理论很多，梅那（Menard）教授根据强夯法的实践提出的动力固结理论有一定的代表性，他认为动力固结过程可概括为：饱和土压缩；产生液化；渗透性变化；触变恢复（时间效应）与土强度的增长。

（1）饱和土压缩。梅那认为，由于土中含气体积分数在 1%～4% 范围内，进行强夯时，气体体积压缩，孔隙水压力增大，随后气体有所膨胀，孔隙水排出的同时，孔隙水压力减小。这样每夯击一遍，液相气体和气相气体都有所减小。根据试验，每夯击一遍，气体体积可减小 40%。

（2）产生液化。在重复夯击作用下，施加在土体的夯击能量，使气体逐渐受到压缩，因此土体的沉降量与夯击能成正比。当气体的体积百分比接近零时，土体便变成不可压缩的，相应地，孔隙水压力上升到与覆盖压力相等的能量级，土体即产生液化。夯击一遍时，地基承载力（即土的强度）、液化度、夯击能及压缩变形（即体积变化）随时间的变化情况如图 7-2 所示。液化度为孔隙水压力与液化压力之比，而液化压力即为覆盖压力。当液化度为 100% 时，亦即为土体产生液化的临界状态，而该能量级称为"饱和能"。此时，吸附水变成自由水，土的强度下降到最小值。一旦达到"饱和能"，继续施加能量就没有必要了。

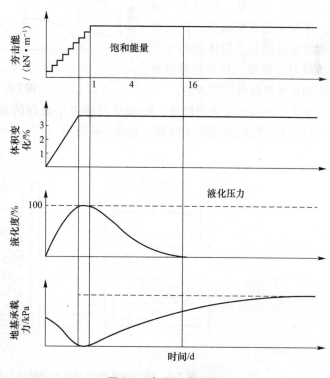

图 7-2　夯击一遍的情况

（3）渗透性变化。在很大的夯击能作用下，地基土体中出现冲击波和动应力。当所出现的超孔隙水压力大于颗粒间的侧向压力时，土颗粒间就会出现裂隙，形成排水通道。此时，土的渗透系数骤增，孔隙水得以顺利排出。在有规则网格布置夯点的现场，通过积聚的夯击能量，在夯坑四周会形成有规则的垂直裂缝，夯坑附近出现涌水现象。

当孔隙水压力消散到小于颗粒间的侧向压力时，裂隙即自行闭合，土中水的运动重新恢复常态。国外文献资料认为，夯击时出现的冲击波，将土颗粒间吸附水转化成自由水，因而促进了毛细管通道横断面的增大。

（4）触变恢复与土强度的增长。在重复夯击作用下，土体的强度逐渐降低，当土体出现液化或接近液化时，土的强度达到最低值。此时土体产生裂隙，而土中吸附水部分变成自由水，随着孔隙水压力的消散，土的抗剪强度和变形模量都有了大幅度增长。这时自由水重新被土颗粒所吸附而变成吸附水，这也是具有触变性土的特性。

夯击三遍的情况如图 7-3 所示。图 7-3 中可见，每夯击一遍时，体积变化有所减少，而地基承载力有所增长，但体积的变化和承载力的提高，并不是遵照夯击能的算术级数规律增加的。

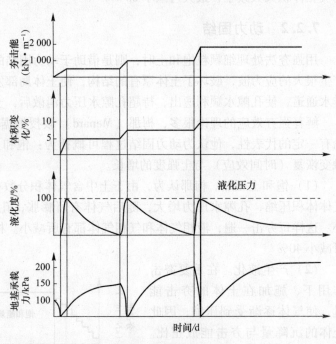

图 7-3　夯击三遍的情况

鉴于以上强夯法加固机理，Menard 对强夯中出现的现象又提出了一个新的弹簧活塞模型，对动力固结的机理作了解释，如图 7-4 所示。

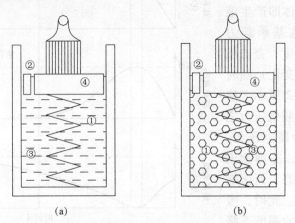

(a)　　　　　　　　　　　(b)

图 7-4　静力固结理论与动力固结理论的模型比较

（a）静力固结理论模型（太沙基模型）；（b）动力固结理论模型（Menard 模型）

通过对静力固结理论与动力固结理论的模型对比分析可知，二者具有四个不同的特性，见表 7-1。

表 7-1　静力固结理论和动力固结理论的模型对比

静力固结理论［图 7-4（a）］	动力固结理论［图 7-4（b）］
①不可压缩的液体	①含有少量气泡的可压缩液体
②固结时液体排出所通过的小孔，其孔径是不变的	②固结时液体排出所通过的小孔，其孔径是变化的
③弹簧刚度是常数	③弹簧刚度为变数
④活塞无摩阻力	④活塞有摩阻力

7.2.3　动力置换

强夯置换法是在强夯的同时，在夯坑中置入碎石，强行挤走软土。如图 7-5 所示，强夯置换可分为整式置换和桩式置换两类。

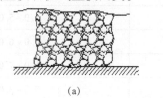
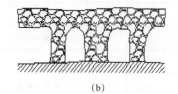

（a）　　　　　　　　　　　　　　　　（b）

图 7-5　动力置换类型
（a）整式置换；（b）桩式置换

整式置换是采用强夯将碎石整体挤入淤泥中，其作用机理类似于换填垫层法。

桩式置换是通过强夯将碎石填筑于土体中，部分碎石桩（或墩）间隔地夯入软土中，形成桩式（或墩式）的碎石桩（墩）。其作用机理类似于振冲法等形成的碎石桩，它主要是靠碎石内摩擦角和墩间土的侧限来维持桩体的平衡，形成的碎石桩（墩）与桩（墩）间土一起构成复合地基，共同承受外荷载，抵抗变形。

实际工程中，对于不同土类，强夯的作用不同：对于软土地基，强夯可提高地基承载力和减少沉降量；对于饱和砂土和粉土，强夯可消除液化趋势；对于黄土和新近堆积黄土，强夯可消除湿陷性，提高承载力。为此，应针对不同工程情况，进行强夯法的设计计算。

7.3　设计计算

7.3.1　强夯法设计计算

1. 有效加固深度

有效加固深度既是选择地基处理方法的重要依据，又是反映处理效果的重要参数。可采用经修正后的梅那（Menard）公式来估算强夯法加固地基的有效加固深度 H：

$$H = \alpha \sqrt{\frac{Mh}{10}}$$

（7-1）

式中　H——有效加固深度，m；

　　　　M——夯锤重，kN；

　　　　h——落距，m；

　　　　α——修正系数，一般取 $\alpha = 0.34 \sim 0.8$，α 值与地基土性质有关，软土可取 0.5，黄土可取 $0.34 \sim 0.5$。

实际上，影响有效加固深度的因素很多，除了锤重和落距外，地基土的性质、不同土层的厚度和埋藏顺序、地下水位以及其他强夯的设计参数等都与有效加固深度有着密切关系。因此，对于同一类土，采用不同能量夯击时，其修正系数并不相同。单击夯击能越大时，修正系数越小。

鉴于有效加固深度目前尚无适用的计算公式，有关规范规定有效加固深度应根据现场试夯或当地经验确定。在缺少经验或试验资料时，可按表 7-2 预估。

表 7-2　强夯的有效加固深度

单击夯击能/（kN·m）	碎石土、砂土等粗颗粒土/m	粉土、黏性土、湿陷性黄土等细颗粒土/m
1 000	5.0 ~ 6.0	4.0 ~ 5.0
2 000	6.0 ~ 7.0	5.0 ~ 6.0
3 000	7.0 ~ 8.0	6.0 ~ 7.0
4 000	8.0 ~ 9.0	7.0 ~ 8.0
5 000	9.0 ~ 9.5	8.0 ~ 8.5
6 000	9.5 ~ 10.0	8.5 ~ 9.0
8 000	10.0 ~ 10.5	9.0 ~ 9.5

注：①强夯的有效加固深度应从最初起夯面算起。

　　②单击夯击能（锤重与落距的乘积）范围为 1 000 ~ 8 000 kN·m，可满足当前绝大多数工程的需要。

2. 夯锤和落距

在强夯法设计中，应首先根据需要加固的深度初步确定单击夯击能，然后根据机具条件因地制宜地确定锤重和落距。

（1）单击夯击能。单击夯击能为夯锤重 M 与落距 h 的乘积。一般来说，夯击时最好锤重和落距都大，则单击能量大，夯击击数少，夯击遍数也相应减少，加固效果和技术经济都较好。

（2）单位夯击能。整个加固场地的总夯击能量（即锤重×落距×总夯击数）除以加固面积称为单位夯击能。强夯的单位夯击能应根据地基土类别、结构类型、荷载大小和要求处理的深度等综合考虑，并可通过试验确定。在一般情况下，对粗颗粒土可取 1 000 ~ 3 000（kN·m）/m^2，对细颗粒土可取 1 500 ~ 4 000（kN·m）/m^2。

对于饱和黏性土，所需的能量不能一次施加，否则土体会产生侧向挤出，强度反而有所降低，且难于恢复，可根据需要分几遍施加，两遍之间可间歇一段时间，这样可逐步增加土的强度，改善土的压缩性。

（3）夯锤选择。国内夯锤一般重为 10 ~ 25 t。夯锤材质最好用铸钢，也可用钢板为外壳、内灌混凝土的锤。夯锤的形状如图 7-6 所示，夯锤平面一般为圆形或方形，夯锤的底可为平底、锥底或球形底等。一般锥底锤、球底锤的加固效果较好，适用于加固较深层土体，平底锤则适用于浅层及表层地基加固。夯锤中设置若干个上下贯通的气孔，孔径可取 250～300 mm，既可减小起吊夯锤时的吸力（夯锤的吸力可达三倍锤重），又可减少夯锤着地前的瞬时气垫的上托力。

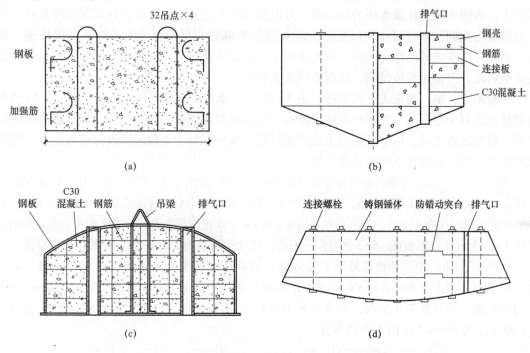

图 7-6　夯锤的形状

（a）平底方形锤；（b）锥底圆柱形锤；（c）平底圆柱形锤；（d）球底圆台形锤

夯锤的底面积对加固效果的影响很大。当锤底面积过小时，静压力就大，夯锤对地基土的作用以冲切力为主；锤底面积过大时，静压力太小，达不到加固效果。为此，夯锤底面积宜按土的性质确定，锤底静压力值可取 25～40 kPa。对砂性土和碎石填土，一般锤底面积为 2～4 m²，对一般第四纪黏性土建议采用 3～4 m²，对于淤泥质土建议采用 4～6 m²，对于黄土建议采用 4.5～5.5 m²。同时应控制夯锤的高宽比，以防止产生偏锤现象，如夯击黄土，夯锤高宽比可采用 1:2.5～1:2.8。

（4）落距选择。夯锤确定后，根据要求的单点夯击能量，就能确定夯锤的落距。国内通常采用的落距是 8～25 m。对相同的夯击能量，常选用大落距的施工方案，这是因为增大落距可获得较大的接地速度，能将大部分能量有效地传到地下深处，增加深层夯实效果，减少消耗在地表土层塑性变形的能量。

3. 夯击点布置及间距

（1）夯击点布置。夯击点布置是否合理与夯实效果有直接关系。夯击点位置可根据基底平面形状，采用等边三角形、等腰三角形或正方形布置。对于某些基础面积较大的建筑物或构筑物，为便于施工，可按等边三角形或正方形布置夯点；对于办公楼、住宅建筑等，可根据承重墙位置布置夯点，一般可采用等腰三角形布点，这样保证了横向承重墙以及纵墙和横墙交接处墙基下均有夯击点；对于工业厂房，也可按柱网来设置夯击点。

强夯处理范围应大于建筑物基础范围，具体的放大范围可根据建筑物类型和重要性等因素考虑决定。对一般建筑物，每边超出基础外缘的宽度宜为设计处理深度的 1/2 ~ 2/3，并不宜小于 3 m。

（2）夯击点间距。夯击点间距一般根据地基土的性质和要求处理的深度而定。对于细颗粒土，为便于超静孔隙水压力的消散，夯击点间距不宜过小。当要求处理深度较大时，第一遍的夯击点间距不宜过小，以免夯击时在浅层形成密实层而影响夯击能往深层传递。此外，若各夯击点之间的距离太小，在夯击时上部土体易向侧向已夯成的夯坑中挤出，从而造成坑壁坍塌，夯锤歪斜或倾倒，从而影响夯实效果。

一般来说，第一遍夯击点间距通常为 5 ~ 15 m（或取夯锤直径的 2.5 ~ 3.5 倍），以使夯击能量传递到土层深处，并保护夯坑周围所产生的辐射向裂隙为基本原则。第二遍夯击点位于第一遍夯击点之间，以后各遍夯击点间距可适当减小。对于处理基础较深或单击夯击能较大的工程，第一遍夯击点间距应适当增大。

图 7-7（a）、（b）分别表示两种夯击点布置形式及夯击次序。在图 7-7（a）中，该地基处理工程夯完一遍共需夯 13 个夯击点，分 3 次完成。第一次夯 5 个点，夯击点采用 4.2 m×4.2 m 正方形布置；第二次夯 4 个点，夯击点亦采用 4.2 m×4.2 m 正方形布置；第三次夯 4 个点，夯击点采用 3 m×3 m 正方形布置。分 3 次夯完一遍后，13 个夯击点为 2.1 m×2.1 m 的正方形布置。

在图 7-7（b）中，该地基处理工程夯完一遍共需夯 9 个夯击点，也分 3 次完成。第一次夯 4 个点，夯击点采用 6 m×6 m 正方形布置；第二次夯 1 个点，夯击点亦采用 6 m×6 m 正方形布置；第三次夯 4 个点，夯击点采用 4.2 m×4.2 m 正方形布置。分 3 次夯完一遍后，9 个夯击点为 3 m×3 m 的正方形布置。

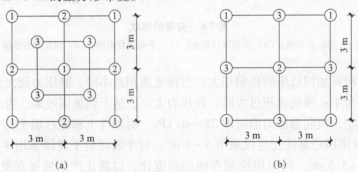

图 7-7 夯击点布置及夯击次序

（a）13 个夯击点夯一遍分 3 次完成；（b）9 个夯击点夯一遍分 3 次完成

4. 夯击击数与遍数

单点夯击击数指单个夯击点一次连续夯击的次数。一次连续夯完后算为一遍，夯击遍数即指对强夯场地中同一编号的夯击点，进行一次连续夯击的遍数。

（1）夯击击数的确定。每遍每夯击点的夯击击数应按现场试夯得到的夯击击数和夯沉量关系曲线确定，且应同时满足下列条件。

① 最后两击的夯沉量不宜大于下列数值：当单击夯击能小于 4 000 kN·m 时为 50 mm；当单击夯击能为 4 000 ~ 6 000 kN·m 时为 100 mm；当单击夯击能大于 6 000 kN·m 时为 200 mm。

② 夯坑周围地面不应发生过大隆起。

③不因夯坑过深而发生起锤困难。

确定夯击点的夯击击数时，应以使土体竖向压缩量最大，侧向位移最小为原则，一般为3~10击比较合适。

（2）夯击遍数的确定。夯击遍数应根据地基土的性质和平均夯击能确定。根据国内外文献记述，一般为 1~8 遍，对于粗颗粒土夯击遍数可少些，而对于细颗粒黏土特别是淤泥质土则夯击遍数要求多些。例如，法国夏纳附近采石场弃渣土填海造地只强夯 1 遍，而瑞典维内乐软弱地基最多夯击7 遍。国内大多数工程夯 2~3 遍，并进行低能量搭夯，即锤印彼此搭接。对于渗透性弱的细颗粒土地基，必要时夯击遍数可适当增加。

由于表层土是基础的主要持力层，如处理不好，将会增加建筑物的沉降和不均匀沉降，因此，必须重视满夯的夯实效果，除了采用 2 遍满夯外，还可采用轻锤或低落距锤多次夯击，以及锤印搭接等措施。某强夯法地基处理工程的夯击遍数及夯点布置如图 7-8 所示，该工程夯击遍数为 6 遍。

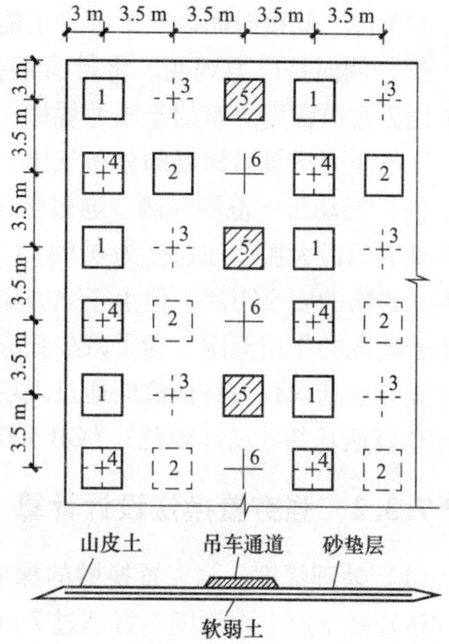

图 7-8　某工程夯击遍数及夯点布置图

5. 间歇时间

两遍夯击之间应有一定的时间间隔，间隔时间取决于土中超静孔隙水压力的消散时间。有条件时最好能在试夯前埋设孔隙水压力传感器，通过试夯确定超静孔隙水压力的消散时间，从而决定两遍夯击之间的间隔时间。当缺少实测资料时，可根据地基土渗透性确定。对于渗透性较差的黏性土地基，间隔时间不应少于 3~4 周；对于渗透性较好的砂性土，孔隙水压力的峰值出现在夯完后的瞬间，消散时间只有 2~4 min，即可连续夯击。

目前国内有的工程对黏性土地基的现场埋设了袋装砂井（或塑料排水带），以便加速孔隙水压力的消散，缩短间歇时间。有时根据施工流水顺序先后，两遍间也能实现连续夯击。

6. 垫层铺设

强夯前要求拟加固的场地必须具有一层稍硬的表层，使其能支承起重设备，亦便于所施工的"夯击能"得到扩散，为此可加大地下水位与地表面的距离。对场地地下水位在 -2 m 深度以下的砂砾石土层，可直接施行强夯，无须铺设垫层；对地下水位较高的饱和黏性土与易液化流动的饱和砂土，均需要铺设砂、砂砾或碎石垫层才能进行强夯，否则土体会发生流动。垫层厚度一般为 0.5~2.0 m，当场地土质条件好时，也可减小垫层厚度。

7. 现场测试设计

在大面积施工之前应选择面积不小于 400 m² 场地进行现场试验，以便取得设计数据。

（1）地面及深层变形观测研究的目的是：

①了解地表隆起的影响范围及垫层的密实度变化。

②研究夯击能与夯沉量的关系，用以确定单点最佳夯击能量。

③确定场地平均沉降和搭夯的沉降量，用以研究强夯的加固效果。

每当夯击一次，应及时测量夯击坑及其周围的沉降量、隆起量和挤出量。

（2）孔隙水压力观测。可在试验现场沿夯击点等距离的不同深度以及等深度的不同距离处，埋设双管封闭式孔隙水压力仪或钢弦式孔隙水压力仪，在夯击作用下，进行对孔隙水压力沿深度和水平距离的增长和消散的分布规律研究，从而确定两个夯击点间的夯距、夯击的影响范围、间歇时间以及饱和夯击能等参数。

（3）侧向挤压力观测。将带有钢弦式土压力盒的钢板桩埋入土中后，在强夯加固前，各土压力盒沿深度分布的土压力规律，应与静止土压力相近似。在夯击作用下，可测试每夯击一次的压力增量沿深度的分布规律。

（4）振动影响范围观测。通过测试地面振动加速度可以了解强夯振动的影响范围。通常将地表的最大振动加速度为 0.98 m/s^2 处（即认为是相当于 7 度地震设计烈度）作为设计时振动影响的安全距离。但由于强夯振动的周期比地震短得多，强夯产生振动作用的范围也远小于地震的作用范围，为了减少强夯振动的影响，常在夯区周围设置隔振沟。

强夯地基承载力特征值应通过现场载荷试验确定，初步设计时也可根据夯后原位测试和按《建筑地基基础设计规范》（GB 50007—2011）有关规定确定。

7.3.2 强夯置换法设计计算

（1）处理深度。强夯置换墩的深度由土质条件决定，除厚层饱和粉土外，应穿透软土层到达较硬土层上，深度不宜超过 7 m。强夯置换锤底静接地压力值可取 100～200 kPa。

（2）单击夯击能。强夯置换法的单击夯击能应根据现场试验确定，且应同时满足下列条件：墩底穿透软弱土层，且达到设计墩长；累计夯沉量为设计墩长的 1.5～2.0 倍；最后两击的平均夯沉量应满足强夯法的规定。

强夯置换法单击夯击能在可行性研究或初步设计时也可按下列公式估计：

较适宜的夯击能：

$$\overline{E} = 940 \ (H_1 - 2.1) \tag{7-2}$$

夯击能最低值：

$$E_w = 940 \ (H_1 - 3.3) \tag{7-3}$$

式中 H_1——置换墩深度，m。

初选夯击能宜在 $\overline{E}$ 与 E_w 之间选取，高于 $\overline{E}$ 则可能浪费，低于 E_w 则可能达不到所需的置换深度。强夯置换法宜选取同一夯击能中锤底静压力较高的锤施工。

（3）墩体材料。墩体材料级配不良或块石过多、过大，均易在墩中留下大孔，在后续墩施工或建筑物使用过程中使墩间土挤入孔隙，导致下沉增加。因此，《建筑地基处理技术规范》（JGJ 79—2012）规定：墩体材料应采用级配良好的块石、碎石、矿渣、建筑垃圾等坚硬粗颗粒材料，粒径大于 300 mm 的颗粒含量不宜超过全重的 30%。

（4）墩位布置。强夯置换法的墩位布置宜采用等边三角形或正方形。对独立基础或条形基础可根据基础形状与宽度相应布置。

墩间距应根据荷载大小和原土的承载力选定，当满堂布置时可取夯锤直径的 2～3 倍。对独立基础或条形基础可取锤直径的 1.5～2.0 倍。墩的计算直径可取夯锤直径的 1.1～1.2 倍。当墩间净距较大时，应适当提高上部结构和基础的刚度。强夯置换法处理范围与强夯法相同。

墩顶应铺设一层厚度不小于 500 mm 的压实垫层，垫层材料可与墩体相同，粒径不宜大于 100 mm。

（5）现场测试设计。强夯置换法的检测项目除进行现场载荷试验检测承载力和变形模量外，尚应采用超重型或重型动力触探等方法，检查置换墩承载力与密度随深度的变化。

当确定软黏性土中强夯置换墩地基承载力特征值时，可只考虑墩体，不考虑墩间土的作用，其承载力应通过现场单墩载荷试验确定。对饱和粉土地基可按复合地基考虑，其承载力可通过现场单墩复合地基载荷试验确定。

7.4　施工技术

7.4.1　强夯法施工技术

1. 施工机械

强夯法施工机械宜采用带有自动脱钩装置的履带式起重机或其他专用设备。采用履带式起重机时，可在臂杆端部设置辅助门架，或采取其他安全措施，防止落锤时机架倾覆。如果夯击工艺采用单缆锤击法，则 100 t 的吊机最大只能起吊 20 t 的夯锤。目前，强夯锤质量一般为 10～40 t，若起重机起吊能力不足，可通过设置滑轮组来提高卷扬机的起吊能力，并利用自动脱钩装置使锤形成自由落体运动。

强夯自动脱钩装置工作原理如图 7-9 所示，拉动脱钩器的钢丝绳，其一端拴在桩架的盘上，以钢丝绳的长短控制夯锤的落距。夯锤挂在脱钩器的钩上，当吊钩提升到要求的高度时，张紧的钢丝绳将脱钩器的伸臂拉转一个角度，致使夯锤突然下落。有时为防止起重臂在较大的仰角下突然释重而有可能发生后倾，可在履带式起重机的臂杆端部设置辅助门架，或采取其他安全措施，防止落锤时机架倾覆。自动脱钩装置应具有足够的强度，且施工时要求灵活。

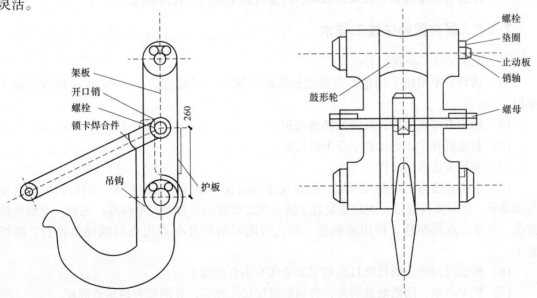

图 7-9　强夯自动脱钩装置工作原理

2. 施工步骤

（1）清理并平整施工场地，放线、埋设水准点和各夯击点标桩。

（2）铺设垫层，在地表形成硬层，用以支承起重设备，确保机械通行和施工。同时可加大地下水和表层面的距离，防止夯击的效率降低。

（3）标出第一遍夯击点的位置，并测量场地高程。

（4）起重机就位，使夯锤对准夯击点位置。

（5）测量夯前锤顶标高。

（6）将夯锤起吊到预定高度，待夯锤脱钩自由下落后放下吊钩，测量锤顶高程。若发现因坑底倾斜而造成夯锤歪斜时，应及时将坑底整平。

（7）重复步骤（4），按设计规定的夯击次数及控制标准，完成一个夯击点的夯击。

（8）重复步骤（4）～（7），完成第一遍全部夯击点的夯击。

（9）用推土机将夯坑填平，并测量场地高程。

（10）在规定的间隔时间后，按上述步骤逐次完成全部夯击遍数，最后用低能量满夯，将场地表层土夯实，并测量夯后场地高程。

3. 施工注意事项

（1）当场地表土软弱或地下水位较高，夯坑底积水影响施工时，宜采用人工降低地下水位或铺填一定厚度松散性材料，使地下水位低于坑底面以下 2 m。坑内或场地积水应及时排除。

（2）施工前应查明场地范围内的地下构筑物和各种地下管线的位置及标高等，并采取必要的措施，以免因施工造成损坏。

（3）当强夯施工所产生的振动对邻近建筑物或设备会产生有害影响时，应设置监测点，并采取挖隔振沟等隔振或防振措施。

（4）按规定起锤高度、锤击数的控制指标施工，或按试夯后的沉降量控制施工。

（5）注意含水量对强夯效果的影响，注意夯锤上部排气孔的畅通。

7.4.2　强夯置换法施工技术

强夯置换法施工步骤如下：

（1）清理并平整施工场地，当表土松软时可铺设一层厚度为 1.0～2.0 m 的砂石施工垫层。

（2）标出夯击点位置，并测量场地高程。

（3）起重机就位，夯锤置于夯击点位置。

（4）测量夯前锤顶高程。

（5）夯击并逐击记录夯坑深度。当夯坑过深而发生起锤困难时停夯，向坑内填料直至与坑顶平，记录填料数量，如此重复直至满足规定的夯击次数及控制标准，完成一个墩体的夯击。当夯击点周围软土挤出影响施工时，可随时清理并在夯击点周围铺垫碎石，继续施工。

（6）按由内而外，隔行跳打原则完成全部夯击点的施工。

（7）推平场地，用低能量满夯，将场地表层松土夯实，并测量夯后场地高程。

（8）铺设垫层，并分层碾压密实。

7.4.3　施工监测

施工过程中应有专人负责下列监测工作:

(1) 开夯前应检查夯锤质量和落距,以确保单击夯击能符合设计要求。

(2) 在每一遍夯击前,应对夯击点放线进行复核,夯完后检查夯坑位置,发现偏差或漏夯应及时纠正。

(3) 按设计要求检查每个夯击点的夯击次数和每击的夯沉量。对强夯置换法尚应检查置换深度。

(4) 施工过程中应对各项参数及有关情况进行详细记录。

7.5　质量检验

7.5.1　检验方法

强夯处理后的地基竣工验收时,承载力检验应采用原位测试和室内土工试验。强夯置换后的地基竣工验收时,承载力检验除应采用单墩载荷试验外,还应采用动力触探等手段,查明置换墩着底情况及承载力与密度随深度的变化,对饱和粉土地基允许采用单墩复合地基载荷试验代替单墩载荷试验。

室内试验主要通过夯击前后土的物理力学性质指标的变化来判断其加固效果。其项目包括:抗剪强度指标 (c、φ 值)、压缩模量(或压缩系数)、孔隙比、重度、含水量等。

原位测试方法及适用条件如下。

(1) 十字板剪切试验:适用于饱和软黏土。

(2) 轻型动力触探试验:适用于贯入深度小于 4 m 的黏性土及素填土(黏性土与粉土组成)。

(3) 重型动力触探试验:适用于砂土和碎石土。

(4) 超重型动力触探试验:适用于粒径较大或密实的碎石土。

(5) 标准贯入试验:适用于黏性土、粉土和砂土。

(6) 静力触探试验:适用于黏性土、粉土和砂土。

(7) 载荷试验:适用于砂土、碎石土、粉土、黏性土和人工填土。当用于检验强夯置换法处理地基时,宜采用压板面积较大的复合地基载荷试验。

(8) 旁压试验:分预钻式旁压试验和自钻式旁压试验。预钻式旁压试验适用于坚硬、硬塑和可塑黏性土、粉土、密实和中密砂土、碎石土;自钻式旁压试验适用于黏性土、粉土、砂土和饱和软黏土。

(9) 波速试验:适用于各类土。

7.5.2　检验要求

(1) 强夯地基的质量检查,包括施工过程中的质量监测及夯后地基的质量检验,其中前者尤为重要。所以必须认真检查施工过程中的各项测试数据和施工记录,若不符合设计要求,应补夯或采取其他有效措施。

（2）经强夯处理的地基，其强度是随着时间增长而逐步恢复和提高的。因此，竣工验收质量检验应在施工结束间隔一定时间后方能进行。其间隔时间可根据土的性质而定：对于碎石土和砂土地基，其间隔时间可取 7～14 天，粉土和黏性土地基可取 14～28 天；强夯置换地基间隔时间可取 28 天。

（3）强夯法检验点位置可分别布置在夯坑内、夯坑外和夯击区边缘。其数量应根据场地复杂程度和建筑物的重要性确定。对简单场地上的一般建筑物，每个建筑物地基检验点不应少于 3 点；对复杂场地或重要建筑物地基应增加检验点数。检验深度应不小于设计处理的深度。

（4）强夯置换法施工中可采用超重型或重型圆锥动力触探检查置换墩着底情况。其地基载荷试验和置换墩着底情况检验数量均不应少于墩点数的 1%，且不应少于 3 点。

7.6 工程应用实例

7.6.1 工程概况

某新建工厂场区占地约 20 000 m²。其东、西两侧为岗丘地形，东侧岗丘主要分布黄褐色硬质状粉质黏土，一般高程为 28～32 m，西侧岗丘主要分布黄褐色硬塑状粉质黏土及志留系砂质、泥质页岩及砂岩，一般高程为 27～28 m，中部为一冲沟地形，沟宽 60～80 m，冲沟北高南低。高程在纺纱车间段由 26 m 降至 24.3 m，沟中有一小水塘，面积约 800 m²，沟谷中原种植水稻。

为建厂房而平整场地，建设单位用东、西两侧岗地上黏土及志留系页岩、砂岩，填入中部冲沟内。该厂纺纱车间几乎全部坐落在冲沟填土之上。纺纱车间南北长 112 m，东西宽 66 m，柱间为 9 m×9 m，柱荷为 1 650 kN，主车间为单层现浇屋面。抗震设防烈度为 7 度。填土中的黏土及页岩分布极不均匀，冲沟西半部的填土为粉质黏土及页岩混合物，冲沟东部的填土则以粉质黏土为主，未经碾压，不经处理无法满足设计要求。经过对多种方案进行比较，决定采用强夯法加固填土地基及其下伏部分天然地基。要求强夯后填土地基承载力 $f_k = 200$ kPa，其下伏土层强度满足下卧层验算要求。

7.6.2 工程地质条件

场地土层自上而下为填土、耕土、粉质黏土、粉土、粉质黏土、碎石夹黏土及砂页岩等。
填土层结构疏松，块体间的架空现象较为明显，为新近堆填未经压实的填土，填土的平均厚度约为 2.8 m，原地形低于 28 m 高程的均需堆填至 28 m。耕土为原始地表土层，以种植水稻为主，土质松软，含水量高，厚度约为 0.5 m。勘察报告提供的土层参数（由新至老）见表 7-3。

表 7-3 该场地土层工程地质参数

序号	土性	厚度/m	w/%	e	I_L	I_p	α_{1-2}/MPa	E_0/MPa	c/kPa	φ/°	标贯 N
③	粉质黏土	2～4	23.27	0.67	0.47	11	0.214	7.72	41	19.25	8
④	粉土	6～8	24.4	0.68	0.68	7	0.225	7.45	29.2	13.1	5
⑤	粉质黏土	2～4	23.14	0.66	0.2	12	0.169	10.20	22.55	22.5	18

7.6.3 有关强夯设计参数及局部软弱处理

（1）锤重 10 t，落距 10 m，为圆柱形锤，其底部直径为 2 m，锤底静压应力为 31.8 kPa。有效加固深度经计算为 4.5 m（$h = \alpha\sqrt{QH}$，$\alpha = 0.45$）。

（2）要求填土的地基承载力经强夯加固处理后 $f_k = 200$ kPa。

（3）强夯的有关参数，如锤击数、夯击遍数、相邻二次夯击的间隔时间等要通过现场施工试验来确定，根据场地回填土的厚度划分为 A、B、C 三个试夯区：A 试夯区，填土厚度不小于 2.4 m；B 试夯区，填土厚度为 0~2.4 m；C 试夯区，为厂内水塘回填土区，该区要采用置换强夯法进行施工。

每个试夯区布置 9 个夯击点，夯击点的夯击数应根据现场试夯得到的夯击数和夯沉降量关系曲线来确定，且应同时满足以下三个条件：

（1）最后两击的平均夯沉降量不大于 50 mm，中心夯击点的平均夯沉降量不大于 30 mm。

（2）夯坑周围的地面不发生过大的隆起。

（3）不应因夯坑过深而导致起锤困难。

夯击点间距为 3 m×3 m，每夯击点夯击两遍，最后一遍以低能量搭接满夯一遍，夯击点夯击采用间隔跳打的方式进行，两遍夯击之间应有一定的时间间隔。

施工单位在场外 A 试夯区进行了试夯，每一遍夯 6 击，共计 2 遍。经计算，单位面积夯击能 $W = \sum E/F = 100 \times 10 \times 6 \times 2/ (3 \times 3) = 1\,333$（kN·m）/m²。填土下部的耕土为饱和状细颗粒土，规范要求细颗粒土的单位面积夯击能 W 应取 $1\,500 \sim 4\,000$（kN·m）/m²。可见，夯 6 击并不能达到规范要求。

施工 7 d 后，用 N_{10} 进行了加固土检测，发现耕土 N_{10} 有所降低，之后改为每夯击点夯 2 遍，每遍不少于 10 击，最后两击的平均沉降不大于 30~50 mm，如果 10 击不能满足沉降要求，则必须增加击数，直到满足上述要求为止。夯击点夯击采用间隔跳打的方式进行。这样经计算，单位面积夯击能 $W = \sum E/F = 2\,222$（kN·m）/m²，达到了规范要求。

7.6.4 质量检验与处理效果分析

夯击点间距为 3 m×3 m，处理面积为 120 m×71 m，布置夯击点 940 个，每点夯击数为 20 击，分两遍进行，每次 10 击，间隔跳夯。强夯前后静力触探 q_c、f_a、f_k 的变化见表 7-4。

表 7-4 强夯前后静力触探结果的对比

土层	土性	夯前指标			夯后指标			夯后增加幅度	
		q_c /MPa	f_a /kPa	f_k /kPa	q_c /MPa	f_a /kPa	f_k /kPa	q_c /%	f_a /%
①	素填土	2.42	56.4	100	4.06	201.6	>200	67	257
②	耕土	0.77	61.2	110	1.06	81.9	180	37	33
②-1	淤泥粉质黏土	0.52	21.6	80	0.9	69.3	160	73	220
③	粉质黏土	1.44	94.9	150	1.96	152.5	200	36	60
④	粉土	1.07	38.4	150	1.10	26.6	165	—	—

场地土层用重型 $N_{63.5}$ 动力触探检测资料统计，为保证强夯效果，满足设计要求，采用标准贯入试验动力触探 $N_{63.5}$ 对全部柱基及边墙进行加固效果检测，共检测 99 个点。对场地土层 $N_{63.5}$ 动探资料，用一次二阶矩阵概率法及保证界限法进行统计分析。夯击前后动检成果的对比见表 7-5。试夯区夯击前后 N_{10} 的变化见表 7-6。

表 7-5　夯击前后标准贯入击数的变化

土层号	土性	夯前		夯后		$\dfrac{N_{k后}-N_{k前}}{N_{k后}}$/%
		$\overline{N}_{10}$	N_k	$\overline{N}_{10}$	N_k	
①	素填土	3.02	2.51	5.19	4.65	85
②	杂填土	—	—	14.86	13.46	—
②$_{-1}$	耕土	1.77	1.3	3.36	3.06	135
③	粉质黏土	6.4	5.66	7.48	7.08	25
④	粉土	13.2	11.5	14.7	14.02	22

注：$\overline{N}_{10}$——轻型动探击数平均值；N_k——轻型动探击数标准值。

表 7-6　试夯区夯击前后 N_{10} 变化

土层号	土性	夯前		夯后		$\dfrac{N_{k后}-N_{k前}}{N_{k后}}$/%
		$\overline{N}_{10}$	N_k	$\overline{N}_{10}$	N_k	
①		43	43	32	103	86	168
②		33	33	28	27	22	−21
③		61	61	48	68	61	27

注：$\overline{N}_{10}$——轻型动探击数平均值；N_k——轻型动探击数标准值。

耕土强度减弱的原因有两点：一是经强夯，土体结构强度被破坏，由于检测的时间间隔仅为 5 d，强度尚未恢复；二是试夯时单位面积夯击能 W 仅为 1 333 （kN·m）/m²，夯击能偏小。

通过试夯区夯击前后 N_{10} 的变化可知，对饱和耕土要提高强夯后的强度，即需要提高单位面积夯击能；延长相邻两次夯击的间隔时间；延长检测的间隔时间，使土的强度得到恢复。

在三个试夯区各布置一组静荷载试验（荷载板面积 2 500 cm²），试验的最大加载分别为 440 kPa、480 kPa 和 500 kPa，试验结果表明，土体均未被破坏，三个试验点的试验深度分别为 30 cm、45 cm 和 60 cm。强夯加固后地基土承载力标准值分别为 220 kPa、240 kPa 和 225 kPa，满足设计要求。取承压板的影响深度为 $2B$（B 为承压板的宽度）。三个静荷载试验区的 $N_{63.5}$（0.5~1.5 m）及其他资料见表 7-7。

表 7-7　三个荷载试验区的试验结果

试夯区	动探点	测点频数	$\overline{N}_{63.5}$	方差	变异系数 Ca/%	承压板埋深/m	f_k/kPa	填土性质
C	26	11	6.27	3.4	54.3	0.3	220	黏性土
A	38	11	11.09	3.39	30.6	0.6	240	碎石夹黏土
B	49	11	2.45	1.06	43.3	0.45	225	黏性土

由于填土随意倾填，架空现象较为明显，本工程强夯消除了块体架空现象，减少了孔隙比，并将填土夯入到耕土内置换部分软土，在施工过程中夯坑边未发生隆起现象。

经计算，整个加固场地所有的夯坑体积之和为 4 608 m³，将其除以该场地的占地面积，则该场地的平均下沉量为 0.545 m。

一般土体的竖向变形主要发生在 1.6 倍夯锤直径的范围内，本工程则为 3.2 m。强夯后单位厚度沉降量为 0.17，如果强夯前填土处于松散状态，孔隙比为 0.91，而强夯后夯实土的孔隙比为 0.586，说明夯实后的土可作为建筑物的良好地基。

本工程如采用钻孔灌注桩来处理地基，则施工单位报价 120 万元，且遇大块石施工，难度较大。而采用强夯处理，造价仅需 40 万元，且工期缩短了一半。因此，采用强夯法设计方案经济效益显著。

习　题

【7-1】叙述强夯法的适用范围以及对于不同土性的加固机理。

【7-2】阐述强夯法的动力密实机理。

【7-3】阐述强夯法设计内容。

【7-4】阐述强夯法施工方法。

【7-5】阐述强夯法的质量检验方法。

第8章

排水固结法

8.1 概　述

排水固结法亦称预压法（Preloading Method），是在建（构）筑物建造以前，在场地（设置了或未设置人工排水体地基）先行加载预压或真空预压，或利用建筑物本身重量分级逐渐加载，以使土体中的孔隙水排出，逐渐固结，地基发生沉降，同时强度逐步提高的方法。这是一种广泛应用的方法。

按照使用目的，排水固结法可以解决以下两个问题。

（1）沉降问题。地基的沉降在加载预压期间大部分或基本完成，建筑物在使用期间不产生不利的沉降和沉降差。

（2）稳定问题。加速地基土的抗剪强度的增长，从而提高地基的承载力和稳定性。

排水固结法分为加载预压法和真空预压法两类。加载预压法就是在建筑物建造之前，在建筑场地进行加载预压，使地基的固结沉降基本完成，地基土强度提高。对于在持续荷载下体积发生很大的压缩和强度会增长的土，而又有足够时间进行压缩时，这种方法特别适用。为了加速压缩过程，可采用比建筑物质量大的所谓超载进行预压。

真空预压法是在需要加固的软黏土地基内设置砂井或塑料排水带，然后在地面铺设砂垫层，再在其上覆盖一层不透气的密封膜使之与大气隔绝，通过埋设于砂垫层中的吸水管道，用真空泵抽气使膜内保持较高的真空度，在土的孔隙水中产生负的孔隙水压力，孔隙水逐渐被吸出从而达到预压效果。对于在加固范围内有足够水源补给的透水层，而又没有采取隔断水源补给措施时，不宜采用真空预压法。

8.1.1 排水固结法系统组成

排水固结法是由排水系统和加压系统两部分组成，常用的排水和加压方法如图8-1所示。

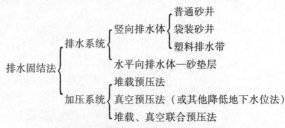

图8-1　排水固结法体系的组成与分类

设置排水系统的主要目的在于改变地基原有的排水边界条件，增加孔隙水排出的途径，缩短排水距离。排水系统是由水平排水垫层和竖向排水体构成。当软土层较薄或土的渗透性较好而施工期较长时，可仅在地面铺设一定厚度的砂垫层，然后加载，土层中的水竖向流入砂石垫层而排出。当工程上遇到很厚且透水性很差的软黏土层时，可在地基中设置塑料排水板或砂井等竖向排水体，与地面水平排水垫层（通常是砂石垫层）相连，构成排水系统。加压系统是起固结作用的荷载，其目的是使地基土的固结压力增加而产生固结。

排水系统是一种手段，如果没有加压系统，孔隙中的水没有压力差，水不会自然排出，地基也就得不到加固。如果只增加固结压力，不缩短土层的排水距离，则不能在预压期间尽快地完成设计所要求的沉降量，强度不能及时提高，加载也就不能顺利进行。因此，设计时两个系统总是联系起来同时考虑。

在地基中设置竖向排水体。以前常用的是砂井，它是先在地基中成孔，然后灌以砂使其密实而形成的。后来袋装砂井在我国得到较广泛的应用，它具有用砂料省、连续性好，不致因地基变形而折断、施工简便等优点。由塑料芯板和滤膜外套组成的塑料排水带在工程上的应用日益增加，在很多地区已取代砂井；塑料排水带可在工厂制作，运输方便，在没有砂料的地区尤为合适。工程上广泛使用的，行之有效的增加固结压力的传统方法是堆载法，此外还有真空法、降低地下水位法、电渗法和联合法等。采用后面这些方法不会像堆载法可能引起地基土的剪切破坏，所以比较安全，但操作技术比较复杂。近些年，由李彰明等发展起来的静动力排水固结法（复合力排水固结法）由于技术经济及工期的明显综合优势也在推广应用。

8.1.2　排水固结法适用范围

排水固结法主要适用于处理淤泥、淤泥质土和冲填土等饱和黏性土地基。砂井法特别适用于存在连续薄砂层的地基。真空预压法适用于能在加固区形成（包括采取措施后形成）稳定负压边界条件的软土地基。降低地下水位法、真空预压法和电渗法由于不增加剪应力，地基又会产生剪切破坏，所以适用于很软弱的黏土地基，不适用于在加固范围内有足够水源补给的透水土层。排水固结法可应用于道路、仓库、罐体、飞机跑道、港口等大面积软土地基加固工程。

8.2　加固机理

8.2.1　加固地基原理

在饱和软土地基上施加荷载后，孔隙水被缓慢排出，孔隙体积随之逐渐减少，地基发生固结变形。同时，随着超静水压力逐渐消散，有效应力逐渐提高，地基土强度就逐渐增强。

如图 8-2 所示，当土体的天然固结压力为 σ'_0 时，其孔隙比为 e_0，在 e_0-σ'_0 曲线上为相应的 A 点。当压力增加 $\Delta\sigma'$，达到固结终了的 C 点，孔隙比减少了 Δe，曲线 ABC 称为土的压缩曲线。与此同时，在 τ-σ'_0 曲线上，土的抗剪强度由 A 点上升至 C 点。由此可见，土体在受固结压力时，因孔隙比的减少，使其抗剪强度得到提高。

从 C 点开始卸荷至 F 点，卸下压力为 $\Delta\sigma'$，土体产生膨胀，如图 8-2 中 CEF 卸荷膨胀曲线。如从 F 点再加压 $\Delta\sigma'$，使土体产生再压缩，沿虚线变化到 C。从再压缩曲线 FGC' 可看出，固结压力又从 σ_0' 增加至 σ_1'，增幅为 $\Delta\sigma'$，相应的孔隙比减小值为 $\Delta e'$（比 Δe 小）。同样，在土体卸荷及再压缩过程中，其抗剪强度与孔隙比变化相似，也经历了下降与上升恢复。根据以上排水固结法加固地基的原理，如果在建筑物场地预先加一个和上部建筑物相同的压力进行预压，使软土层固结，然后卸荷，再建造建筑物，这样可以大大减小由建筑物引起的沉降。如果预压荷载大于建筑物荷载，即称为超载预压，效果会更佳。经过超载预压，固结压力大于使用荷载下的固结压力，原来的正常固结黏性土将处于超固结状态，使软地基在使用荷载下变形大为减小。但超载过快易发生地基失稳，工程施工中需逐步施加超载压力。

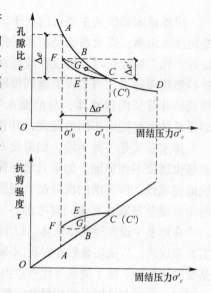

图 8-2 排水固结法加固地基原理

土层的排水固结效果与其排水边界条件有关。如图 8-3（a）所示，土层厚度相对作用荷载宽度（或直径）较小时，土层中的孔隙水将向上下面的透水层排出而使土层产生固结，此种固结称为竖向排水固结。由太沙基的饱和土渗透固结理论可知，土层固结所需时间与排水距离的平方成正比，也就是说，软黏土层越厚，一维固结所需的时间越长。若淤泥质土层厚度大于 10 m，要达到较大固结度（>80%），所需时间要几年至几十年之久。

为了加速土层固结，最有效的方法是在天然土层中增加排水途径，缩短排水距离，在天然地基中设置砂井（袋装砂井或塑料排水带）等竖向排水体的作用就是增加排水途径，缩短排水距离。如图 8-3（b）所示，砂井就是为此目的而设置的排水途径，它使大部分孔隙水改变流向，从水平向通过砂井排出，而只有小部分孔隙水从竖向排出，缩短了排水距离，大大加快了孔隙水的排出速度，加速了固结速率（或沉降速率）。

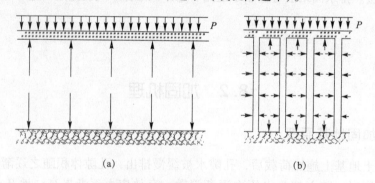

(a)   (b)

图 8-3 排水固结法排水原理

（a）天然地基竖向排水；（b）砂井地基竖向排水

8.2.2 堆载预压法原理

堆载预压法是利用填土等加荷对地基进行预压，通过增加总应力 σ，并使孔隙水压力 u

消散来增加有效应力 σ' 的方法。堆载预压是在地基中形成超静水压力的条件下排水固结，称为正压固结。

堆载预压，根据土质情况分为单级加荷和多级加荷；根据堆载材料分为自重预压、加荷预压和加水预压。堆载一般用填土、碎石等散粒材料；油罐通常用充水对地基进行预压。对堤坝等以稳定为控制的工程，则以其本身的重量有控制地分级逐级加载，直至设计标高；有时，也采用超载预压的方法来减少堤坝使用期间的沉降。

8.2.3 真空预压法原理

真空预压法（Vacuum Preloading）是利用大气压力作为预压荷载的一种排水固结法。其加固机理如图 8-4 所示。它是在需要加固的软黏性土地基表面铺设水平排水砂垫层，设置砂井或塑料排水带等竖向排水体，其上覆盖 2~3 层不透气的密封膜并沿四周埋入土中，与大气隔绝，通过埋设于砂垫层中带有滤水孔的分布管道，用真空装置抽取地基中的孔隙水和气，在膜内外形成大气压差。由于砂垫层和竖井与地基土界面存在这一压差，土体中的孔隙水发生向竖井的渗流，孔隙水压力不断降低，有效应力不断提高，从而使软弱土地基逐渐固结。在抽真空前，地基处于天然固结状态。对于正常固结黏土层，其总应力为土的自重应力，孔隙水压力为静水压力，膜内外均受大气压力 P_0。抽气后，膜内压力逐渐降低至稳定压力 P_2，膜内外形成压力差 $\Delta P = P_0 - P_2$，工程上称这个压力差为真空度。真空度通过砂垫层和竖井作用于地基，将膜下真空度传至地基深层并形成深层负压源，在软黏土内形成负超静孔隙水压力（$\Delta\mu$）。在形成真空度瞬时（$t = 0$），超静孔隙水压力 $\Delta\mu = 0$，有效应力增量 $\Delta\sigma' = 0$；随着抽真空的延续（$0 < t < \infty$），超静孔隙水压力不断下降，有效应力不断增大：$t \to \infty$ 时，超静孔隙水压力 $\Delta\mu = -\Delta P$，有效应力增量 $\Delta\sigma' = -\Delta P$。由此可见，在真空预压过程中，在真空负压作用下，土中孔隙水压力不断降低，有效应力不断提高，孔隙水向排水井和砂垫层渗流，软黏土层固结压缩，强度提高。在真空负压作用下，地基内有效应力增量是各向相等的，地基在竖向压缩的同时。侧向产生向内的收缩位移，地基在预压过程中不会发生失稳破坏。因此真空预压加固地基的过程是在总应力不变的条件下，孔隙水压力降低、有效应力增加的过程。

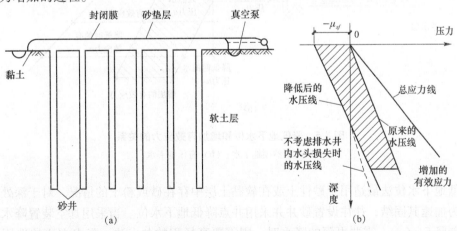

图 8-4 真空预压法的加固机理

（a）真空预压法；（b）用真空预压法增加的有效应力

8.2.4 降低地下水位法原理

降低地下水位法是指利用井点抽水降低地下水位以增加土的自重应力，达到预压加固的目的。众所周知，降低地下水位能使土的性质得到改善，地基发生附加沉降。降低地基中的地下水位，使地基中的软土承受相当于水位下降高度水柱的质量而固结。这种增加有效应力的方法，如图 8-5 所示。

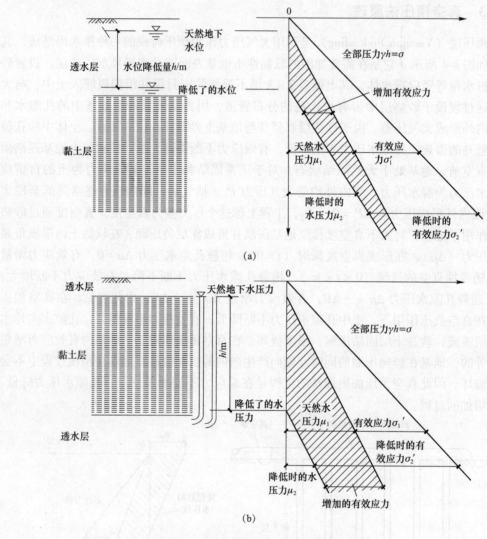

图 8-5 降低地下水位和增加有效应力的关系
（a）天然面地下水；（b）有压地下水

降低地下水位法最适用于砂性土或在软黏土层中存在砂或粉土的情况。对于深处的软黏土层，为加速其固结，往往设置砂井并采用井点降低地下水位。当采用真空装置降水时，地下水位能降 5~6 m。需要更深的降水时，则需要高扬程的井点法。降水方法的选用与土层的渗透性关系很大，见表 8-1。

表 8-1 各类井点的适用范围

各类井点	土层渗透系数/ (m · d^{-1})	降低水位深度/m
单层轻型井点	0.1 ~ 50	3 ~ 6
多层轻型井点	0.1 ~ 50	6 ~ 12
喷射井点	0.1 ~ 2	8 ~ 20
电渗井点	< 0.1	根据选用的井点确定
管井井点	20 ~ 200	3 ~ 15
深井井点	10 ~ 250	> 15

在选用降水方法时，还要根据多种因素（如地基土类型、透水层位置和厚度、水的补给源、井点布置形状、水位降深、粉粒及黏土的含量等）进行综合判断而后选定。井点降水的计算可参照有关理论进行，但实际上影响因素很多，仅仅采用经过简化的图式进行计算是难以求出可靠结果的，因此计算必须和经验密切结合起来。

8.3 设计计算

排水固结法的设计，实质上在于根据上部结构荷载的大小、地基土的性质及工期要求，合理安排排水系统和加压系统的关系，使地基在受压过程中快速排水固结，从而满足建筑物的沉降控制要求和地基承载力要求。主要设计计算项目包括：排水系统设计（包括竖向排水体的深度、间距等）、加载系统设计（包括加载量、预压时间等）、地基变形验算、地基承载力验算和监测系统设计（包括监测内容、监测方法、监测点布置、监测标准等）。

8.3.1 沉降计算

对于以稳定控制的工程，如堤、坝等，通过沉降计算可预估施工期间由于基底沉降而增加的土方量；还可估计工程竣工后尚未完成的沉降量，作为堤坝预留沉降高度及路堤顶面加宽的依据。对于以沉降控制的建筑物，沉降计算的目的在于估计所需预压时间和各时期沉降量的发展情况，以满足建筑物的沉降控制要求，即：建筑物使用期间的沉降小于允许沉降值。

我国《建筑地基基础设计规范》（GB 50007—2011）中对各类建筑物地基的允许沉降和变形值做了明确规定。其他类型构筑物的沉降控制标准可参照相关规范、规程。

1. 建筑物使用期间的沉降计算

建筑物使用期间的沉降计算方法根据预压工程的不同特性而有所差别。对于预压荷载与建筑物自身荷载分离的工程（如真空预压法），预压荷载在地基处理结束后移除，地基土会产生一定的回弹变形。在其后建筑物修建和使用过程中，地基土会产生再压缩变形，如图 8-6 所示。

在这种情况下，建筑物荷载作用下地基的总沉降量可按照《建筑地基基础设计规范》（GB 50007—2011）中给出的天然地基沉降计算方法即分层总和法进行计算，但其中地基土的压缩模量要根据预压处理后的土的压缩试验获得。因此，在地基处理结束后，需要对处理后的地基土取样进行压缩试验，以测得处理后地基土压缩模量值。在地基处理方案初步设计阶段，可以采用与预压加载路径相同的压缩试验结果来确定压缩模量值。

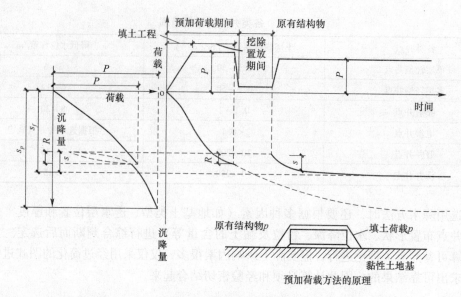

图8-6　地基沉降示意图

对于预压荷载即建筑物自重的情况，如高速公路路堤的修建、大坝的修建，在预压处理后预压荷载并不移除。在这种情况下，建筑物在使用期间的沉降量 s 为建筑物在荷载（在等载预压情况下，建筑物荷载与预压荷载相同）作用下的总沉降量 s_∞ 减去预压期 T 内的沉降量 s_T，如图8-7所示。

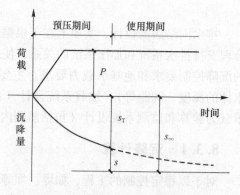

图8-7　路基堆载预压沉降示意图

$$s = s_\infty - s_T \tag{8-1}$$

2. 总沉降量计算

地基土的总沉降量 s_∞ 一般包括瞬时沉降、固结沉降和次固结沉降三部分。瞬时沉降是在荷载作用下由于土的畸变（这时土的体积不变，即 $\mu = 0.5$）所引起，并在荷载作用下立即发生的。这部分变形是不可忽略的，这一点正在逐渐被人们所认识。固结沉降是由于孔隙水的排出而引起土体积减小所造成，占总沉降量的主要部分。而次固结沉降则是由于超静水压力消散后，在恒值有效应力作用下土骨架的徐变所致，次固结沉降的大小和土的性质有关。泥炭土、有机质土或高塑性黏性土土层，次固结沉降占很可观的部分，而其他土则所占比例不大。次固结沉降目前还不容易计算。若忽略次固结沉降，则最终沉降 s_∞ 可按下式计算：

$$s_\infty = \psi_s \sum_{i=1}^{n} \frac{e_{0i} - e_{li}}{1 + e_{0i}} h_i \tag{8-2}$$

式中　e_{0i}——第 i 层中点土自重应力所对应的孔隙比，由室内固结试验 e-p 曲线查得；

　　　e_{li}——第 i 层中点土自重应力与附加应力之和所对应的孔隙比，由室内固结试验 e-p 曲线查得；

　　　h_i——第 i 层土层的厚度，m；

　　　ψ_s——经验系数，对于堆载预压施工，正常固结饱和黏性土地基可取 $\psi_s = 1.1 \sim 1.4$，荷载较大、地基土较软弱时取较大值，否则取较小值；对于真空预压施工，ψ_s 可取 $0.8 \sim 0.9$；真空、堆载联合预压法以真空预压法为主时，ψ_s 可取 0.9。

变形计算时，可取附加应力与土自重应力的比值为 0.1 的深度作为受压层的计算深度。也可通过预压期间的地基变形监测数据来推测最终沉降量，详细过程见后面部分。

3. 预压期间沉降量计算

预压期间的沉降量可按照预压期固结度采用下式进行计算：

$$s_T = \overline{U}_Z s_\infty \tag{8-3}$$

采用固结理论可求得地基平均固结度 $\overline{U}_Z$。在竖向排水情况下，可采用太沙基固结理论计算预压期内地基平均固结度；对于布置竖向排水体的地基，主要产生径向渗流，要采用砂井固结理论计算地基平均固结度。

根据固结理论，预压时间 T 越长，地基平均固结度 $\overline{U}_Z$ 就越大，预压期间沉降量 s_T 就越大，使用期间的沉降量 s 就越小。因此，需要根据工程沉降要求来确定预压期和预压荷载的大小。

8.3.2 承载力计算

处理后地基承载力可根据斯开普顿极限荷载的半经验公式作为初步估算，即

$$f = \frac{1}{K} 5 \cdot c_u \left(1 + 0.2 \frac{B}{A}\right)\left(1 + 0.2 \frac{B}{D}\right) + \gamma D \tag{8-4}$$

式中 K——安全系数；

D——基础埋置深度，m；

A、B——基础的长边和短边，m；

γ——基础标高以上土的重度，kN/m^3；

c_u——处理后地基土的不排水抗剪强度，kPa。

对饱和软黏性土也可采用下式估算：

$$f = \frac{5.14 c_u}{K} + \gamma D \tag{8-5}$$

对长条形填土，可根据 Fellenius 公式估算：

$$f = \frac{5.52 c_u}{K} \tag{8-6}$$

采用排水预压处理后，地基土的不排水抗剪强度 c_u 要大于天然土的不排水抗剪强度 c_{u0}。根据土的抗剪强度理论，即摩尔-库伦理论，强度增长与有效应力的增长呈正比关系，因此，排水预压处理后地基土的不排水抗剪强度 c_u 可采用下式估算：

$$c_u = c_{u0} + \Delta\sigma_z \cdot \overline{U}_t \tan\varphi_{cu} \tag{8-7}$$

式中 c_u——t 时刻该点土的抗剪强度，kPa；

c_{u0}——地基土的天然抗剪强度，kPa；

$\Delta\sigma_z$——预压荷载引起的地基的附加竖向应力，kPa；

$\overline{U}_t$——地基土平均固结度；

φ_{cu}——由固结不排水剪切试验得到的内摩擦角，°。

8.3.3 砂井地基固结度计算

地基土平均固结度 $\overline{U}_t$ 计算是砂井地基设计中的一个重要内容。通过固结度计算可推算地基强度的增长，确定适应地基强度增长的加荷计划。如果已知各级荷载下不同时间的固结度，还可推算各个时间的沉降量。固结度与砂井布置、排水边界条件、固结时间以及地基固结系数有关，计算之前要先确定有关参数。

现有砂井地基的固结理论通常假设荷载是瞬时施加的，所以首先介绍瞬时加荷条件下固结度的计算，然后根据实际加荷工程进行修正计算。

1. 瞬时加荷条件下砂井地基固结度计算

砂井地基固结度的计算是建立在太沙基固结理论和巴伦固结理论基础上的。如果软黏土层是双面排水的，则每个砂井的渗透途径如图 8-8 所示。

在一定压力作用下，土层中的固结渗流水沿径向和竖向流动，所以砂井地基属于三维固结轴对称问题。若以圆柱坐标表示，设任意点 $(r，z)$ 处的孔隙水压力为 u，则固结微分方程为

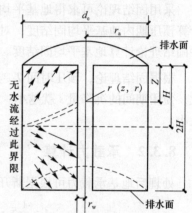

图 8-8　砂井地基渗流模型

$$\frac{\partial u}{\partial t} = C_v\left(\frac{\partial^2 u}{\partial r^2} + \frac{1}{r} \cdot \frac{\partial u}{\partial r}\right) + \frac{\partial^2 u}{\partial z^2} \qquad (8-8)$$

当水平向渗透系数 K_h 和竖向渗透系数 K_v 不等时，则式 (8-8) 应改写为

$$\frac{\partial u}{\partial t} = C_h\left(\frac{\partial^2 u}{\partial r^2} + \frac{1}{r} \cdot \frac{\partial u}{\partial r}\right) + C_v\frac{\partial^2 u}{\partial z^2} \qquad (8-9)$$

式中　t——时间；

C_v——竖向固结系数，$C_v = \dfrac{K_v(1+e)}{a \cdot \gamma_w}$；

C_h——径向固结系数，$C_h = \dfrac{K_h(1+e)}{a \cdot \gamma_w}$；

a——压缩系数；

e——天然孔隙比。

砂井固结理论做如下假设：

（1）每个砂井的有效影响范围为一直径为 d_e 的圆柱体，圆柱体内的土体中水向该砂井渗流，如图 8-8 所示，圆柱体边界处无渗流，即处理为非排水边界；

（2）砂井地基表面受均布荷载作用，地基中附加应力分布不随深度而变化，故地基土仅产生竖向的压密变形；

（3）荷载是一次施加上去的，加荷开始时，外荷载全部由孔隙水压力承担；

（4）在整个压密过程中，地基土的渗透系数保持不变；

（5）井壁上面受砂井施工所引起的涂抹作用（可使渗透性发生变化）的影响不计。

式 (8-9) 可用分离变量法求解，即可分解为

$$\frac{\partial u_z}{\partial t} = C_v\frac{\partial^2 u_z}{\partial z^2} \qquad (8-10a)$$

$$\frac{\partial u_z}{\partial t} = C_h \left(C_v \frac{\partial^2 u_r}{\partial r^2} + \frac{1}{r} \frac{\partial u_r}{\partial_r} \right) \tag{8-10b}$$

亦即分为竖向固结和径向固结两个微分方程，从而根据起始条件和边界条件分别解得竖向排水的孔隙水压力分量 u_z 和径向向内排水固结的孔隙水压力分量 u_r，根据 N·卡里罗（Carrillo）理论证明：任意一点的孔隙水压力有如下关系：

$$\frac{u}{u_0} = \frac{u_r}{u_0} \cdot \frac{u_z}{u_0} \tag{8-11a}$$

式中　u_0——起始的孔隙水压力。

整个砂井影响范围内土体平均孔隙水压力也有同样的关系：

$$\frac{\overline{u}}{u_0} = \frac{\overline{u}_r}{u_0} \cdot \frac{\overline{u}_z}{u_0} \tag{8-11b}$$

或以固结度表达为

$$1 - \overline{U}_{rz} = (1 - \overline{U}_r)(1 - \overline{U}_z) \tag{8-12}$$

式中　$\overline{U}_{rz}$——每一个砂井影响范围内圆柱的平均固结度；

　　　$\overline{U}_r$——径向排水的平均固结度；

　　　$\overline{U}_z$——竖向排水的平均固结度。

（1）竖向排水的平均固结度计算。对于土层为双面排水条件或土层中的附加压力为平均分布时，某一时间竖向固结度的计算公式为

$$\overline{U}_z = 1 - \frac{8}{\pi^2} \sum_{m=1,3,5,\cdots}^{m=\infty} \frac{1}{m^2} e^{-\frac{m^2\pi^2}{4}T_v} \tag{8-13}$$

$$T_v = \frac{C_v t}{H^2} \tag{8-14}$$

式中　m——正奇数，1，3，5，…。

当 $\overline{U}_z > 30\%$ 时，可采用下列近似公式计算：

$$\overline{U}_z = 1 - \frac{8}{\pi^2} e^{\frac{\pi^2 T_v}{4}} \tag{8-15}$$

式中　$\overline{U}_z$——竖向排水的平均固结度；

　　　e——自然对数底，自然数，可取 e = 2.178；

　　　T_v——竖向固结时间因数（无次数）；

　　　t——固结时间；

　　　H——土层的竖向排水距离，cm，双面排水时 H 为土层厚度的一半，单面排水时 H 为土层厚度。

（2）径向排水的平均固结度计算。巴伦（Barron）曾分别在自由应变和等应变两种条件下求得 $\overline{U}_r$ 的解答，但以等应变求解比较简单，其结果为

$$\overline{U}_r = 1 - e^{\frac{8}{F}T_h} \tag{8-16}$$

$$T_h = \frac{C_h \cdot t}{d_e^2} \tag{8-17}$$

式中 T_h——径向固结的时间因数，无量纲；

d_e——每一个砂井有效影响范围的直径；

F——与 n 有关的系数，可按下式计算：

$$F = \frac{n^2}{n^2 - 1} \ln(n) - \frac{3n^2 - 1}{4n^2} \qquad (8\text{-}18)$$

式中 n——井径比，$n = d_e / d_w$；

d_w——砂井直径。

实际工程中的砂井呈正方形或正三角形布置。正方形排列的每个砂井，其影响范围为一个正方形；正三角形排列的每个砂井，其影响范围则为一个正六边形，如图 8-9 所示。在实际进行固结计算时，由于多边形作为边界条件求解很困难，为简化计，巴伦建议每个砂井的影响范围由多边形改为由面积与多边形面积相等的圆（图 8-9）来求解。

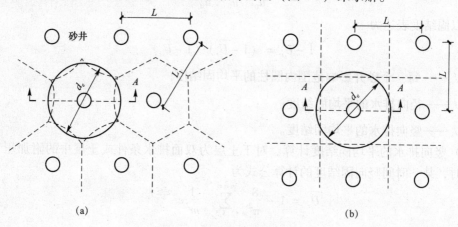

图 8-9 砂井有效影响区域

（a）正三角形排列；（b）正方形排列

当正方形排列时

$$d_e = \sqrt{\frac{4}{\pi}} \cdot L = 1.13L \qquad (8\text{-}19)$$

当正三角形排列时

$$d_e = \sqrt{\frac{2\sqrt{3}}{\pi}} \cdot L = 1.05L \qquad (8\text{-}20)$$

式中 d_e——每一个砂井有效影响范围的直径；

L——砂井间距。

（3）总固结度计算。将式（8-15）、式（8-16）代入式（8-12）后，得当 $\overline{U}_{rz} > 30\%$ 时的砂井平均固结度 $\overline{U}_{rz}$ 为

$$\overline{U}_{rz} = 1 - \alpha \cdot e^{-\beta t} \qquad (8\text{-}21)$$

$$\alpha = \frac{8}{\pi^2} \qquad (8\text{-}22)$$

$$\beta = \frac{8 \cdot C_h}{F \cdot d_e^2} + \frac{\pi^2 C_v}{4H^2} \qquad (8\text{-}23)$$

当砂井间距较密或软土层很厚或 $C_h \geqslant C_v$ 时，竖向平均固结度 $\overline{U}_z$ 的影响很小，常可忽略不计，可只考虑径向固结度计算作为砂井地基平均固结度。

随着砂井、袋装砂井及塑料排水带的广泛应用，人们逐渐意识到井阻和涂抹作用对固结效果的影响是不可忽视的。考虑井阻和涂抹作用时，式（8-16）中的 F 采用下式计算：

$$F = F_n + F_s + F_r \tag{8-24}$$

$$F_n = \ln n - \frac{3}{4}, \quad n \geqslant 15 \tag{8-25}$$

$$F_s = \left(\frac{k_h}{k_s} - 1\right) \ln s \tag{8-26}$$

$$F_r = \frac{\pi^2 L^2}{4} \cdot \frac{k_h}{q_w} \tag{8-27}$$

式中　k_h、k_s——地基土和砂井涂抹土层的渗透系数，cm/s；

　　　s——涂抹比，砂井涂抹后的直径 d_s 与砂井直径 d_w 之比；

　　　L——竖井深度，m；

　　　q_w——竖井纵向通水量，为单位水力梯度下单位时间的排水量，cm^3/s。

2. 逐渐加荷条件下地基固结度的计算

以上计算固结度的理论公式都是假设荷载是一次瞬间加足的。实际工程中，荷载总是分级逐渐施加的。因此，根据上述理论方法求出的固结时间关系或沉降时间关系都必须加以修正。修正的方法有改进的太沙基法和改进的高木俊介法。

（1）改进的太沙基法。对于分级加荷的情况，太沙基的修正方法是假定：

①每一级荷载增量 p_i 所引起的固结过程是单独进行的，与上一级荷载增量所引起的固结度完全无关；

②总固结度等于各级荷载增量作用下固结度的叠加；

③每一级荷载增量 p_i 在等速加荷经过时间 t 的固结度与在 $t/2$ 时瞬时加荷的固结度相同，也即计算固结的时间为 $t/2$；

④在加荷停止以后，在恒载作用期间的固结度，即时间 t 大于 T_i（此处 T_i 为 p_i 的加载期）时的固结度和 $T_i/2$ 时瞬时加荷 p_i 后经过时 $t - T_i/2$ 的固结度相同；

⑤所算得的固结度仅是对本级荷载而言，对总荷载还要按荷载的比例进行修正。

图 8-10 所示为二级等速加荷固结曲线。图中实线是按瞬时加荷条件用太沙基理论计算的地基固结过程（$U_t - t$）关系曲线；虚线表示二级等速加荷条件的修正固结过程曲线。

现以二级等速加荷为例，计算对于最终荷载 p 而言的平均固结度 $\overline{U}$，如图 8-11 所示，可由下列公式计算：

当 $t < T_1$ 时

$$\overline{U}'_t = \overline{U}_{rz\frac{t}{2}} \cdot \frac{p'}{p} \tag{8-28}$$

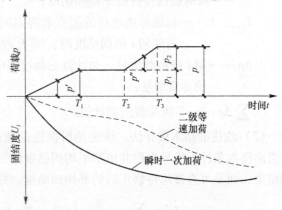

图8-10　二级等速与瞬时加荷的固结过程

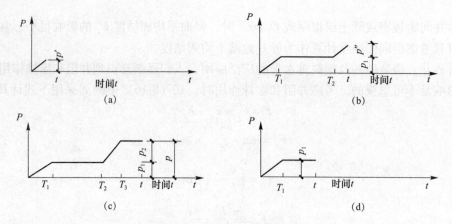

图 8-11　二级等速加荷过程

（a）第一级等速加荷；（b）第一级加荷结束后，保持恒载阶段；

（c）第二级等速加荷；（d）第二级加荷结束后，保持恒载阶段

当 $T_1 < t < T_2$ 时

$$\overline{U}'_t = \overline{U}_{rz\left(t-\frac{T_1}{2}\right)} \cdot \frac{p'}{p} \tag{8-29}$$

当 $T_1 < t < T_3$ 时

$$\overline{U}'_t = \overline{U}_{rz\left(t-\frac{T_1}{2}\right)} \cdot \frac{p'}{p} + \overline{U}_{rz\left(\frac{t-T_2}{2}\right)} \cdot \frac{p''}{p} \tag{8-30}$$

当 $t > T_3$ 时

$$\overline{U}'_t = \overline{U}_{rz\left(t-\frac{T_1}{2}\right)} \cdot \frac{p_1}{p} + \overline{U}_{rz\left(t-\frac{T_2+T_3}{2}\right)} \cdot \frac{p_2}{p} \tag{8-31}$$

对多级等速加荷，可依此类推，并归纳如下：

$$\overline{U}'_t = \sum_{i=1}^{n} \overline{U}_{rz\left(t-\frac{T_{i-1}+T_i}{2}\right)} \cdot \frac{\Delta p_i}{\sum \Delta p} \tag{8-32}$$

式中　$\overline{U}'_t$——多级等速加荷，t 时刻修正后的平均固结度；

　　　$\overline{U}_{rz}$——瞬时加荷条件的平均固结度；

　　　T_{i-1}、T_i——每级等速加荷的起点和终点时间（从时间 0 点起算），当计算某一级加
　　　　　　荷期间 t 的固结度时，则 T_i 改为 t；

　　　Δp_i——第 i 级荷载增量，如计算加荷过程中某一时刻 t 的固结度，则用该时刻相对应
　　　　　　的荷载增量；

　　　$\sum \Delta p$——各级荷载的累计值。

（2）改进的高木俊介法。该法是根据巴伦理论，考虑变速加荷使砂井地基在辐射向和
垂直向排水条件下推导出砂井地基平均固结度的，其特点是不需要求得瞬时加荷条件下地基
固结度，而是可直接求得修正后的平均固结度。修正后的平均固结度为

$$\overline{U}'_t = \sum_{i=1}^{n} \cdot \frac{q_i}{\sum \Delta p} \left[(T_i - T_{i-1}) - \frac{\alpha}{\beta} e^{-\beta t} (e^{\beta T_i} - e^{\beta T_{i-1}}) \right] \tag{8-33}$$

式中　$\overline{U}'_t$——t 时刻多级荷载等速加荷修正后平均固结度；

　　　$\sum \Delta p$——各级荷载的累计值；

　　　q_i——第 i 级荷载的平均加载速率，kPa/d；

　　　T_{i-1}、T_i——每级等速加荷的起点和终点时间（从时间 0 点起算），当计算某一级加荷期间 t 的固结度时，则 T_i 改为 t；

　　　α、β——计算参数。

8.3.4　堆载预压法设计

堆载预压法设计包括加压系统和排水系统的设计。加压系统主要指堆载预压计划以及堆载材料的选用；排水系统包括竖向排水体的材料选用，排水体长度、断面、平面布置的确定。

1. 加压系统的设计

堆载一般用填土、砂石等散粒材料；油罐通常利用罐体充水对地基进行预压。对堤坝等以稳定为控制的工程，则以其本身的重量有控制地分级逐渐加载，直至设计标高。由于软黏土地基抗剪强度低，无论直接建造建筑物还是进行堆载预压往往都不可能快速加载，而必须分级逐渐加荷，待前期荷载下地基强度增加到足以加下一级荷载时方可加下一级荷载。其计算步骤是，首先用简便的方法确定一个初步的加荷计划，然后校核这一加荷计划下地基的稳定性和沉降，具体计算步骤如下：

（1）利用地基的天然地基土抗剪强度计算第一级容许施加的荷载 p_1。天然地基承载力 f_0，一般可根据斯开普顿极限荷载的半经验公式作为初步估算，并保证第一级荷载 p_1 小于天然地基承载力 f_0。

（2）采用式（8-33）计算 p_1 荷载作用下经预定预压时间后达到的固结度 $\overline{U}_{u1}^1$。

（3）采用式（8-7）计算 p_1 荷载作用下经过一段时间预压后地基强度 C_{u1}。

（4）采用式（8-6）估算预压处理后地基强度 f_1 第二级荷载 p_2，保证其小于地基承载力 f_1。

（5）按以上步骤确定的加荷计划进行每一级荷载下地基的稳定性验算。如稳定性不满足要求，则调整加荷计划。

（6）计算预压荷载下地基的最终沉降量和预压期间的沉降，从而确定预压荷载卸除的时间，保证所剩留的沉降是建筑物所允许的。

2. 排水系统的设计

（1）竖向排水体材料选择。竖向排水体可采用普通砂井、袋装砂井和塑料排水带。若需要设置竖向排水体长度超过 20 m，建议采用普通砂井。

（2）竖向排水体深度设计。

①当软土层不厚、底部有透水层时，排水体应尽可能穿透软土层。

②当深厚的高压缩性土层间有砂层或砂透镜体时，排水体应尽可能打至砂层或砂透镜体；而采用真空预压时应尽量避免排水体与砂层相连接，以免影响真空效果。

③对于无砂层的深厚地基，则可根据其稳定性及建筑物在地基中造成的附加应力与自重应力之比值确定（一般为 0.1 ~ 0.2）。

④按稳定性控制的工程，如路堤、土坝、岸坡、堆料等，排水体深度应通过稳定分析确定，排水体长度应大于最危险滑动面的深度。

⑤按沉降控制的工程，排水体长度可从压载后的沉降量满足上部建筑物容许的沉降量来确定。竖向排水体长度一般为 10~25 m。

（3）竖向排水体平面布置设计。

普通砂井直径一般为 200~500 mm。

袋装砂井直径一般为 70~100 mm。

塑料排水带常用当量直径表示，塑料排水带宽度为 b，厚度为 δ，则换算直径可按下式计算：

$$d_p = \frac{2(b+\delta)}{\pi} \tag{8-34}$$

式中　d_p——塑料排水带当量换算直径，mm；

b——塑料排水带宽度，mm；

δ——塑料排水带厚度，mm。

竖向排水体直径和间距主要取决于土的固结性质和施工期限的要求。排水体截面大小只要能及时排水固结就行，由于软土的渗透性比砂性尘土较小，所以排水体的理论直径可很小。但直径过小，施工困难；直径过大，对增加固结速率不显著。从原则上讲，为达到同样的固结度，缩短排水体间距比增加排水体直径效果要好，即井距和井间距关系是"细而密"比"粗而稀"为佳。

排水竖井的间距可根据地基土的固结特性和预定时间内所要求达到的固结度确定。设计时，竖井的间距可按井径比 n 选用（$n = d_e/d_w$，d_w 为竖井直径，对塑料排水带可取 $d_w = d_p$）。塑料排水带或袋装砂井的间距可按 $n = 15~22$ 选用，普通砂井的间距可按 $n = 6~8$ 选用。

竖向排水体的布置范围一般比建筑物基础范围稍大为好。扩大的范围可由基础的轮廓线向外增大 2~4 m。

（4）砂料设计。制作砂井的砂宜用中粗砂，砂的粒径必须能保证砂井具有良好的透水性。砂井粒度应不被黏土颗粒堵塞。砂应是洁净的，不应有草根等杂物，其黏粒含量不应大于 3%。

（5）地表排水砂垫层设计。为了使砂井排水有良好的通道，砂井顶部必须铺设砂垫层，以连通各砂井将水排到工程场地以外。砂垫层采用中粗砂，含泥量应小于 3%。

砂垫层应形成一个连续的、有一定厚度的排水层，以免地基沉降时被切断而使排水通道堵塞。陆上施工时，砂垫层厚度不应小于 500 cm；水下施工时，一般为 1 m。砂垫层的宽度应大于堆载宽度或建筑物的底宽，并伸出砂井区外边线 2 倍砂井直径。在砂料贫乏地区，可采用连通砂井的纵横砂沟代替整片砂垫层。

3. 应用实测沉降-时间曲线推测最终沉降量

在预压期间，应及时整理竖向变形与时间、孔隙水压力与时间等关系曲线，并推算地基的最终竖向变形、不同时间的固结度，以分析地基处理效果，并为确定卸载时间提供依据。工程上往往利用实测变形与时间关系曲线推算最终竖向变形量 s_f 和参数 β 值。

各种排水条件下土层平均固结度的理论解，可归纳为下面一个普遍的表达式：

$$\overline{U} = 1 - \alpha \cdot e^{-\beta t} \tag{8-35}$$

而根据固结度的定义

$$\overline{U} = \frac{s_{ct}}{s_c} = \frac{s_t - s_d}{s_\infty - s_d} \tag{8-36}$$

解式（8-35）、式（8-36）得

$$s_t = (s_\infty - s_d)(1 - \alpha \cdot e^{-\beta t}) + s_d \tag{8-37}$$

从实测的沉降-时间（s-t）曲线上选取任意三点（s_1，t_1）、（s_2，t_2）、（s_3，t_3）并使 $t_2 - t_1 = t_3 - t_2$，则

$$s_1 = s_\infty(1 - \alpha \cdot e^{-\beta t_1}) + s_d \cdot \alpha \cdot e^{-\beta t_1} \tag{8-38a}$$

$$s_2 = s_\infty(1 - \alpha \cdot e^{-\beta t_2}) + s_d \cdot \alpha \cdot e^{-\beta t_2} \tag{8-38b}$$

$$s_3 = s_\infty(1 - \alpha \cdot e^{-\beta t_3}) + s_d \cdot \alpha \cdot e^{-\beta t_3} \tag{8-38c}$$

由式（8-38a）、式（8-38b）、式（8-38c）解得：

$$e^{\beta(t_2 - t_1)} = \frac{s_2 - s_1}{s_3 - s_2} \tag{8-39}$$

所以

$$\beta = \frac{\ln \dfrac{s_2 - s_1}{s_3 - s_2}}{t_2 - t_1} \tag{8-40}$$

$$s_\infty = \frac{s_3(s_2 - s_1) - s_2(s_3 - s_2)}{(s_2 - s_1) - (s_3 - s_2)} \tag{8-41}$$

$$s_d = \frac{s_t - s_\infty(1 - \alpha \cdot e^{-\beta t})}{\alpha \cdot e^{-\beta t}} \tag{8-42}$$

为了使推算的结果精确些，（s_3，t_3）点应尽可能取在 s-t 曲线的末端，以使 $t_2 - t_1$ 和 $t_3 - t_2$ 尽可能大些。

应予注意，上述各个时间是按修正的 0′ 点算起，对于两级等速加荷的情况，如图 8-12 所示。

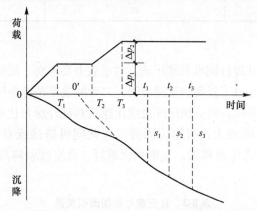

图 8-12　两级等速加荷情况的沉降与时间曲线以及修正零点

0′ 点按下式确定：

$$00' = \frac{\Delta p_1\left(\dfrac{T_1}{2}\right) + \Delta p_2\left(\dfrac{T_2 + T_3}{2}\right)}{\Delta p_1 + \Delta p_2} \tag{8-43}$$

8.3.5 真空预压法设计

真空预压法的设计内容主要包括：密封膜内的真空度、加固土层要求达到的平均固结度、竖向排水体的尺寸、加固后的沉降和工艺设计等。

1. 膜内真空度

真空预压效果与密封膜内所能达到的真空度大小关系极大。膜内真空度应稳定维持在 650 mmHg 以上，且应分布均匀。

2. 平均固结度

竖井深度范围内土层的平均固结度应大于 90%。

3. 竖向排水体

一般采用袋装砂井或塑料排水带。真空预压处理地基时，必须设置竖向排水体，砂井（袋装砂井和塑料排水带）能将真空度从砂垫层中传至土体，并将土体中的水抽至砂垫层然后排出。若不设置砂井就起不到上述作用和加固目的。竖向排水体的规格、排列方式、间距和深度的确定与堆载预压法相同。

抽真空的时间与土质条件和竖向排水体的间距密切相关。达到相同的固结度，间距越小，则所需的时间越短。袋装砂井间距与所需时间关系见表 8-2。

表 8-2　袋装砂井间距与所需时间关系

袋装砂井间距/m	固结度/%	所需时间/d
1.3	80	40 ~ 50
	90	60 ~ 70
1.5	80	60 ~ 70
	90	85 ~ 100
1.8	80	90 ~ 105
	90	120 ~ 130

4. 检测项目设计

真空预压法的现场测试设计同堆载预压法。对承载力要求高、沉降限制严的建筑，可采用真空、堆载联合预压法。通过工程实践量测证明，二者的效果是可叠加的。真空预压的面积不得小于基础外缘所包围的面积，真空预压区边缘比建筑基础外缘每边增加量不得小于 3 m；另外，每块预压的面积应尽可能大，根据加固要求彼此间可搭接或有一定间距。加固面积越大，加固面积与周边长度之比也越大，气密性就越好，真空度就越高。真空度与加固面积关系见表 8-3。

表 8-3　真空度与加固面积关系

加固面积 F/m²	264	900	1 250	2 500	3 000	4 000	10 000	20 000
周边长度 S/m	70	120	143	205	230	260	500	900
F/S	3.77	7.5	8.74	12.2	13.04	15.38	20	22.2
真空度/mmHg	515	530	600	610	630	650	680	730

注：1 mmHg = 133.322 Pa。

真空预压法的关键在于要有良好的气密性，使预压与大气隔绝。当在加固区发现透气层和透水层时，一般可在塑料薄膜周边采用另加水泥土搅拌桩的壁式密封措施。

8.4　施工方法

8.4.1　排水系统

1. 普通砂井施工

（1）砂井材料：砂井的材料应采用中粗砂，不得含有杂物；砂粒级配应满足 $4d_{15}$（土）$\leqslant d_{15}$（砂）$\leqslant 4d_{85}$（土），保证有反滤作用。

（2）施工顺序：遵循先中间后周边的原则。

（3）施工工艺：砂井成孔方法有套管法、射水法和螺旋钻成孔法。

①套管法。套管法是将带有活瓣桩尖或套有混凝土端靴的套管沉入到土层预定深度后，再灌砂、拔管成砂井。根据沉管工艺不同分为静压沉管法，锤击沉管法，锤击、静压联合沉管法和振动沉管法。施工要点：沉管到设计深度→灌水至充满→灌砂至充满→拔管。

②射水法。射水法是利用射水管的高速水流的冲击或环形切刀的机械切削作用，破坏土体，形成具有一定直径和深度的砂井孔，然后灌砂形成砂井。主要机具设备：高压水泵、冲管、卷扬机。

③螺旋钻成孔法。以动力螺旋钻钻孔，属于干钻法施工，提钻后孔内灌砂成形。适用于陆上工程，砂井长度在 10 m 以内，土质较好，不会出现缩颈和塌孔现象的土层。

（4）质量要求。

①保证砂井连续和密实，不缩颈；

②减少对周围土体的扰动；

③砂井长度、直径、间距满足设计要求；

④砂井水平位置的允许偏差为该井直径，垂直度的允许偏差为 1.5%。

2. 袋装砂井施工

（1）砂袋材料要求：①良好透水性；②足够的抗拉强度；③一定的抗老化性能；④抗腐蚀性能。

（2）施工机具：袋装砂井成孔方法有锤击打入法、射水法、静力压入法、钻孔法和振动沉管法。目前国内常用的是振动沉管法。

（3）施工工艺。

①施工顺序：放线测量→机具定位→设置桩尖→沉管成孔→投送砂袋→拔管成井。

②施工方法：灌砂（先投后灌法、先灌后投法）；沉管；吊送砂袋与拔管成桩。

（4）注意事项：套管直径的选用应根据砂井直径而定，不可太大，也不宜太小。在套管上划出控制标高的刻划线。一般采用活瓣式桩尖固定在套管下端部。套管打入前将活瓣桩尖与套管口封闭，用振动或静压法将套管压入设计深度。要确保定位正确、套管垂直、深度符合设计要求。下砂袋时必须将整个砂袋吊起，从端部放入套管口，徐徐下放，防止砂袋扭结、断裂和磨损。拔管时应先启动激振器，后提升套管，要连续缓慢地进行，中途不得放松吊绳，防止因套管下坠损坏砂袋，若套管起拔时砂袋随套管上吊，可将套管下放至原位，在套管内加放少量水，帮助打开桩尖活瓣。当带出长度大于 0.5 m 时应重新补打。套管拔出后，砂袋应露出孔口不小于 30 cm，并将其埋入砂垫层中。

3. 塑料带排水法施工

塑料带排水法是将带状塑料排水带用插带机插入软土中作为竖向排水体，通过改善排水条件，促使地基软土在荷载作用下排水固结。

（1）施工机具要求：①具有较低的接地压力和较高的稳定性；②插带速度快，对地基扰动小；③移位迅速，对位容易。

（2）导管靴和桩尖。导管靴有圆形和矩形两种类型。因导管靴不同而选择不同的桩尖。桩尖的作用是防止淤泥等进入管内，防止提管时将塑料排水带带出（回带）及锚定塑料带。

（3）施工工艺：整平地面→摊铺下层砂垫→机具就位→塑料排水板穿靴→插入套管→拔出套管→割板→机具移位→摊铺上层砂垫层→堆载预压→卸载回填。

8.4.2 预压荷载

预压荷载适用于地基为淤泥质土、冲填土等饱和性黏土的预压加固。其具有工艺简单，工后沉降控制效果好等优点。施工采用大型机械设备，按照设计宽度、高度分层进行填筑、压实，并保证预压体顶面具有良好的横向排水坡度。加载施工过程中，应按照设计及规范要求进行沉降观测，同时根据观测数据调整加载速率。堆载预压施工工艺流程如图 8-13 所示。

1. 施工准备

（1）预压土。堆载预压的土方选用附近取土场和路堑挖方弃土，预压填料不得使用淤泥土或垃圾土。

（2）土工膜。土工膜采用 100 g/㎡ 规格，各项指标经试验检查合格后方可使用。

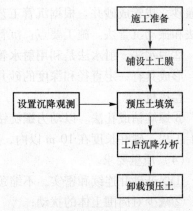

图 8-13　堆载预压施工工艺流程图

2. 铺设土工膜

铺设土工膜的目的是利于预压均匀、土方卸除，防止污染路基。

（1）准备一定数量的编织袋，并装好 1/3 袋的砂，以用来压土工膜。

（2）填筑预压土前，在预压范围内铺设土工膜，每隔 3~5 m 设置砂袋压住，防止风吹动土工膜，土工膜铺设搭接长度不少于 0.3 m，横向预留包裹预压体部分。

（3）第一层预压土采用小型机具摊铺压实，防止破坏土工膜。

3. 预压土填筑

（1）预压土填筑的填筑断面应根据设计要求进行填筑。

（2）填料摊铺时先用推土机初平，然后人工配合平地机精平，保证每一填层的平整度，摊平过程中用铁锹检查松铺厚度。

（3）堆载预压荷载分级逐渐加载，确保每级荷载下地基的稳定性。填筑完成后采用压路机压实，行与行之间轮迹重叠 0.4 m，相邻两区段纵向重叠 2 m，以保证无漏压、无死角，确保碾压的均匀性，压实系数不小于 0.89。

（4）待预压荷载填筑完成后，将土工膜回折于预压土顶面，每侧宽度不小于 3 m，并用土压好，防止预压土流失污染坡面。

（5）堆载预压施工允许偏差见表8-4。

表8-4　堆载预压施工允许偏差

项目	允许偏差
宽度	±50 mm
范围	±100 mm
边坡坡率	±0.5% 设计值

4. 沉降观测桩设置

（1）在预压土填筑过程中，应加强路基变形与沉降观测，确保路基填筑过程中的稳定。

（2）每个观测断面，在路肩两侧各设置一处观测桩，观测桩露出地表；路基两侧坡脚外 1 m 各埋设水平位移观测桩一处，其埋设应牢固、可靠。当变形过大时，应暂停加载，待变形稳定后，再继续加载。

（3）在堆载预压过程中，应及时接长观测点。

5. 易出现的质量问题

（1）防排水设施不全，排水不畅，预压土易被雨水浸泡。

（2）观测不及时，数据不准确。

6. 保证措施

（1）在填筑预压土之前，在基床底层顶面铺设土工膜隔离路基，防止预压土污染路基，预压土顶面必须反包，确保路基边坡不被污染。

（2）施工过程中，做好临时防排水设施，防止雨水浸泡预压土，顶部设置2%排水坡。

（3）做好工后沉降桩的保护，确保路基施工后沉降观测的及时和数据准确，为预压土卸载提供合理的依据。

（4）充分保证预压时间，在沉降观测数据合格，通过沉降观测结果评估后，方可卸载。

（5）安全措施。

①主要安全风险分析。

a. 机械操作不规范，机械故障未排除就进行作业，易发生危险事故。

b. 填料至边缘作业时，易发生机械下滑或翻倒等事故。

②安全保障措施。

a. 现场设置专职安全员一名，负责施工时的安全管理工作。

b. 加强安全教育，提高安全意识，开工前进行安全教育和安全培训，堆载预压之前，技术部门做好各项安全技术交底工作。

c. 施工过程中，设专职安全员指挥预压土压实机械及预压土运输车辆，在填筑和压实边坡时，防止机械伤人和侧翻。

d. 施工用电及照明设施由专业电工负责管理，其他人员不得擅自操作。

e. 施工现场设安全标志，危险作业区悬挂"危险""禁止通行"等标语，夜间应挂警示灯。

（6）环保措施。

①严格执行业主和国家环境保护部门的规定，采取有效措施，预防和消除由施工造成的环境污染。

②施工道路和料场保持清洁，杜绝漏洒材料。

③合理安排施工时间，降低施工噪声。

④所有施工材料、机具摆放整齐，不得乱扔乱放，保持场地整洁。

⑤施工废弃物、生活垃圾、废水等集中处理。

⑥做好复耕临时用地，维修地方道路，整平施工场地。

8.5 现场观测及堆载速率控制

8.5.1 现场观测

排水固结法的施工观测是保障安全施工和有效加固地基的重要手段，施工当中常进行的观测和检测项目主要包括孔隙水压力观测、沉降观测、水平位移观测、真空度观测、地基土物理力学指标检测。

1. 孔隙水压力观测

孔隙水压力现场观测时，可根据测点孔隙水压力-时间变化曲线，反算土的固结系数，推算该点不同时间的固结度，从而推算强度增长，并确定下一级施加荷载的大小，根据孔隙水压力和荷载的关系曲线可判断该点是否达到屈服状态，因而可用来控制加荷速率，避免加荷过快而造成地基破坏。现场观测孔隙水压力的仪器，目前常用钢弦式孔隙水压力计和双管式孔隙水压力计。

2. 沉降观测

沉降观测内容包括荷载作用范围内地基的总沉降，荷载外地面沉降或隆起，分层沉降以及沉降速率等。

堆载预压工程的地面沉降标，应沿场地对称轴线上设置，场地中心、坡顶、坡脚和场外10 m 范围内均需设置地面沉降标，以掌握整个场地的沉降情况和场地周围地面隆起情况。

真空预压工程地面沉降标应在场内有规律地设置，各沉降标之间距离一般为 20～30 m，边界内外适当加密。

3. 水平位移观测

水平位移观测包括边桩水平位移和沿深度的水平位移两部分。它是控制堆载预压加荷速率的重要手段之一。

地表水平位移标一般由木桩或混凝土桩制成，布置在堆载的坡脚，并根据荷载情况，在堆载作用面外再布置 2～3 排观测点。它是控制堆载预压加荷速率和监视地基稳定性的重要手段之一。一般情况下，水平位移值应控制在 4 mm/d。

4. 真空度观测

真空度观测包括真空管内真空度、膜下真空度和真空装置的工作状态三方面内容。

5. 地基土物理力学指标检测

地基土物理力学指标检测项目见表8-5。

表 8-5　地基土物理力学指标检测项目

观测内容	观测目的	观测次数	备注
沉降	推算固结程度，控制加荷速率	①4 次/d ②2 次/d ④4 次/d	①加荷期间，加荷后一星期内观测次数；
坡趾侧向位移	控制加荷速率	②1 次/d ③1 次/d	②加荷停止后第二个星期至一个月内观测次数；
孔隙水压	测定孔隙水增压和消散情况	①8 次/d ②2 次/d ③1 次/d	③加荷停止一个月后观测次数； ④若软土层很厚，产生次固结情况
地下水位	了解水位变化，计算孔隙水压	1 次/d	

其中，在施工过程中的检验主要有如下几点：

（1）塑料排水带现场随机抽样送往实验室进行性能指标的测试，如纵向通水量、复合体抗拉强度、滤膜抗拉强度、滤膜渗透系数等。

（2）对不同来源砂井和砂垫层砂料，取样进行颗粒分析和渗透性试验。

（3）对于以抗滑稳定性控制的重要工程，在堆载不同阶段进行原位十字板剪切试验和取土进行室内土工试验，验算下一级荷载地基的抗滑稳定性。

（4）对预压工程，应进行地基竖向变形、侧向位移和孔隙水压力等监测。

（5）真空预压工程除应进行地基变形、孔隙水压力的监测外，尚应进行膜下真空度和地下水位的量测。

8.5.2　加荷速率控制

1. 地基破坏前的变形特征

在堆载情况下，地基破坏前具有如下特征：

（1）堆载顶部和斜面出现微小裂缝；

（2）堆载中部附近的沉降量急剧增加；

（3）堆载坡趾附近的水平位移向堆载外侧急剧增加；

（4）堆载坡趾附近地面隆起；

（5）停止堆载后，堆载坡趾的水平位移和坡趾附近地面的隆起继续增大，地基内孔隙水压力也继续上升。

2. 控制加荷速率的方法

加荷速率可通过理论计算，但在一般情况下，可以在土中埋设仪器，通过现场测试控制加荷速率。如果埋设仪器有困难，也可根据某些经验值加以判别，具体方法如下。

（1）现场测试。

①根据沉降和侧向位移判别。

②根据侧向位移速率判别。

③根据侧向位移系数判别。

④根据土中孔隙水压力判别。

（2）根据经验值判别。根据工程经验，加荷期间如出现下述三项，地基有可能破坏：

①在堆载中心点处，埋设地面沉降观测点的地面沉降量每天超过 10 mm。

②堆载坡趾侧向位移（在坡趾埋设测斜管或打入边桩）每天超过 4 mm。

③孔隙水压力超过预压荷载所产生应力的 50% ~ 60%。

（3）卸荷标准。预压到某一程度后可卸载，卸载标准为：

①地面总沉降量大于预压荷载下最终计算沉降量的 80%；

②地基总固结度大于 80%；

③地面沉降速率小于 0.5 ~ 1.0 mm/d，沉降变化曲线趋于平缓。

8.6 工程应用实例

8.6.1 工程概况

某造陆工程，原始地貌属滨海地带，浅海域水深 1 ~ 3 m。规划为现代物流产业滨海区，按使用功能分为汽车贸易城、物流园区和码头功能区三部分。首先人工围堰形成塘，如图 8-14 所示，后在 6.5 ~ 12 m 厚的原状淤泥之上吹填一层厚度为 4 ~ 6 m 的淤泥。吹填工程自 2005 年 11 月开始，至 2007 年 3 月结束，吹填后塘内淤泥呈泥浆状态，经 6 个月的晾晒，铺设一层约 1 m 厚的中粗砂作为工作垫层，采用堆载预压法与堆载、真空联合预压法进行加固处理。软黏土地基处理分区情况如图 8-14 所示。

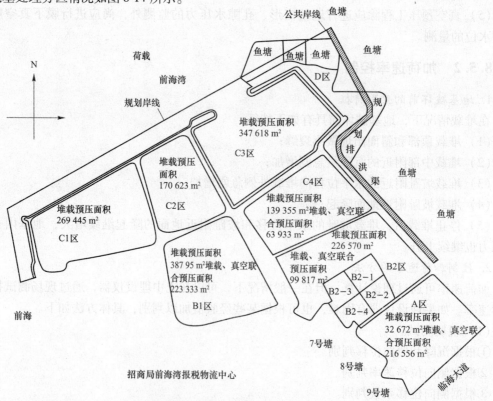

图 8-14 软黏土地基处理分区平面图

场区土层自上而下依次为人工填砂、吹填淤泥、第四纪全新世海相沉积淤泥层、粉质黏土层等。吹填淤泥及海相沉积淤泥软黏土地基在处理前的物理力学性质指标见表 8-6 ~ 表 8-8。

表 8-6　真空度与加固面积关系（一）

土层	项目 指标	e	w_0 /%	ρ /cm^{-3}	ρ_d /cm^{-3}	w_L /%	w_P /%	I_L	I_P
吹填淤泥	范围值	1.871 ~ 3.907	80.1 ~ 147.2	1.34 ~ 1.58	0.54 ~ 0.93	36.5 ~ 56.0	21.4 ~ 33.0	2.62 ~ 7.25	15.1 ~ 23.0
	算数均值	2.976	108.9	1.43	0.69	46.7	27.6	4.42	19.1
	统计件数	167	167	166	166	121	121	121	121
海相沉积淤泥	范围值	1.836 ~ 2.543	69.4 ~ 93.6	1.48 ~ 1.61	0.76 ~ 0.95	43.8 ~ 58.8	25.8 ~ 34.8	1.70 ~ 3.62	19.7 ~ 24.1
	算数均值	2.190	81.5	1.53	0.85	52.5	30.8	2.29	21.4
	统计件数	338	339	366	337	336	336	319	336

表 8-7　真空度与加固面积关系（二）

土层	项目 指标	颗粒组成/%					C_v/ $(10^{-4}$cm$^2 \cdot$s$^{-1})$		k/ $(10^{-8}$cm$^2 \cdot$s$^{-1})$	
		2.00 ~ 0.075	0.075 ~ 0.05	0.05 ~ 0.005	<0.005	<0.02	100 kPa	200 kPa	100 kPa	200 kPa
吹填淤泥	范围值	1.20 ~ 27.30	0.70 ~ 8.50	22.1 ~ 44.50	39 ~ 64.90	25.1 ~ 37.40	3.00 ~ 4.00	3.60 ~ 5.10	1.90 ~ 3.70	1.00 ~ 5.50
	算数均值	11.40	4.70	32.30	51.60	32.3	3.30	4.50	2.90	2.80
海相沉积淤泥	范围值	0.50 ~ 4.60	0.80 ~ 6.80	35.4 ~ 43.4	48.0 ~ 63.30	33.80 ~ 43.80	3.50 ~ 8.50	3.90 ~ 9.80	—	—
	算数均值	1.90	3.40	39.80	54.80	38.00	5.30	6.20	—	—

表 8-8　真空度与加固面积关系（三）

区域	分区	总沉降量/mm		
		最大值	最小值	平均值
码头功能区	西侧区（C1 区）	3.432	3.006	3.175
	中侧区（C2 区）	4.792	4.753	4.768
	东侧区（C3 区）	4.818	3.805	4.362
汽车贸易城	后侧区（A 区）	4.174	3.844	3.971
	中侧区（B2 区）	4.586	4.107	4.266
	前侧区（C4 区）	4.133	3.160	3.778
物流园区	物流区（B1 区）	4.815	3.229	4.191

8.6.2 设计计算

1. 沉降计算

地基沉降主要为吹填淤泥与海相沉积淤泥层的沉降量，计算其固结沉降量，累加得到地基总固结沉降，计算结果见表 8-6。由表 8-6 可知，各区域海相沉积淤泥层沉降平均值为 1.544 ~ 2.447 m，吹填淤泥层沉降平均值为 0.710 ~ 2.639 m，总沉降平均值为 3.157 ~ 4.768 m。

2. 固结速率计算

本工程采用排水固结法加固吹填淤泥和海相沉积淤泥，在分级加荷条件下，计算地基在 t 时刻的平均总固结度。经计算，较弱地基经施打塑料排水带后，上部预压荷载必须分级加载，根据海相沉积淤泥和吹填淤泥层厚度不同，一般分为三级或四级加载（不包含砂垫层），待加载完毕后，经 6 ~ 8 个月稳压期，土体固结度可达 92% 以上，满足设计要求及标准，可卸载进入下一道工序施工。

8.6.3 施工工艺

本工程采用堆载预压法与堆载、真空联合预压法，主要施工工艺流程如下：

(1) 吹填淤泥落淤晾晒后，铺设一层厚度不小于 1 m 的中粗砂垫层作为工作垫层与排水砂垫层。

(2) 施打塑料排水带，打设深度为 10.5 ~ 16.5 m，打穿天然淤泥层，排水带板头进入黏土或粉质黏土层不少于 1.0 m，塑料排水带水平间距为 1.0 m，呈三角形布置。

(3) 铺设直径为 76 mm 的硬质塑料真空滤管，管壁钻有小孔，管壁包裹一层土工布作为隔土层，埋设于排水砂垫层中。

(4) 采用黏土制作压膜沟，压膜沟开挖后铺设密封膜并用素黏土回填。

(5) 依据设计要求和加固分区，结合现场地形地质条件，采用双搅拌头深层搅拌机打设双排黏土密封墙。

(6) 按照 1 000 ~ 1 500 m²/台布置射流式真空泵。

(7) 真空预压施工区各项工作就绪后，开始试抽真空，在加固区覆水，以保证膜的密封；当膜下真空度稳定在 80 kPa 后，抽真空 10 d 左右，铺设一层无纺布和一层 50 cm 厚的中粗砂垫层作为保护层，然后进行分级堆载填料。

(8) 在满足真空度要求的前提下进行连续抽气，当沉降稳定且满足卸载标准后停泵卸载。

8.6.4 施工监测与检验

施工加固效果监测主要包括地表沉降、分层沉降、孔隙水压力、真空度、水位等内容；加固效果检验主要包括加固前后的现场十字板剪切试验与原状土室内试验。整个场区共布置了 717 个地表沉降观测、64 组分层沉降标，埋设了 73 组孔隙水压力计、9 组真空测头与 73 支水位计。在加固前的勘探孔附近，淤泥层中每间隔 1 m 进行现场十字板剪切试验，测试原状土与重塑土的抗剪强度，评价吹填淤泥与海相沉积淤泥强度的变化情况，检验其加固效果。同时，在加固前的勘探孔位附近进行钻孔取样，吹填淤泥层为连续取样，海相沉积淤泥取样间隔 1.50 m，对土样进行室内试验测定物理力学性质指标，评价不同加固层土体加固前后土性指标的变化、吹填淤泥与海相沉积淤泥的强度及压缩性的改善程度。

吹填淤泥与海相沉积淤泥经排水固结预压法处理后，平均含水率比处理前分别减小了49.3%、25.9%；平均孔隙比比处理前分别减小了1.316、0.718；十字板抗剪强度比处理前分别提高了27倍和6倍；平均压缩系数比处理前分别减小了57.1%、36.5%，淤泥物理力学性质得到极大改善，软黏土地基处理效果显著。

习 题

【8-1】 排水固结法适用于处理何种地基土？

【8-2】 排水固结法是如何提高地基土的强度和减小地基的沉降的？

【8-3】 简述堆载预压设计计算的步骤。

【8-4】 简述砂井排水固结的设计计算步骤。

【8-5】 简述堆载预压法、真空预压法及堆载、真空联合预压法的施工方法。

（如地基土承载能力接近或稍大于上覆压力，其附加含水量小于或略大于最优含水量时）。对计算结果影响较小。以上分析表明：与其改变含水量，不如改善地基压缩性能，特别是对于较软的土层，其影响更为显著。尤其是当砂井间距较大时，各附加应力分布较均匀，其效果更佳。

[8-1] 土体固结沉降计算及工程应用实例。

[8-2] 固结系数为影响分层总和法计算精度的重要参数。

[8-3] 固结过程中时间因子与固结度。

[8-4] 最大孔隙水压力值与计算方法。

[8-5] 排水固结法。

第9章

挤密桩法

9.1 土桩、灰土桩挤密法

9.1.1 概述

土桩挤密法由苏联阿别列夫教授于 1934 年首创，我国自 20 世纪 50 年代中后期开始工程应用和推广。1965 年，西安在土桩挤密法的基础上，提出了具有中国特色的灰土桩挤密法，并自 1972 年起逐步推广应用。40 多年来，甘、陕、豫及华北等黄土地区先后开展了土桩和灰土桩挤密地基的试验研究和推广应用，获得了丰富的试验资料和实践经验，同时也取得了显著的技术经济效益和社会效益。

随着工程机械化水平的发展和经验的积累与探索，为满足各地区工程建设的需要，桩孔填料不仅采用素土或灰土，也有利用工业废料做成二灰桩（石灰与粉煤灰）、灰渣桩（石灰与矿渣），以及水泥土桩或水泥灰土桩（灰土中掺入少量水泥）等。灰土桩挤密法已成功用于 60 m 以上高层建筑黄土地基的处理，处理后复合地基承载力特征值超过 400 kPa，其应用范围逐步拓展。

土桩、灰土桩等挤密法适用于处理非饱和欠压密的湿陷性黄土、杂填土和素填土等地基。当以消除地基土的湿陷性为主要目的时，宜选用土桩挤密法；当以提高地基的承载力及增强其水稳定性为主要目的时，宜选用灰土桩挤密法（或二灰、灰渣及水泥土桩等）；若天然地基土的饱和度大于 65%，则不宜选用挤密法处理。

9.1.2 加固原理

湿陷性黄土属于非饱和的欠压密土，孔隙比较大而干密度小为其主要特征，同时也是其产生浸水湿陷性的根本原因。试验研究和工程实践证明，当使黄土的干密度及其压实系数（挤密系数）达到某一标准时，即可消除其湿陷性，土桩、灰土桩挤密法正是利用这一原理，通过原位深层挤压成孔，使桩间土得到加密，并与分层夯实不同填料的桩体构成非湿陷性的承载力较高的人工复合地基。由于桩体材料性质的不同，素土桩与灰土桩（包括其他具有一定胶凝强度材料的桩）在挤密桩复合地基中的作用机理也不尽相同。

当土的含水量接近其最佳含水量时，挤密效果最显著；当土的含水量偏小时，土呈坚硬或半固体状态，土体强度增大，不容易被挤压密实，且挤密有效半径明显减小，并给沉管、拔管和冲击成孔等施工造成困难；当土的含水量过高或饱和度过大时，由于挤密引起超孔隙水压力的影响，土体只能向外围移动而难以挤密，同时孔壁附近的土因扰动而强度降低，故很容易产生桩孔缩径和回淤等情况，如图 9-1 所示。由此可见，含水量对挤密效果影响很大。土的原始干密度对挤密范围及效果也有显著的影响，原始干密度小时，挤密有效范围小，效果也差。原始干密度是设计桩间距的基本依据。综上所述，可概括为：成孔挤密效果在于土的含水量，桩距大小取决于土的干密度。

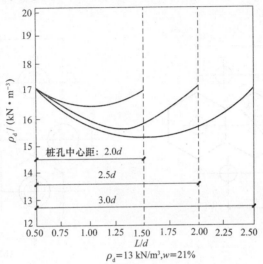

图 9-1　同一场地不同桩距挤密效果

9.1.3　设计计算

挤密桩法处理地基的设计内容包括桩型选择、桩距计算、处理范围设计、承载力确定、变形计算和垫层设计等方面。

1. 基本要求

土桩、灰土桩挤密地基设计时，应依据下列资料和条件进行。

（1）搜集掌握场地的岩土工程勘察资料。对湿陷性黄土地基，应查明土层的深度和地基土的含水量、饱和度与干密度等指标；对人工填土地基，应查明其分布范围、深度、杂质成分以及填土的均匀性、湿陷性和承载力等。

（2）根据建筑物的分类、上部结构及基础设计资料等，明确地基处理的主要目的和要求。

（3）了解建筑物场地以及周边环境和相邻建筑物的情况等。

挤密桩的桩孔填料、桩体直径及桩位布列需符合下列要求。

（1）桩孔填料应根据地基处理的目的和工程要求，采用素土、灰土、二灰（粉煤灰与石灰）或水泥土等，不应选用透水性较强的粗粒材料。

（2）挤密桩的桩体直径宜为 300～600 mm。这一方面是考虑常用施工机具条件，另一方面考虑到若桩径过小，桩的数量增多，施工烦琐费时；若桩径过大，不仅处理地基均匀性较差，同时容易使桩周上层土因挤压上涌而变松，或使桩边土因过分挤压产生超孔隙水压力而形成"橡皮土"。

（3）桩孔布置宜按等边三角形排列，三角形的边长为桩的间距，三角形的高为桩的排距。按等边三角形布桩，可使桩间土挤密效果及处理地基比较均匀。若基础平面范围有限，也可采用等腰三角形布桩。基础下桩孔排数不宜少于 3。

任一三角形布桩的示意如图 9-2 所示，图（a）为直接挤密成孔，桩径为 d，桩距为 s，排距为 h，桩距与桩径之比即桩距系数 $\alpha = s/d$，排距与桩距之比即排距系数 $n = h/s$，当为等边（正）三角形时，$n = 0.866$；图（b）为预钻孔重锤开扩挤密成桩，钻孔直径为 d，其余符号含义均相同。

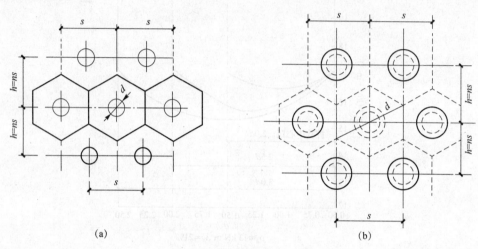

图 9-2 三角形布桩示意图

（a）直接挤密成孔；（b）钻孔夯扩成桩

从图 9-2 可以看出，单根桩的处理面积均为六边形所包络的范围，当为正三角形布桩时即为正六边形。若将图中相邻四根桩中心连接成一个四边形，其间夹角为 360°，即其中亦包含一根桩所处理的面积，由此可计算出单桩的处理面积 A_e、等效圆直径 d_e 及复合地基中桩体的面积置换率（简称置换率）m

$$A_e = sh = ns^2 = n\ (\alpha d)^2 \tag{9-1}$$

$$d_e = 1.129\sqrt{ns} = 1.129\sqrt{n}\alpha d \tag{9-2}$$

$$m = \frac{\pi d^2/4}{n\ (\alpha d)^2} \tag{9-3}$$

当为正三角形布桩时，$n = 0.866$，则

$$m = \frac{0.907}{\alpha^2} \tag{9-4}$$

显然，置换率 m 与桩径的大小无直接关系，而与桩距系数 α 的平方成反比。置换率是复合地基中的一个重要技术参数，同时在挤密桩复合地基中它还决定着桩间土的挤密效果。若桩间土挤密前的平均干密度为 $\bar{\rho}_d$，挤密后为 $\bar{\rho}_{dc}$，则 $\bar{\rho}_{dc}$ 与 m 的关系为

$$\bar{\rho}_{dc} = \frac{1-m_0}{1-m}\bar{\rho}_d \tag{9-5}$$

式中　m_0——钻孔部分的置换率，它仅有置换作用而无挤密效果，当不钻孔而直接挤土成孔时，$m_0 = 0$，式（9-5）即为

$$\bar{\rho}_{dc} = \frac{1}{1-m}\bar{\rho}_d \tag{9-6}$$

挤密桩桩顶标高以上应设置 300～600 mm 的 2:8 或 3:7 灰土垫层，垫层的宽度应不小于挤密桩处理的宽度。如对垫层承载力要求较高，可在灰土中掺入水泥或采用水泥土垫层，其压实系数均不应小于 0.95。

2. 桩型选择与桩距计算

（1）桩型选择。挤密桩的桩型按成孔和成桩工艺的不同，分为直接挤密成孔和预钻孔重锤夯扩挤密成桩两类桩型。直接挤密成孔是利用沉管、冲击等方法，对地基土深层进行挤压并形成桩孔，使桩间土得到挤密，然后将桩孔分层填料夯实成桩体。这是挤密桩的主要类型，当地基土的含水量适中，可形成稳定的桩孔且环境条件允许时，应优先选用。预钻孔重锤夯扩挤密成桩是近几年应用的一类施工方法，其优点是施工噪声和振动影响较小，对土含水量较高的场地，钻孔夯扩不易出现缩孔、回淤等情况。但在湿陷性黄土地区应用时，其夯扩桩径难以有效地控制与监测。

（2）桩距计算。挤密桩的中心间距（简称桩距），应根据桩间土得到有效挤密的原则计算确定，可依据成孔挤密的方法和桩孔的排列方式分别按下列公式进行计算：

当采用直接挤密成孔时

$$s = \beta\sqrt{\frac{\bar{\rho}_{dc}}{\bar{\rho}_{dc} - \bar{\rho}_d}}d \tag{9-7}$$

当采用预钻孔重锤夯扩挤密成桩时

$$s = \beta\sqrt{\frac{\bar{\rho}_{dc} - \bar{\rho}_d/k^2}{\bar{\rho}_{dc} - \bar{\rho}_d}}d \tag{9-8}$$

式中　　s——桩的间距，m；

d——桩体直径，m，式（9-7）中 $d = kd_0$，d_0 为钻孔直径；

β——等边三角形布桩时，$\beta = 0.952$；其他方式布桩时，$\beta = 0.886/\sqrt{n}$，n 为排距 h 与桩距 s 之比；

$\bar{\rho}_d$——处理前地基土的平均干密度，g/cm³，宜取基础下主要受力层范围内，按各处理土层厚度加权计算的干密度平均值；

$\bar{\rho}_{dc}$——桩间土挤密后的平均干密度，g/cm³，$\bar{\rho}_{dc} = \bar{\eta}_c\rho_{dmax}$；

ρ_{dmax}——桩间土的最大干密度，g/cm³，通过室内轻型击实试验确定；

$\bar{\eta}_c$——桩间土挤密后的平均挤密系数，对土桩挤密地基及甲、乙类建筑的灰土桩、水泥桩及二灰桩等挤密地基不宜小于 0.93，对丙类建筑的灰土桩挤密地基不宜小于 0.90；

k——扩径系数，即夯扩后成桩直径 d 与预钻桩孔直径 d_0 之比，$k = d/d_0$，k 值宜不小于 $\sqrt{1 + \bar{\rho}_d/\bar{\rho}_{dc}}$。

均（9-7）、式（9-8）是根据桩间土挤密前后保持质量不变的原则导出的。式中，β 与 $\sqrt{\dfrac{\bar{\rho}_{dc}}{\bar{\rho}_{dc} - \bar{\rho}_d}}$ 的乘积即为桩距系数 $\alpha = s/d$，当采用挤土成孔并按正三角形布桩时，$\beta = 0.952$，桩距系数 α 可直接从表 9-1 查得，则桩距 $s = \alpha d$。

表 9-1　挤土成孔并按正三角形布桩时的桩距系数 α

α $\bar{\rho}_d$ $\bar{\rho}_{dc}$	1.150	1.200	1.250	1.300	1.350	1.400
	1.87	2.00	2.16	2.37	2.65	3.06
1.575	1.83	1.95	2.10	2.28	2.52	2.86
1.600	1.80	1.90	2.04	2.20	2.41	2.69
1.625	1.79	1.86	1.98	2.13	2.31	2.56
1.650	1.73	1.82	1.93	2.07	2.23	2.45

注：单位均为 g/cm^3；$\bar{\rho}_{dc} = \bar{\eta}_c \rho_{dmax}$。

处理人工填土地基时，由于其中干密度值变动较大，一般不宜按前面的公式计算桩孔间距。为此，可根据挤密前地基的承载力特征值 $f_{s,k}$ 和挤密后处理地基要求达到的承载力特征值 $f_{sp,k}$，利用下式计算桩孔间距：

$$s = \beta \sqrt{\frac{f_{p,k} - f_{s,k}}{f_{sp,k} - f_{s,k}}} d \tag{9-9}$$

式中　$f_{p,k}$——灰土桩体的承载力特征值，宜取 $f_{p,k} = 500$ kPa；

　　　$f_{s,k}$——挤密前填土地基的承载力特征值，应通过现场勘察确定；

　　　$f_{sp,k}$——处理后要求的地基承载力特征值；

其余符号同式 (9-7)、式 (9-8)。

3. 处理范围设计

土桩、灰土桩挤密地基处理范围的设计，包括处理平面的宽度和基底以下处理土层的厚度。处理范围示意如图 9-3 所示，图中 b 为基础的宽度，d 为桩体直径，h 为桩的排距，b_s 表示平面处理范围每边超出基础边缘的宽度，自基础边缘至最外一排桩侧 $d/2$ 处，z 表示处理厚度，自基础底面起到 $1/2$ 桩尖处，其中包括桩顶灰土垫层的厚度。

（1）处理宽度。处理地基的平面面积应大于基础的面积，平面处理范围每边超出基础边缘的宽度 b_s。

（2）处理厚度。挤密地基处理厚度（即从基础底面算起的处理深度）应根据场地工程地质情况、建筑要求和施工设备条件等因素综合确定。在湿陷性黄土地区，处理厚度应不小于现行国家标准

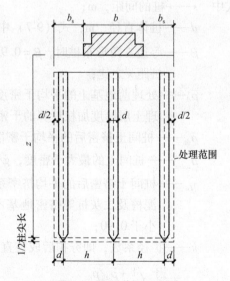

图 9-3　处理范围示意图

《湿陷性黄土地区建筑规范》（GB 50025—2004）的相关规定，表 9-2 为该标准关于地基处理厚度的规定要点。从表 9-2 可以看出，对甲类建筑要求达到消除地基的全部湿陷量。而对乙、丙类建筑仅要求消除地基的部分湿陷量，同时需采取相应的防水措施和结构措施。当以

提高地基承载力为主要目的时，应对基底下持力层范围内的低承载力和高压缩性（$\alpha_{1-2} \geqslant$ 0.5 MPa^{-1}）土层进行处理，并应通过下卧层承载力验算来确定地基的处理深度。验算时可按下式进行：

表 9-2　湿陷性黄土地区建筑规范关于湿陷性黄土地基处理厚度（z）的规定

建筑物分类	地基湿陷等级	湿陷类型	
		非自重湿陷性场地	自重湿陷性地
丙类建筑	Ⅰ	单层建筑：可不处理	—
		多层建筑：z 应≥1.0 m；下卧土层 p_{sh} 宜≥100 kPa	
	Ⅱ	单层建筑：z 应≥1.0 m；下卧土层 p_{sh} 宜≥80 kPa	单层或多层建筑：z 应≥2.5 m；$s\Delta_s$ 应≤200 m
		多层建筑：z 应≥2.0 m；下卧土层 p_{sh} 宜≥100 kPa	
	Ⅲ	—	对多层建筑，z 应≥3.0 m；宜采用整片处理；同时对单层及多层建筑应使 $s\Delta_s$≤200 m
	Ⅳ	—	对多层建筑，z 应≥3.0 m；宜采用整片处理；同时对单层及多层建筑应使 $s\Delta_s$≤200 m
乙类建筑	Ⅰ~Ⅳ	z 应≥$2D_y/3$；且下卧土层应使 p_{sh}≥100 kPa	z 应≥D_z；且 $s\Delta_s$ 应≤150 mm
		当基础宽度大或湿陷性黄土厚度大，按以上处理有困难时，应采用整片处理，其处理厚度为：	
		z 应≥4.0 m；且下卧土层应使 p_{sh}≥100 kPa	z 应≥6.0 m；且 $s\Delta_s$ 宜≤150 mm
甲类建筑	Ⅰ~Ⅳ	z 应为基底以下 $p_z + p_{cz} \geqslant p_{sh}$ 的所有土层，$z = D_y$ 处理至压缩层深度为止	$z = D_z$ 处理基底下全部湿陷性黄土层

注：D_z——湿陷性土层的厚度（m）；p_{sh}——失陷起始压力（kPa）；$s\Delta_s$——剩余失陷量（mm）；D_y——地基压缩层的厚度（m）；p_z——下卧层顶面处的附加压力（kPa）；z——处理土层的厚度（m）；p_{cz}——下卧层顶面上的覆土饱和自重应力（kPa）。

$$p_z + p_{cz} \leqslant f_a \tag{9-10}$$

或

$$p_z = 0.20 p_{cz}$$

式中　p_z——下卧层顶面处的附加应力；

　　　p_{cz}——下卧层顶面处的土自重应力；

　　　f_a——下卧层顶面处土层经深度修正后的地基承载力。

土桩和灰土桩施工后，宜挖去表面松动层，并在桩顶面上设置厚度 0.3 m 以上的灰土垫层。垫层厚度可计入处理厚度内。

4. 承载力的确定

挤密桩复合地基承载力特征值，应通过现场单桩或多桩复合地基载荷试验确定。试验应选在现场有代表性的地点，按现行有关规范的规定进行，单项工程的试验数不应少于 3 点。若试验结果的压力（p）-沉降（s）曲线呈缓变型，可按相对变形 s/d 值确定。其承载力特征值为：当地基土的含水量在自然正常状态下，对土桩挤密地基，可取 s/d 等于 0.010 ~ 0.012 所对应的压力；对灰土桩挤密地基，可取 s/d 等于 0.008 所对应的压力。若试验前地基已因故浸水至饱和状态，则可取 s/d 等于 0.015 所对应的压力，其结果相当于挤密桩复合地基的湿陷起始压力。

按相对变形值确定的承载力特征值不应大于试验最大加载压力的一半。

当无条件进行现场载荷试验时，可按当地工程经验确定，也可按经验公式的式（9-10）进行估算，但未经试验确定的灰土挤密桩复合地基的承载力特征值，不宜大于处理前的 2 倍，并不宜大于 250 kPa；素土挤密桩复合地基的承载力特征值，不宜大于处理前的 1.4 倍，并不宜大于 180 kPa。

$$f_{spk} = mf_{pk} + (1 - m) f_{sk} \tag{9-11}$$

式中　f_{spk}——挤密桩复合地基承载力特征值，kPa；

　　　f_{pk}——桩体承载力特征值，对土桩取值不宜大于 250 kPa，对灰土桩等桩体取值不宜大于 500 kPa；

　　　f_{sk}——桩间土承载力特征值，宜取原天然地基承载力特征值，kPa；

　　　m——置换率，按初步确定的桩径 d、桩距 s 及排距 h 进行计算，$m = 0.785d^2 / (sh)$。

9.1.4　施工方法

1. 工艺流程

土桩、灰土桩挤密法的桩孔填料不同，但二者施工工艺和程序是相同的。挤密桩法施工的主要工序为施工准备、土中成孔、桩孔夯填以及垫层施工等。各工序应规范运作，并应相互搭接与配合，其间还需进行相关的质量检验并做好记录。土桩、灰土桩挤密地基施工主要工艺程序如图 9-4 所示。

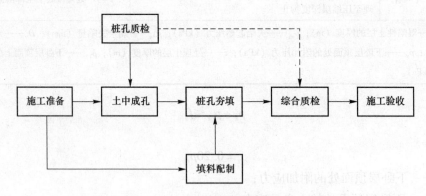

图 9-4　土桩、灰土桩挤密地基施工主要工艺程序

2. 施工准备

施工前应掌握下列资料和情况：

（1）建筑场地的岩土工程勘察报告和普探资料，如发现场地土质或土的含水量变化较大，宜进行补充勘察或成孔挤密试验，避免盲目进场施工；

（2）建筑物基础施工图、桩位布置及设计要求；

（3）建筑场地及周边环境的调查资料。施工前应编制施工组织设计或施工方案。

土中成孔后应及时检验桩孔质量，桩孔施工质量应符合相关规定。已成桩孔应防止土块、杂物坠入，并应防止孔内灌水，所有桩孔均应尽快回填夯实成桩。有关各种土中成孔施工的工艺程序如下：

①沉管法成孔。沉管法成孔是利用柴油打桩机或振动沉桩机，将带有通气桩尖的钢制桩管沉入土中直至设计深度，然后缓慢拔出桩管，即形成桩孔。沉管法施工主要工序为桩管就位、沉管挤土、拔管成孔、桩孔夯填。

②冲击法成孔。冲击法成孔是利用冲击钻机或其他起重设备将重1 t以上的特制冲击锤头（图9-5）提升一定高度后自由下落，反复冲击，在土中形成直径0.4～0.6 m的桩孔。冲击法施工主要工序为冲锤就位、冲击成孔和冲夯填孔（图9-6）。

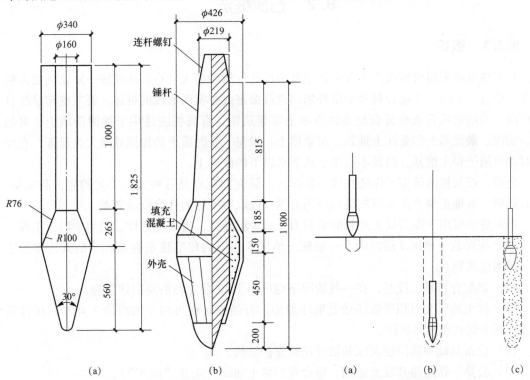

图9-5 冲击成孔的锤头形式
（a）国外常用冲击锤头；（b）抛物线旋转体锥形锤头

图9-6 冲击法施工程序示意图
（a）冲锤就位；（b）冲击成孔；（c）冲夯填孔

9.1.5 质量检验

土桩、灰土桩挤密法的工程质量及验收检验内容包括：桩孔质量、桩间土挤密效果、桩孔夯填质量和地基处理综合效果。

桩孔质量检验主要包括桩孔直径、深度和垂直度的检验。

桩间土挤密效果检验的目的是检测桩间土的平均挤密系数 $\overline{\eta}_c$ 是否达到设计及规范、规程要求标准。检验方法是在相邻桩体构成的挤密单元内开挖深井，按每1 m为一层，分点用 $\phi 40\ mm \times 40\ mm$ 小环刀取出原状挤密土样，测试其干密度，并计算平均挤密系数 $\overline{\eta}_c$。

桩孔夯填质量检验的目的是检测桩身夯填质量，应随机抽样检测，数量对一般工程不少于桩孔总数的 1%，对重要工程不应少于总桩数的 1.5%。每根桩均按 1 m 分层取样检测，检测方法包括：轻型触探检验法、小环刀深层取样法和开挖探井取样检测法。上述前两项检验法对灰土桩应在桩孔夯实后 48 h 内进行，对二灰桩应在 36 h 内进行，否则将由于灰土或二灰的凝胶强度的影响而无法进行检验。

地基处理综合效果检验的目的是检验复合地基承载力或消除湿陷性效果是否达到设计要求。复合地基承载力的检验可采用现场复合地基载荷试验；消除湿陷性效果检验可采用浸水载荷试验。

9.2 石灰桩法

9.2.1 概述

石灰桩是指采用机械或人工方法在地基中成孔，然后灌入生石灰块或按一定比例加入粉煤灰、炉渣、火山灰等掺加料及少量外加剂进行振密或夯实而形成的桩体。石灰桩与经改良的桩周土共同组成石灰桩复合地基以支承上部建筑物。石灰桩法适用于加固杂填土、素填土、淤泥、淤泥质土和黏性土地基，对素填土、淤泥、淤泥质土的加固效果尤为显著，有经验时也可用于粉土地基。但其不适用于地下水以下的砂类土。

当前，石灰桩的研究工作还在进一步深入，研究的重点是各种施工工艺的完善和实测。与此同时，各地正努力扩大石灰桩的应用范围，以取得更好的社会经济效益。

石灰桩法可用于提高软土地基的承载力，减少沉降量，提高稳定性，适用于以下工程：

（1）深厚软土地区 7 层以内、一般软土地区 8 层以内住宅建筑物或相当的其他多层工业与民用建筑物。

（2）如配合箱基、筏基，在一些情况下也可用于 12 层左右的高层建筑物。

（3）软土地区大面积堆载场地及地坪加固，有经验时也可用于大跨度工业与民用建筑独立柱基下的软弱地基加固。

（4）设备基础和高层建筑深基坑开挖的支护结构。

（5）公路、铁路路基软土加固，桥台背后填土加固（防止"跳车"）。

（6）危房地基加固。

9.2.2 加固原理

1. 成桩中挤密桩间土

研究和工程实践结果说明，对于灵敏度高的饱和软黏土（包括淤泥），成桩中不能挤密桩间土，而且破坏了土的结构，强度下降。对于杂填土，不排土的成孔工艺有显著的挤密效果。石灰桩不仅有成孔、成桩的挤密效果，而且具有材料膨胀挤密效应。单独研究成桩挤密，可以引用其他桩类似工艺的测试结果。

对于一般黏土和粉土，在碎石桩的研究中曾做了一些测试，结果有较大的离散性，但效果是肯定的。成孔及成桩的挤压可以提高一般粉土的承载力，大体上为原土强度的 1.1 ~ 1.5 倍。对于杂填土，不排水的成孔有显著的挤密效果。动探检验成桩后桩间土承载力为原土的 2 倍乃至 3 倍。对浅层加固的石灰桩，成桩过程中的挤密效应不大。生石灰吸水膨胀挤密桩间土，生成熟石灰 Ca（OH）$_2$ 的化学反应，见表9-3。

表9-3　生石灰吸水反应

反应式	CaO + H$_2$O→Ca（OH）$_2$ + 15.6 kcal/mol					
分子量	56	18	74	比重	3.37	1.0	2.24
重量比	1	0.32	1.32	体积比	1	1.08	1.99

关于生石灰吸水膨胀的原因及规律性，国内外建材方面的学者曾进行过许多研究工作。B·B·奥新认为，生石灰体积膨胀的主要原因是固体崩解和孔隙体积增大，同时颗粒比表面积增大，表面附着物增多，固相颗粒体积得到增大。体积膨胀与生石灰磨细度、水灰比、熟化温度、有效钙含量和外部约束等有关。生石灰越细，膨胀越小；水灰比不同，体胀率不同；熟化温度高时体胀大；有效钙含量高的石灰体胀大；外部约束小时体胀大。这些研究成果促进了对石灰桩机理的认识。

由于 CaO 体积的膨胀主要来自孔隙体积增量，因此在无约束消化时，由于蒸汽的力量，孔隙变得更大。测试结果，根据生石灰质量高低，在自然状态下熟化后其体积可增加 1.5～3.5 倍，即体胀系数（不同于物理学中的定义）为 1.5～3.5。质量好的一等钙石灰体胀系数为 3.0～3.5。利用固结仪进行的不同压力（模拟不同约束）条件下，桩体材料膨胀量和吸水量的测试结果分别见表9-4 和表9-5。

表9-4　不同压力下桩材的体胀系数

材料 压力/MPa	生石灰	粉煤灰：石灰		火山灰：石灰	
		2：8	3：7	2：8	3：7
50	1.49	1.40	1.34	1.35	1.26
100	1.37	1.33	1.28	1.28	1.19
150	1.29	1.26	1.22	1.21	1.12

表9-5　不同压力下桩材的吸水量　　　　　　　　　%

材料 压力/MPa	生石灰	粉煤灰：石灰		火山灰：石灰	
		2：8	3：7	2：8	3：7
0	140.0	132.0	121.0	—	96.0
25	—	89.5	78.8	77.0	66.0
50	83.0	77.2	71.0	67.5	60.0
100	69.7	69.0	66.5	69.0	54.0
150	57.0	64.5	62.5	53.0	49.0

由于土的约束力不同以及桩体材料的质量、配合比、密实度不同，石灰桩在土中的体胀系数也不同。一般情况下，有掺合料的桩直径增大系数为 1.1～1.2，相当于体胀系数为 1.2～1.4。对比表9-4 数据，推论为桩体在软土中的约束一般小于 150 kPa。研究石灰桩体的膨胀，具有实际意义的是外部约束条件及桩内材料密实度的问题。石灰桩同碎石桩相似，也需要桩周土的约束力。所不同的是，碎石桩完全依靠成桩过程中的挤压，而石灰桩在饱和软土中，更重要的是依靠成桩

后的体胀以及自身的强度来保证桩周土的约束力。石灰桩在周围没有约束的条件下，桩体强度低下。石灰桩具有足够强度和理想的复合地基承载力，这是其优于碎石桩的一个特性。

上述结果说明，石灰桩在饱和软土中体胀效应可以发挥，同时其桩体强度由于密实度达到了必需的但又不高的标准，也满足了需要。这个不高的标准是以桩材的干密度来控制的，不同配合比桩材有不同的标准，一般应达到最大干密度的80%以上。提高桩体密实度能增加桩体的体胀效应，有利于挤密桩间土，同时桩断面面积增加可显著提高复合地基承载力。

关于石灰桩的体胀现象对桩间土的挤密效应，研究证明，石灰外观体积的增大恰恰与水化反应同时进行。生石灰消化完毕，体积膨胀也立即结束，此时桩内的 $Ca(OH)_2$ 还将持续吸水。

为了研究石灰桩的体胀对桩边土以外桩间土的挤密效果，在室内进行了膨胀与时间的关系试验，结果如图9-7所示。

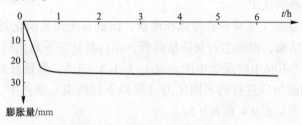

图9-7　吸水膨胀与时间的关系

成桩过程中孔隙水压力的测试结果如图9-8所示。

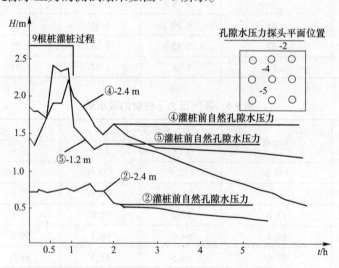

图9-8　成桩过程中土中孔隙水压力变化曲线

从图9-7中可以看出，石灰桩内生石灰消化和膨胀的高峰期是在成桩后的1 h内，在这段时间内，图9-8中的超孔隙水压急骤升高也证实了这一点。但是膨胀高峰期与超孔隙水压急骤上升期的重合，却降低了挤密桩间土的效果，虽然超孔隙水压力消散很快，但此时生石灰已完成了消化反应，不再提供能量膨胀挤密桩间土。问题在于消化时的膨胀使桩间土在短时间内发生隆起、挤出及部分压缩，消耗了一部分能量，余下的膨胀力使桩间土总应力增加。随着孔隙水压力的消散，有效应力增大，使桩边土以外的桩间土继续产生固结。

图 9-9 所示为模型试验测得的桩轴向膨胀力。由于设计桩径为 150 mm（实际桩径 200 mm），可知现场石灰桩的轴向膨胀力将更大。轴向膨胀力对桩顶以下某一范围的桩间土是有害的，特别是封口高度不足时更甚。

当生石灰用量过大时，多数情况下桩顶土面沿桩中心连线出现贯穿性裂缝，地面伴随隆起。这是由于桩体短时间产生强大的膨胀力使土发生剪切破坏。这种膨胀虽有挤密土的作用，但它使土的结构发生破坏，强度降低，还发生隆起和挤出（杂填土及松散砂类除外）。此时桩体的强度也相应降低。随着时间的推移，由于自重应力以及由膨胀残留的有效应力增量的影响，裂缝自下而上闭合，桩间土产生固结，强度逐渐恢复，但不能大幅度提高桩间土的强度。

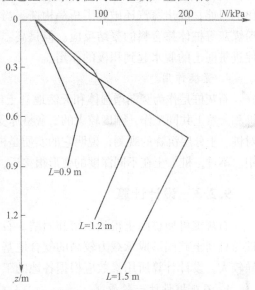

图 9-9　轴向膨胀力与桩长的关系

一般都希望桩有较大的体胀量以挤密桩间土，但是大的体胀量需要过量的生石灰，这时强大的膨胀力又势必造成桩间土的剪切破坏，这是一个矛盾。

合理利用膨胀力的途径有以下几点：根据土质不同、深度不同采用合理的配合比；尽量采用细而密的布桩方式；降低水渗入桩体速度，让膨胀力缓慢发挥作用；同时尽量减少掺合料的含水量（满足施工要求条件下）；控制打桩顺序，间隔成桩。

在特软的淤泥中可以加大生石灰用量的原因，不只是利用其体胀量的因素，还是利用生石灰大量吸取桩间土的水分，降低桩区内的地下水位。而桩区以外的地下水，短期内补充不上，此时即使膨胀破坏了淤泥的结构，然而由于水位的降低，淤泥在自重和挤压的有效应力作用下产生固结，这种固结对于超软土是十分有利的，其强度相对提高。土工试验及载荷试验的结果都证明石灰桩对淤泥具有良好的加固效果。

2. 石灰桩水下硬化的机理

石灰桩在水下软化（糖心）的现象，曾经是石灰桩研究和应用中的重大障碍。当前认为保持桩体密实度即可防止桩体软化，但对生石灰水下硬化的机理没有确切的全面认识。

研究结果证明，生石灰在水化过程中是可以迅速硬化的。但这种水化凝结需要四个条件：①要求生石灰有一定磨细度；②要求放出大量水化热；③要求一定的水灰比；④石灰和水作用到一定程度时，不能扰动石灰和水，如搅拌或扰动持续到整个消化期，则生石灰不能硬化。生石灰水化硬固原理不能用消石灰的干燥和碳酸化来解释，这种反应是在"石灰—水—空气"三相系中发生的，生石灰的水化和水泥水化反应有许多相似之处，它是在"石灰—水"二相系中完成的。

3. 桩和地基土的高温效应

1 kg 的生石灰水化生成 $Ca(OH)_2$ 时，理论上放出 278 kcal 的热量，经测定，放热时间在水化充分进行时为 1 h。因此，生石灰 CaO 成分越高，桩内生石灰用量越大时，升温越高。关于温度变化对加固效果的影响，过去认为是高温促进了化学反应的进行。这种看法没有试验的根据。高温仅促进了 $Ca(OH)_2$ 的水化反应，却破坏了 $Ca(OH)_2$ 在消化过程中硬化的可能，放出蒸汽还破坏了析晶构造。当水化温度小于 100 ℃时，升温可以促进生石灰与粉煤灰等桩体掺合料的凝结反应。但是高温引起土中水分的大量蒸发，对减少土的含水量、促进桩间土的脱水起到积极的作用。

4. 置换作用

石灰桩是作为竖向增强体和天然地基土体（基体）组成复合地基的桩体。使用中，石灰桩和天然土共同工作，刚度较大的石灰桩体受到大的应力，从而分担了30%以上的荷载。通过对桩、土分层沉降的观测，说明它的实质是桩体作用的发挥，在复合地基承载特性中起重要作用。不过，桩、土在不同深度的变形很接近，桩土变形协调可认同为局部换填的作用。

9.2.3 设计计算

石灰桩可使桩间土得到挤密和固结，石灰桩身比桩间土有更高的强度和刚度，因此石灰桩与桩间土共同形成承载力较高的复合地基。由于施工材料、施工工艺和被加固土类各地差异较大，设计计算所用参数应根据各地的工程经验或通过试验实测采用。

1. 石灰桩设计一般原则

（1）生石灰应新鲜，为提高桩身强度，可在石灰中掺加粉煤灰、火山灰、石膏、矿渣、炉渣、水泥等材料，掺料与石灰的比例无经验时或重要工程应通过试验确定。配合比试验应在现场地基土中进行。

（2）石灰桩的设计直径根据不同的施工工艺确定，一般采用300～500 mm，桩中心距宜为2～3.5倍成孔直径。桩位布置根据基础形式可采用正三角形、正方形或矩形排列。

（3）石灰桩的加固深度，应满足桩底未经加固土层的承载力要求，当建筑物受地基变形控制时，尚应满足地基变形容许值的要求。石灰桩桩端宜选在承载力较高的土层中。在深厚的软弱地基中采用悬浮桩时，应减少上部结构重心与基础形心的偏心，必要时宜加强上部结构重心与基础的刚度。在深厚的软土中采用悬浮桩时，建筑物层数不应高于5层。

（4）石灰桩的加固范围应根据土质和荷载情况决定。石灰桩可仅布置在基础底面下，当基底土承载力特征值小于70 kPa时，宜在基础以外增设1～2排围护桩。在有经验时，也可不设围护桩，以降低造价。

（5）洛阳铲成孔桩长不宜超过6 m；机械成孔管外投料时，桩长不宜超过8 m；螺旋钻成孔及管内投料时，可适当加长。

（6）当地基需要排水通道时，可在桩顶以上设200～300 mm厚的砂石垫层。

（7）石灰桩宜留500 mm以下的孔口高度，并用含水量适当的土封口，封口材料必须夯实，封口标高应略高于原地面，防止孔口积水。石灰桩桩顶施工标高应高出设计桩顶标高100 mm以上。

2. 石灰桩复合地基计算

（1）计算模型。

①双层地基模型。将石灰桩加固层看作一层复合垫层，下卧层为另一层地基，在强度和变形计算时按一般双层地基进行计算，如图9-10所示。

②群桩地基模型。在深厚软土地区，可按群桩地基模型计算，如图9-11所示。这时，

可将石灰桩群桩看成一个假想实体基础进行地基承载力和变形的验算。沉降观测表明，按群桩地基模型计算时，计算值往往大于实测值。

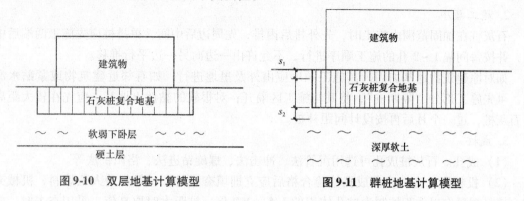

图 9-10 双层地基计算模型　　　　　**图 9-11 群桩地基计算模型**

（2）石灰桩复合地基承载力计算。石灰桩复合地基承载力特征值应通过单桩或多桩复合地基载荷试验确定。初步设计时，也可采用单桩和处理后桩间土承载力特征值按下式估算：

$$f_{spk} = m f_{pk} + (1 - m) f_{sk} \tag{9-12}$$

式中　f_{spk}——石灰桩复合地基承载力特征值，kPa；

　　　f_{pk}——石灰桩桩身抗压强度比例界限值，kPa，由单桩竖向载荷试验测定，初步设计时可取 350~500 kPa，土质软弱时取低值；

　　　f_{sk}——桩间土承载力特征值，kPa，取天然地基承载力特征值的 1.05~1.20 倍，土质软弱或置换率大时取高值；

　　　m——面积置换率，桩面积按 1.1~1.2 倍成孔直径计算，土质软弱时取高值。

（3）复合地基变形计算。建筑物基础的最终沉降值，可按分层总和法计算。在桩长范围内复合土的压缩模量按下式估算：

$$E_{sp} = E'_s [1 + m (n - 1)] \tag{9-13}$$

式中　E_{sp}——石灰桩复合土层压缩模量，MPa；

　　　E'_s——桩间土的压缩模量，MPa，由室内土工试验确定，可取 $(1.1~1.3) E_s$，成孔对桩间土挤密效应好或置换率大时取高值；

　　　n——桩土应力比，取 3~4，长桩取高值。

在施工质量有保证时，桩长范围内复合土层沉降量按桩长的 0.5%~1.1% 估算。正常情况下，桩底下卧层的沉降为控制因素。

经实测统计，对于多层建筑物在一般软土地区，下卧层承载力在 80 kPa 以上时，最终沉降量一般为 30~60 mm；下卧层承载力低于 80 kPa 时，最终沉降量一般为 50~100 mm；在深厚软土地区，最终沉降量一般为 100~200 mm。

9.2.4 施工方法

1. 材料

石灰桩的材料以石灰为主，生石灰选用现烧的（新鲜）并需过筛，粒径不应大于 70 mm，含粉量不得超过总重量的 15%，有效 CaO 含量不得低于 70%，其中夹石不大于 5%。

生石灰中掺入适当粉煤灰或火山灰等含硅材料时，粉煤灰或火山灰与生石灰的重量配合比为3:7。粉煤灰应采用干灰，含水量小于5%，使用时要与生石灰搅拌均匀。

2. 施工顺序

石灰桩在加固范围内施工时，先外排后内排，先周边后中间，单排桩应先施工两端后中间，并按每间隔1~2孔的施工顺序进行，不允许由一边向另一边平行推移。

如对原建筑物地基加固，其施工顺序应由外及里地进行；如有邻近建筑物或紧贴水源边，可先施工部分"隔断桩"，将其与施工区隔开；对很软的黏性土地基，应先在较大距离打石灰桩，过一个月后再按设计间距补桩。

3. 成桩

（1）成孔。石灰桩成孔可选用沉管法、冲击法、螺旋钻进法、洛阳铲法等。

（2）投料压（夯）实。成孔检验合格后应立即填夯成桩，一般都是人工填料，机械夯实。填料数量宜以体积控制为桩孔体积的1.5~2.0倍，桩距大时取高值。采用夯击时，应分段夯填。

石灰桩的投料方法可分为管外投料法、管内投料法和挖孔投料法。

①管外投料法。管外投料法的工艺流程：桩机定位→沉管→拔管→填料→压实→再拔管→再填料→再压实，这样反复几次，最后填土封口压实，一根桩即告完成，如图9-12所示。

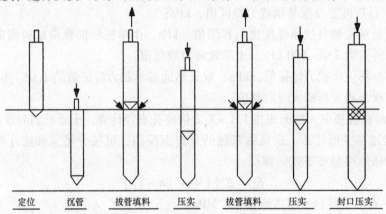

定位　沉管　拔管填料　压实　拔管填料　压实　封口压实

图9-12　成桩工艺流程

②管内投料法。管内投料法适用于地下水位较高的软土地区。管内投料法施工工艺与振动沉管灌注桩的工艺类似，如图9-13所示。

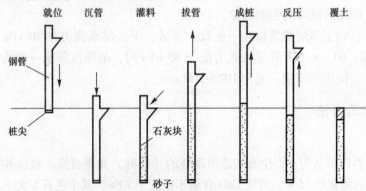

就位　沉管　灌料　拔管　成桩　反压　覆土

钢管

桩尖

石灰块

砂子

图9-13　管内投料法施工工艺

③挖孔投料法。挖孔投料法利用特制的洛阳铲，人工挖孔、投料夯实，是湖北省试验成功并广泛应用的一种施工方法。由于洛阳铲在切土、取土过程中对周围土体的扰动很小，在软土甚至淤泥中均可保护孔壁稳定。

这种简易施工方法避免了振动和噪声，能在极狭窄的场地和室内作业，大量节约能源，特别是造价很低，工期短，质量可靠（看得见，摸得着），深受设计、建设及施工单位的欢迎。因此，其适用范围较大。

4. 封顶

封顶是在桩身上段夯入膨胀力小、密度大的灰土或黏土将桩顶捣实，该部分灰土或黏土称为桩顶土塞。也可以采用 C7.5 素混凝土封顶捣实。封顶长度一般在 1.0 m 左右，对于直径为 500 mm 的石灰桩，封顶长度取 1.5 m。封顶工序是石灰桩施工中不可缺少的，但各地的具体做法不尽相同。如天津市规范规定：石灰桩加固土层顶面至少做两步灰土垫层封顶（每步夯实后为 150 mm），设计时地基的标高应以灰土上皮为准。

9.2.5　质量检验

石灰桩法的工程质量和验收检验内容包括桩身质量的保证与检验、桩周土检验以及复合地基检验三部分。

1. 桩身质量的保证与检验

（1）控制灌灰量。

（2）静探测定桩身阻力，并建立 p_s 与 E_s 关系。

（3）挖桩检验与桩身取样试验，这是最为直观的检验方法。

（4）载荷试验，它是比较可靠的检验桩身质量的方法，如再配合桩间土小面积载荷试验，可推算复合地基的承载力和变形模量。

此外，也可采用轻便触探法进行检验。

2. 桩周土检验

桩周土用静探、十字板和钻孔取样方法进行检验，一般可获得较满意的结果。有的地区已建立了利用静探和标贯的资料反映加固效果，以检验施工质量和确定设计参数的关系。

3. 复合地基检验

采用大面积载荷板的载荷试验是检验复合地基的可靠方法，但因设备、费用都存在一定的难度，对重要工程方可采用。

9.3　碎（砂）石桩法

9.3.1　概述

碎石桩和砂桩总称为碎（砂）石桩，国内又称粗颗粒土桩，是指用振动、冲击或水冲等方式在软弱地基中成孔后，再将碎石或砂挤压入已成的孔中，形成大直径的碎（砂）石所构成的密实桩体。

砂桩在 19 世纪 30 年代起源于欧洲，但长时间缺少实用的设计计算方法和先进的施工工艺及施工设备，应用和发展受到很大影响；同样，砂桩在其应用初期，主要用于松散砂土地基的处理，最初采用冲孔捣实施工法，以后又采用射水振动施工法。自 20 世纪 50 年代后期，产生了目前日本采用的振动式和冲击式的施工方法，并采用了自动记录装置，提高了施工质量和施工效率，处理深度也有较大幅度的增大。砂桩技术自 20 世纪 50 年代引进我国后，在工业、交通、水利等建设工程中得到了很好的应用。

振动水冲法是 1937 年由德国凯勒公司设计制造出的具有现代振冲器雏形的机具，用来挤密砂土地基获得成功。20 世纪 60 年代初，振冲法在德国开始用来加固黏性土地基，由于填料是碎石，故称为碎石桩，之后在各国推广应用。

9.3.2 加固原理

地基土的土体性质不同，碎（砂）石桩的作用原理也不尽相同。碎（砂）石桩在松散砂土和粉土地基中的作用包括挤密作用、振密作用和抗液化作用。对于黏性土（特别是饱和软土）地基，碎（砂）石桩的作用不是使地基挤密，而是置换作用。

1. 挤密作用

由于在成桩过程中桩管对周边砂层产生很大的横向挤压力，桩管中的砂挤向桩管周围砂层，使桩管周围的砂层孔隙比减小，密实度增大，这就是挤密作用。有效挤密范围可达 3～4 倍桩直径。

2. 振密作用

沉管特别是采用垂直振动的激振力沉管时，桩管四周的土体受到挤压，同时，桩管的振动能量以波的形式在土体中传播，引起桩四周土体的振动。在挤压和振动作用下，土的结构逐渐破坏，孔隙水压力逐渐增大。由于土结构的破坏，土颗粒重新进行排列，向具有较低势能的位置移动，从而使土由较松散状态变为密实状态。随着孔隙水压力的进一步增大，达到大于主应力时，土体开始液化成流体状态。流体状态的土变密实的可能性较小，如果有排水通道，土体中的水此时就沿着排水通道排出，施工中可见喷水冒砂现象。随着孔隙水压力的消散，土粒重新排列、固结，形成新的结构。由于孔隙水排出，土体的孔隙比降低，密实度得到提高。

在砂土和粉土中，振密作用比挤密作用要显著，是振动沉管碎（砂）石桩法的主要加固作用之一。振密作用在宏观上表现为振密变形。

3. 抗液化作用

在地震或振动作用下，饱和砂土、粉土的结构受到破坏，土中的孔隙水压力升高，从而使土的抗剪强度降低。当土的抗剪强度完全丧失，或土的抗剪强度降低，使土不再能抵抗它原来所能安全承受的剪应力时，土体就发生液化流动破坏。此即砂土、粉土地基的振动液化破坏。由于砂土、粉土本身的特性，这种破坏宏观上表现为土体喷水冒砂、土体长距离的滑流、土体中建（构）筑物上浮和地表建（构）筑物沉陷等现象。

碎（砂）石桩法形成的复合地基，其抗液化作用主要有以下几个方面：

（1）桩间可液化土层受到挤密和振密作用。碎（砂）石桩在成孔和挤密桩体碎石过程中，一方面，桩周土在水平和垂直振动力作用下产生径向和竖向位移，使桩周土体密实度增加；另一方面，土体在反复振动作用下产生液化，液化后的土颗粒在上覆土压力、重力和填料挤压力作用下，重新排列、组合，形成更加密实的状态，从而提高了桩间土的抗剪强度和抗液化性能。因此，桩间可液化土层受到挤密和振密作用后，结构强度得到提高，表现在土层标贯击数的增加，从而提高土层本身的抗液化能力。图 9-14 所示为某砂土、粉土互层场地不同桩距加固前后的标贯击数对比图。从图中可以看出，加固后桩间土的标贯击数由 10 击以下提高到 30 击左右，说明桩间土的密实度有很大改善，抗液化能力得到很大提高。

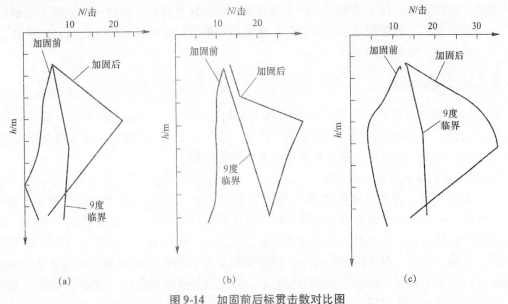

图9-14　加固前后标贯击数对比图

（a）1.0 m 桩距；（b）1.25 m 桩距；（c）1.35 m 桩距

（2）抗震作用。抗震作用反映在碎（砂）石桩体减振作用和桩间土的预振作用两个方面。

①碎（砂）石桩体减振作用。一般情况下，由于碎（砂）石桩的桩体强度远大于桩间土的强度，在荷载作用下尤其是在地震剪应力作用下，应力向桩体集中，减小了桩间土中的剪应力。

②桩间土的预振作用。桩间土的液化特性与其振动应变史、相对密度有关。碎（砂）石桩在施工过程中由于地基土在往复振动作用下局部可产生液化，达到了预振作用。

（3）碎（砂）石桩的排水通道作用。可液化地基土的液化特性不仅与振动应变史有关，还与排水体有关。砂和碎石都是透水材料，碎（砂）石桩为良好的排水通道，可以使由于挤压和振动作用产生的超孔隙水压力加速消散，使孔隙水压力的增长和消散同时发生，降低孔隙水压力上升的幅度，从而提高地基土的抗液化能力。

另一试验中，实测了加固区桩间土和非加固区天然土的超孔隙水压力值，见表9-6，从表中也可以看出，加固后桩间土的超孔隙水压力较加固区外天然土的孔隙水压力要小得多。因此砂石桩体能有效地消散振动引起的超孔隙水压力，提高桩间土的抗液化能力。

表9-6　超孔隙水压力 $\Delta\mu$

距振源距离/m	$\Delta\mu$/kPa		$\Delta\mu$ 加固区 /$\Delta\mu$ 非加固区
	加固后桩间土	非加固天然土	
2.0	6.9	14.7	47%
3.0	9.8	13.7	72%

室内和现场试验都表明，当地基土层中有排水体时，相应于某一振动加速度的抗液化临界相对密度有很大降低。

4. 置换作用

在黏性土地基，碎石桩的主要作用是置换，该置换是一种换土置换，即以性能良好的碎石来替换不良地基土；排土法则是一种强制置换，它是通过成桩机械将不良地基土强制排开并置换，而对桩间土的挤密效果并不明显，在地基中形成具有高密实度和大直径的桩体，与原黏性土构成复合地基共同工作。

9.3.3 设计计算

碎（砂）石桩地基处理的设计计算内容主要包括：桩位、桩距、桩长、桩径、处理范围、填砂石量，以及承载力和变形验算等。因此，设计、施工时应掌握和了解场地的岩土工程勘察资料、施工机械性能、砂石料的性能和来源等情况。

1. 碎（砂）石桩设计一般原则

（1）桩体材料。桩体材料的选择一般因地制宜，就地取材，可用碎石、卵石、角砾、圆砾、砾砂、粗砂、中砂或石屑等硬质材料，这些材料可单独使用，也可将粗、细粒料以一定的比例配合使用，改善级配，提高桩体的密实度。对于砂土地基，桩体用料要比原土层的砂质好，并易于施工。对于饱和黏性土，因为要构成复合地基，特别是当原地基土较软弱、侧限不大时，为了有利于成桩，宜选用级配好、强度高的砂砾混合料，或用含有棱角状碎石的混合料，以增大桩体材料的内摩擦角。

（2）桩径。碎（砂）石桩的直径取决于施工设备的能力、处理的目的和地基土类型等因素。根据施工设备的桩管直径和地基土的情况来确定桩径。小直径桩的挤密效果均匀但施工效率较低，大直径桩则需要较大的机械设备能力，效率较高，但桩间土挤密不易均匀。一般成桩与桩管的直径比不宜大于 1.5，以避免因扩径较大对地基土产生较大的扰动。碎（砂）石桩的桩径一般为 0.70 ~ 1.0 m；采用沉管法成桩时，碎（砂）石桩的直径一般为 0.30 ~ 0.70 m，对饱和黏性土地基应采用较大的直径。

（3）桩距。碎（砂）石桩的间距应通过现场试验确定。根据经验，桩距一般控制在 3.0 ~ 4.5 倍桩径以内。对粉土和砂土地基，不宜大于碎（砂）石桩直径的 4.5 倍；对黏性土地基，不宜大于碎（砂）石桩直径的 3 倍。

（4）桩长。桩的长度主要取决于需加固处理的软土层的厚度，根据建筑物对地基的强度和变形条件等的设计要求及地质条件通过计算确定，砂土地基还应考虑抗液化的要求。桩长的确定应考虑以下几个主要因素：

①松软土层厚度。当地基中松软土层厚度不大时，桩的长度宜穿过松软土层；当地基中松软土层厚度较大时，应从以下两种情况考虑：a. 对按稳定性控制的工程，桩长应不小于最危险滑动面以下 2 m 的深度，其长度可以通过复合地基的滑动计算来确定；b. 对于按沉降变形控制的工程，桩长应满足处理后复合地基沉降变形量不超过建筑物地基变形允许值并且满足软弱下卧层承载力的要求，并应通过复合地基沉降计算确定。

②可液化土层的厚度。对于可液化地基，应根据下面几种情况确定桩长：a. 当液化层较薄或上部建（构）筑物要求全部消除地基液化沉陷变形时，桩长应穿透液化层，达到液化深度的下界，且处理后桩间土的标准贯入锤击数的实测值 N_{cr}（未经杆长修正）宜大于相应的液化判别的标准贯入锤击数临界值 N_{cr}；b. 当液化层厚度较大或上部建（构）筑物要求部分消除地基液化沉陷变形时，桩长的确定应符合以下要求：处理深度应使处理后的地基液化指数 I_{lE}

减小，当判别深度为 15 m 时，I_{1E} 的值不宜大于 4，当判别深度为 20 m 时，I_{1E} 的值不宜大于 5；对独立基础与条形基础，尚不应小于基础底面下液化土层特征深度 d_0，具体见表 9-7；在处理深度范围内，桩间土的标准贯入锤击数实测值 N 不宜小于相应的液化判别临界值 N_{cr}。

表 9-7　液化土层特征深度 d_0　　　　　　　　　　　　　　　　　　　　　　　m

烈度 饱和土类型	7 度	8 度	9 度
粉土	6	7	8
砂土	7	8	9

（5）桩的平面布置形式和平面加固范围。桩的平面布置形式要根据基础的形式确定。对于大面积满堂处理，桩位一般采用等边三角形布置；对于独立或条形基础宜采用正方形、矩形、等腰三角形布置；对于圆形、环形基础，如油罐基础，宜采用放射形布置，如图 9-15 所示。

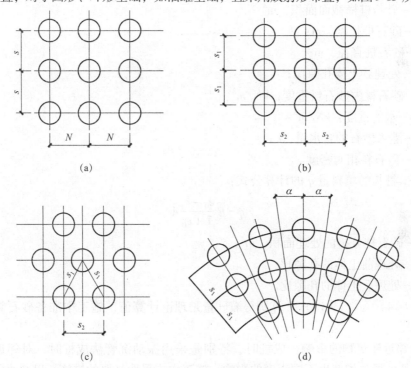

图 9-15　桩位布置图

（a）正方形；（b）矩形；（c）等腰三角形；（d）放射形

对于砂性土地基，需通过砂石桩的挤密作用提高桩间土的密度，可采用三角形布桩。按正三角形布置时，单桩分担的处理范围为正六边形，各桩间距相等，桩间土挤密效果和桩的作用较均匀。按正方形布置时，单桩分担的处理范围为正方形，布桩和施工较方便。对于黏性土地基，主要依靠砂石桩的置换作用，可以根据置换率的要求选择任一种，有时因为基础尺寸的限制或者为了布桩的方便，可采用等腰三角形或者矩形布置。无论采用正方形还是三角形布置，在任意相邻 4 个桩中心连线形成的四边形中，均包含 L 根桩体的（横截面）面积，因此，1 根桩分担的地基处理面积等于四边形的面积。

桩的平面加固范围可以考虑上部结构的特征、基础尺寸的大小、基础的形式、荷载条件和工程地质条件确定。由于基础传递的压力向基础以外扩散，外围 2~3 排桩的挤密效果较差，所以处理范围应大于基底范围，处理宽度宜在基础外缘扩大 1~3 排桩。

对于可液化地基，在基础外缘扩大宽度不应小于可液化土层厚度的 1/2，并不宜小于 1 m。

(6) 桩孔内砂石填料量。砂石桩桩孔内的填料量应通过现场试验确定，估算时可按设计桩孔体积乘以充盈系数确定。如施工中地面有下沉或隆起现象，则填料数量应根据现场具体情况予以增减。每根桩应灌入砂石量 Q（kN）按下式计算：

$$Q = \beta \left(A_p \cdot l_p\right) \gamma = \beta \frac{A_p l_p d_s}{1 + e_1} \left(1 + 0.01\omega\right) \gamma_w$$

$$= \beta \frac{\pi d^2 l_p d_s}{1 + e_1} \left(1 + 0.01\omega\right) \gamma_w \tag{9-14}$$

式中　β——充盈系数，可取 1.2~1.4；

　　　A_p——砂石桩横截面面积，m^3；

　　　l_p——砂石桩长度，m；

　　　d——砂石桩直径，m；

　　　e_1——处理后土体孔隙比；

　　　γ——砂石桩内砂石料重度，kN/m^3；

　　　γ_w——水的重度，kN/m^3；

　　　ω——灌入砂石的含水量，%；

　　　d_s——砂石料相对密度。

单桩每米桩长的填料量 q 的计算公式：

$$q = \beta \frac{e_0 - e_1}{1 + e_0} A \tag{9-15}$$

式中　A——砂石桩分担的处理面积，m^2；

　　　e_0——处理前土体的孔隙比；

　　　e_1——处理后土体的孔隙比。

由式（9-14）、式（9-15）计算所得灌砂量是理论计算值，施工中准备砂石料时应考虑各种可能损耗。

(7) 对邻近建筑物的影响。成桩时，特别是采用振动沉管法成桩时，对邻近建筑物及其可液化地基的振陷均产生不同程度的影响。施工中应采取必要的措施，以减小因此造成的影响。一方面，要对邻近建筑物进行沉降观测或加速度观测，使附加沉降、加速度反应都在规范规定的界限内；另一方面，挖设减振沟或者与相邻建筑物相接合的部分采用其他处理方法，如用锤击法代替振动沉管法等。一些实测资料表明，振动沉管法施工距相邻建筑物的最小安全距离约等于处理的深度，一般情况下，保持 8~10 m 的距离为宜。

2. 碎（砂）石桩设计计算

由于碎（砂）石桩在松散砂土和粉土中与在黏性土中的作用机理不同，所以桩间距的计算方法也有所不同。

松散砂土和粉土地基考虑振密和挤密两种作用，可根据挤密后要求达到的孔隙比 e_1 来确定，平面布置为正三角形和正方形时，如图 9-16 所示。

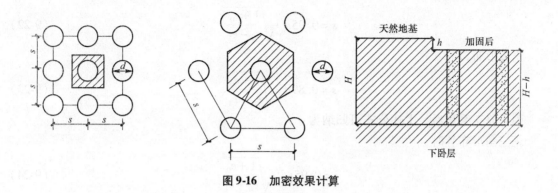

图 9-16 加密效果计算

对于正三角形布置，则 1 根桩所承担的处理范围为六边形（图中阴影部分），加固处理后的土体体积应变为 $\varepsilon_v = \dfrac{\Delta V}{V_0} = \dfrac{e_0 - e_1}{1 + e_0}$（式中 e_0 为天然孔隙比，e_1 为处理后要求的孔隙比）。

因为 1 根桩所承担的处理范围

$$V_0 = \frac{\sqrt{3}}{2}s^2 \cdot H \tag{9-16}$$

式中 s——桩间距；

H——欲处理的天然土层厚度。

$$\Delta V = \varepsilon_v \cdot V_0 = \frac{e_0 - e_1}{1 + e_0} \cdot \frac{\sqrt{3}}{2} \cdot s^2 \cdot H \tag{9-17}$$

而实际上

$$\Delta V = \frac{\pi}{4} \cdot d^2 \cdot (H - h) + \frac{\sqrt{3}}{2} \cdot s^2 \cdot H \tag{9-18}$$

式中 s——砂石桩间距，m；

d——砂石桩直径，m；

h——竖向变形，m，下降时取正值，隆起时取负值。

将式（9-18）代入式（9-17）得：

$$\frac{e_0 - e_1}{1 + e_0} \cdot \frac{\sqrt{3}}{2} \cdot s^2 \cdot H = \frac{\pi d^2}{4} \cdot (H - h) + \frac{\sqrt{3}}{2} \cdot s^2 \cdot H \tag{9-19}$$

整理后得：

$$s = 0.95d \cdot \sqrt{\frac{H - h}{\dfrac{e_0 - e_1}{1 + e_0} \cdot H - h}} \tag{9-20}$$

同理，正方形布桩时

$$s = 0.89d \cdot \sqrt{\frac{H - h}{\dfrac{e_0 - e_1}{1 + e_0} \cdot H - h}} \tag{9-21}$$

如不考虑振密作用即 $h = 0$ 时，式（9-20）和式（9-21）可分别写成如下形式：

正三角形布置时

$$s = 0.95d \cdot \sqrt{\frac{1+e_0}{e_0-e_1}} \tag{9-22}$$

正方形布置时

$$s = 0.89d \cdot \sqrt{\frac{1+e_0}{e_0-e_1}} \tag{9-23}$$

引入修正系数后，上述公式可归纳为：

正三角形布置时

$$s = 0.95\xi d \cdot \sqrt{\frac{1+e_0}{e_0-e_1}} \tag{9-24}$$

正方形布置时

$$s = 0.89\xi d \cdot \sqrt{\frac{1+e_0}{e_0-e_1}} \tag{9-25}$$

式中 ξ——修正系数，当考虑振动下沉密实作用时，可取 $1.1 \sim 1.2$；不考虑振动下沉密实作用时，可取 1.0。

设计时确定处理后土的孔隙比可由下式求得：

$$e_1 = e_{max} - D_{r1}(e_{max} - e_{min}) \tag{9-26}$$

式中 e_{max}——最大孔隙比，即砂土处于最松散状态的孔隙比；

e_{min}——最小孔隙比，即砂土处于最密实状态的孔隙比；

D_{r1}——地基挤密后要求砂土达到的相对密实度，一般取值为 $0.70 \sim 0.85$。

9.3.4 施工方法

根据地质情况选择成桩方法和施工设备。对于饱和松散的砂性土，一般选用振动成桩法，以便利用其对地基的振密、挤密作用；而对于软弱黏性土，则选用锤击成桩法，也可以采用振动成桩法。

根据地层情况和处理目的来确定碎（砂）石桩的平面施工顺序：砂土和粉土地基中以挤密为主的碎（砂）石桩施工时，先打周围 $3 \sim 6$ 排桩，后打内部的桩，内部的桩间隔（跳打）施工，实际施工时因机械移动不便，内部的桩可以划分成小区，然后逐排施工。

对黏性土地基，碎（砂）石桩主要起置换作用，为保证设计的置换率，宜从中间向外围或隔排施工，同一排中也可以间隔施工。特别是置换率较大，桩距较小的饱和黏性土，更要注意间隔施工。

在既有建（构）筑物邻近施工时，为了减少对邻近既有建（构）筑物的振动影响，应背离建（构）筑物方向施工。

施工现场首先要做好"三通一平"工作，即保证路通、水通、电通和场地平整。场地平整时，一方面要注意平整地表，清除地上、地下的障碍物；另一方面，当地表土强度较低时，要铺设适当厚度的垫层，以利于重型施工机械的通行。

在接近地表一定深度内，土的自重压力小，桩间土对桩的径向约束力小，造成碎（砂）石桩桩体上部 $1 \sim 2$ m 范围内密实度较差，这部分一般不能直接做地基，需进行碾压、夯实或挖除等处理。如双管锤击成桩法施工时，就要求桩顶标高以上须有 $1 \sim 2$ m 的原土覆盖层，以保证桩顶端的密实。因此要根据不同成桩方法确定施工前场地的标高。由于在饱和黏性土中施工，可能因挤压造成地面隆起变形，而在砂性土中进行振动法施工时，振动作用又可能产生振密沉降变形，所以施工前要根据试验或经验预估隆起或振密变形的高度，以确定施工前场地的标高，使处理后场地标高接近规定标高。

施工时，不同成桩方法对砂石料含水量的要求也不相同。单管锤击法或单管振动法一次拔管成桩或复打成桩时，砂石料含水量要达到饱和。双管锤击法成桩或单管振动法重复压拔管成桩时，砂石料含水量为7%～9%。在饱和土中施工时，可以用天然湿度或干的砂石料。

9.3.4.1　振动成桩法

振动成桩法分为一次拔管法、逐步拔管法和重复压拔管法三种。

1. 一次拔管法

（1）成桩工艺步骤如图9-17所示。

①移动桩机及导向架，把桩管及桩尖垂直对准桩位；

②启动振动桩锤，将桩管振动沉入土中，达到设计深度，使桩管周围的土进行挤密或挤压；

③从桩管上端的投料漏斗加入砂石料，数量根据设计确定，为保证顺利下料，可加适量水；

④边振动边拔管直至拔出地面。

（2）质量控制。

①桩身的连续性和密实度。通过拔管速度控制桩身的连续性和密实度。拔管速度应通过试验确定。

②桩身直径。通过填砂石的数量来控制桩身直径。

2. 逐步拔管法

（1）成桩工艺步骤如图9-17所示。

①～③与一次拔管法步骤相同；

④逐步拔管，边振动边拔管，每拔管50 cm，停止拔管而继续振动，停拔时间为10～20 s，直至将桩管拔出地面。

（2）质量控制。

①桩身的连续性和密实度。通过控制拔管的速度来保证桩身的连续性和密实度，不致断桩或缩径；拔管速度慢，可使砂石料有充分时间振密，从而保证桩身的密实度。

②桩身直径。通过填砂石的数量来控制桩身直径。

3. 重复压拔管法

（1）成桩工艺步骤如图9-18所示。

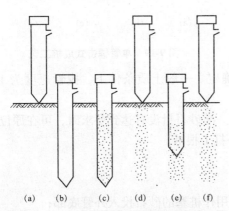

图9-17　一次拔管法和逐步拔管法成桩工艺

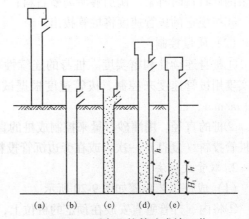

图9-18　重复压拔管法成桩工艺

①桩管垂直就位，闭合桩靴；

②将桩管沉入地基土中达到设计深度；

③按设计规定的砂石料量向桩管内投入砂石料；

④边振动边拔管，拔管高度根据设计确定；

⑤边振动边向下压管（沉管），下压的高度由设计和试验确定；

⑥停止拔管，继续振动，停拔时间长短按规定要求；

⑦重复步骤③~⑥，直至桩管拔出地面。

（2）质量控制。

①桩身的连续性。应通过适当的拔管速度、拔管高度和压管高度来控制桩身的连续性。拔管速度太快，砂石料不易排出，以及拔管高度较大而桩管高度又较小时，都容易造成桩身投料不连续。

②桩身直径。利用拔管速度和下压桩管的高度进行控制。拔管时使砂石料充分排出，压管高度较大时则形成的桩径也较大。

③桩体密实度。桩体的密实度除了受压管高度大小影响外，还与桩管的留振时间有关。留振时间长，则桩体的密实度大。一般情况下，桩管每提高 100 cm，下压 30 cm，然后留振 10~20 s。

9.3.4.2 锤击成桩法

锤击成桩法成桩工艺有单管成桩法和双管成桩法两种。

1. 单管成桩法

（1）成桩工艺步骤如图 9-19 所示。

①桩管垂直就位，下端为活瓣桩靴时则对准桩位，下端为开口的则对准已按桩位埋好的预制钢筋混凝土锥形桩尖；

②启动蒸汽桩锤或柴油桩锤将桩管打入土层至设计深度；

③从加料漏斗向桩管内灌入砂石料。当砂石量较大时，可分两次灌入，第一次灌总料量的 2/3 或灌满桩管，然后上拔桩管，当能容纳剩余的砂石料时再第二次加够所需砂石料；

④按规定的拔管速度将桩管拔出。

（2）质量控制。

①桩身连续性和密实度。桩身的连续性和

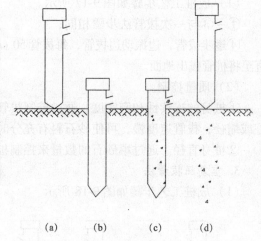

(a) (b) (c) (d)

图 9-19 单管锤击式成桩工艺

密实度用拔管速度来控制。拔管速度根据试验确定。一般土质条件下，拔管速度为 1.5 ~ 3.0 m/min。

②桩的直径。用灌砂石量来控制成桩的直径。灌砂石量没有达到要求时，可在原位再沉入桩管投料（复打）一次，或在旁边沉管投料补打 1 根桩。

2. 双管成桩法

（1）成桩工艺步骤如图 9-20 所示。

①将内、外管垂直安放在预定的桩位上，将用作桩塞的砂石投入外管底部；

②以内管做锤冲击砂石塞，靠摩擦力将外管打入预定深度；

③固定外管，将砂石塞压入土中；

④提内管并向外管内投入砂石料；

⑤边提外管边用内管将管内砂石料冲出挤压土层；

⑥重复步骤④~⑤，直至拔管接近桩顶；

⑦待外管拔出地面，砂石桩完成。

（2）质量控制。

①桩身连续性。拔管时如没有发生拔空管现象，一般可避免断桩。

②桩的直径和桩身密实度。采用贯入度和填料量两项指标双重控制成桩的直径和密实度。对于以提高地基承载力为主要处理目的的非液化土层，以贯入度控制为主，填料量控制为辅；对于以消除砂土和粉土振动液化为主要处理目的的液化土层，则以填料量控制为主，贯入度控制为辅。贯入度和填料量可通过试桩确定。

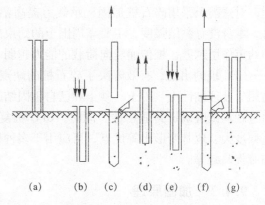

图 9-20　双管锤击式成桩工艺

9.3.5　质量检验

碎（砂）石桩施工结束后，除砂土地基外，应间隔一定时间方可进行质量检验。对黏性土地基，间隔时间可取 3~4 周，对粉土地基可取 2~3 周。

关于碎（砂）石桩的施工质量检验，常用的方法有单桩载荷试验和动力触探试验。通过单桩载荷试验可以得到碎（砂）石桩的单桩承载力，通过动力触探试验可以了解桩身不同深度的密实程度和均匀性。单桩载荷试验数量为总桩数的 0.5%，但不得少于 3 根。

对于砂土或粉土层中碎（砂）石桩挤密效果的检验，可采用标准贯入、静力触探等试验对桩间砂土或粉土进行处理前后的对比试验，从而了解挤密效果。检测位置应在等边三角形或正方形的中心。检测数量不应少于桩孔总数的 2%。

对于置换作用为主的碎（砂）石桩复合地基，其加固效果检验以检测复合地基承载力为主，常用的方法有单桩复合地基载荷试验和多桩复合地基载荷试验。复合地基载荷试验数量不应少于总桩数的 0.5%，且每个单体建筑不应少于 3 点。

9.4　水泥粉煤灰碎石桩

9.4.1　概述

水泥粉煤灰碎石桩（Cement Fly-ash Gravel Pile，CFG 桩）是在碎石桩的基础上，加入一些石屑、粉煤灰和少量水泥，加水拌和制成的一种具有一定黏结强度的桩，是近年来开发的一种地基处理新技术。

我国从 20 世纪 70 年代起就开始利用碎石桩加固地基，在砂土、粉土中消除地基液化和提高地基承载力方面取得了令人满意的效果。后来逐渐把碎石桩的应用范围扩大，采用到塑性指数较大、挤密效果不明显的黏性土中，以提高地基的承载能力。然而大量的工程实践表明，对这类土采用碎石桩加固，承载力提高幅度不大。其根本原因在于碎石桩属散体材料桩，本身没有黏结强度，主要靠周围土的约束来抵抗基础传来的竖向荷载。土体越软，对桩的约束作用越差，桩传递竖向荷载的能力越弱。

CFG 桩的出现，有效解决了碎石桩的缺点，因此得到了广泛应用和推广。CFG 桩主要适用于处理黏性土、粉土、砂土和已自重固结的素填土等地基。对淤泥质土应按地区经验或通过现场试验确定其适用性。同时，CFG 桩复合地基属于刚性桩复合地基，具有承载力提高幅度大、地基变形小等优点，可应用于多种地基形式，如条形基础、独立基础、箱形基础和筏板基础等。

9.4.2 加固原理

CFG 桩加固软弱地基的主要作用有桩体作用、挤密作用和置换作用。

1. 桩体作用

在荷载作用下，CFG 桩的压缩性明显小于周围软弱土。因此，基础传递给复合地基的附加应力随地基的变形逐渐集中到桩体上，即出现了应力集中现象。CFG 桩属于刚性桩，它和桩间土共同作用，既具有复合地基的特点，也具有桩基的某些特征，在加固区范围内桩身的变形控制复合地基的变形，复合地基的承载力有较大幅度的提高，加固效果显著。而且，CFG 桩复合地基变形小，沉降稳定快。

2. 挤密作用

由于 CFG 桩采用振动沉管法施工，机械的振动和挤压使桩间土得以挤密。经加固处理后，地基土的物理力学指标都有所提高，这也说明加固后的桩间土已挤密。

在碎石桩中掺加适量的石屑、粉煤灰和水泥，加水拌和形成一种黏结强度较高的桩体，使之具有刚性桩的某些性状，一般情况下，不仅可以全桩长发挥桩的侧阻，当桩端落在好土层时，也能很好地发挥端阻作用，从而表现出很强的刚性桩性状，复合地基的承载力得到较大提高。

3. 置换作用

CFG 桩具有一定的黏结强度，设计上一般按 C7 ～ C15 混凝土强度设计。在上部荷载作用下，桩身压缩性明显比周围土体小。复合地基载荷试验结果表明，在荷载作用下首先是桩体受力，表现出比较明显的应力集中现象，其桩土应力比可达到 10 ～ 30，甚至更高，这一点是其他散体材料桩无法比拟的。

9.4.3 设计计算

用 CFG 桩处理软弱地基，其主要目的是提高地基承载力和减少地基的变形。这一点要通过发挥 CFG 桩的桩体作用来实现。对于松散砂性地基，可以考虑振动沉管法施工时的挤密效应。但如果是以挤密松散性土为主要加固目的，那么采用 CFG 桩是不经济的。

CFG 桩的设计主要通过桩径、桩距、承载力和变形等技术参数来控制。

1. 桩径

CFG 桩常采用振动沉管法施工，其桩径应根据桩管大小而定，一般为 350 ～ 500 mm。

2. 桩距

桩距的选取需要考虑多种因素，如提高地基承载力以满足设计要求、桩体作用的发挥、场地地质条件以及造价等，而且施工要方便，具体可参考表 9-8 选取。

表9-8　桩距选用表

布桩形式 ＼ 土质	挤密性好的土（如砂土、粉土、松散填土等）	可挤密性土（如粉质黏土、非饱和黏土等）	不可挤密性土（如饱和黏土、淤泥质土等）
单、双排布桩的条形基础	$(3\sim5)\,d$	$(3.5\sim5)\,d$	$(4\sim5)\,d$
含9根以下的独立基础	$(3\sim6)\,d$	$(3.5\sim6)\,d$	$(4\sim6)\,d$
满堂布桩	$(4\sim6)\,d$	$(4\sim6)\,d$	$(4.5\sim7)\,d$
注：d 为桩径，以成桩后的实际桩径为准。			

3. 承载力

CFG桩复合地基承载力值的确定，应以能够比较充分地发挥桩和桩间土的承载力为原则，所以，可取比例界限荷载值作为复合地基的承载力。复合地基的承载力可按下式确定：

$$R_{sp} = \frac{N \cdot Q}{A} + \eta \frac{R_s \cdot A_s}{A} \tag{9-27}$$

式中　R_{sp}——CFG桩复合地基承载力值，kPa；

　　　N——基础下桩数；

　　　Q——CFG单桩承载力，kPa；

　　　R_s——天然地基承载力，kPa；

　　　A_s——桩间土的面积，m^2；

　　　A——基础面积，m^2；

　　　η——桩间土承载力折减系数，一般取 $0.8\sim1.0$。

也可以采用下式计算复合地基承载力：

$$R_{sp} = \xi \left[1 + m\,(n-1)\right] R_s \tag{9-28}$$

式中　ξ——桩间土承载力折减系数，一般取0.8；

　　　n——桩土应力比，一般取 $10\sim14$；

　　　m——复合地基面积置换率。

4. 变形

CFG桩复合地基的变形可由下式计算：

$$s = s_{sp} + s_s \tag{9-29}$$

式中　s_{sp}——CFG桩复合地基的变形量，一般取 $s_{sp}\approx0$；

　　　s_s——下卧软弱土层的变形量。

下卧软弱土层的变形量由基础扩散到下卧软弱土层顶面的附加应力引起，可采用常规的分层总和法计算。

9.4.4　施工方法

CFG桩目前一般采用振动沉管法施工，由于它是一种新发展起来的地基处理技术，设计计算理论和工程施工经验还远不成熟。所以，施工前一般须进行成桩试验，以确定有关技术参数，再精心组织正常施工。CFG桩施工工艺流程如图9-21所示。

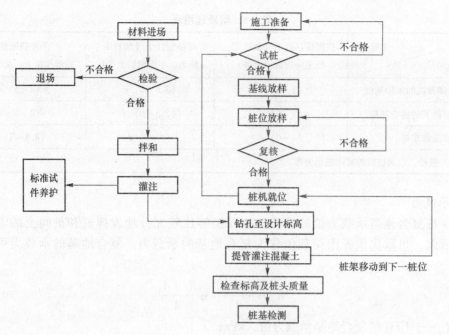

图 9-21　CFG 桩施工工艺流程图

1. 材料准备

桩体原材料采用碎石、石屑、粉煤灰、水泥配制而成，一般材料按 C15 混凝土配比。

（1）水泥。采用强度等级为 32.5 级及以上的硅酸盐水泥。水泥进场时应有出厂合格证，并有现场复验报告。混合料 28 天龄期标准试块抗压强度不小于 10 MPa。

（2）粉煤灰。采用细度不大于 45% 的 II 级或 II 级以上的粉煤灰。粉煤灰进场时应有出厂合格证，并有现场复验报告。

（3）石子。采用粒径为 9~16 mm 的坚硬碎石或卵石，含泥量不大于 1% 且应符合国家现行标准《普通混凝土用砂、石质量及检验方法标准》（JGJ 52—2006）的规定。不宜选用卵石，因为卵石咬合力较差，施工扰动使褥垫层厚度不均匀。碎石粒径为 20~50 mm，松散密度为 1.39 t/m³，杂质含量小于 5%。

（4）砂。采用中砂或细砂，含泥量不大于 3%，最大粒径不宜大于 30 mm。

（5）石屑。粒径为 2.5~10 mm，松散密度为 1.47 g/cm³，杂质含量小于 5%。

（6）粉煤灰。粉煤灰应选用 III 级或 III 级以上等级。

（7）外加剂。根据施工需要通过试验确定。

施工前按设计要求由实验室进行配合比试验，施工时按配合比配制混合料。长螺旋杆钻孔灌注成桩施工的坍落度为 160~200 mm，振动沉管灌注成桩施工的坍落度宜为 30~50 mm，钻孔灌注成桩后桩顶附浆厚度不超过 200 mm；施工前践行成桩工艺试验，检验设备、工艺、技术参数是否满足设计要求。

2. 桩位放线

根据桩位平面图及现场桩位基准点，采用激光测距仪坐标放点，并打孔 300 mm，灌入白灰做标记，放线后经专人检验，并派人看护。钻机进场就位，施工前先进行试桩，以掌握施工参数及验证单桩承载力，试桩数量为 1 根。

3. 沉管

CFG 桩沉管必须注意以下事项：

（1）桩机就位必须平整、稳固，调整沉管与地表面垂直，确保垂直偏差不大于 1% 。

（2）如果采用预制钢筋混凝土桩尖，需要将桩尖埋入地表以下 300 mm 左右。

（3）启动发动机开始沉管，沉管过程中注意调整桩机稳定，严禁倾斜和错位。

（4）做好沉管记录。激振电流每沉管 1 m 记录一次，对土层变化处应特别说明，直至沉管到设计标高。

4. 投料

在沉管过程中可用料斗进行空中投料，待沉管至设计标高后必须尽快投料，直至沉管内的混合料面与钢管投料口齐平为止。如上述投料量不足，须在拔管过程中空中投料，以确保成桩桩顶标高满足设计要求。严格按设计规定配制混合料，碎石和石屑杂质含量不得大于 5% ，将其投入搅拌机加水拌和，加水量由混合料的坍落度控制，一般坍落度为 30～50 mm ，成桩后的桩顶浮浆厚度一般不超过 200 mm 。混合料搅拌时间不得少于 1 min ，须搅拌均匀。

5. 拔管

第一次投料结束后，启动发动机，沉管原地留振 10 s 左右，然后边振动边拔管，拔管速度控制在 1.0～1.5 m/min ，成桩过程宜连续进行，应避免因后台供料慢而导致停机待料。如遇淤泥或淤泥质土，可适当放慢速度。桩管拔出地面后，确认其符合设计要求后用粒状材料或湿黏土封顶，移机进行下一根桩施工。

施工时，桩顶标高应高出设计标高，高出长度应根据桩距、布桩形式、现场地质条件和施工顺序等综合确定，一般不应小于 0.5 m 。

6. 施工顺序

按由外围或两侧向中心的施工顺序进行。隔排隔桩跳打，且间隔时间不应少于 7 d 。

7. 桩头处理

施工完毕后，待 CFG 桩体达到一定强度（一般为 7 d 左右）后开挖基槽，开挖方式有人工、机械和联合开挖三种。人工开挖留置厚度一般不宜小于 700 mm 。

8. 铺设垫层

在基础下铺设一定厚度的垫层，工程中一般垫层厚度为 150～300 mm ，以便调整 CFG 桩和桩间土的共同作用。虚铺完成后宜采用静力压实法至设计厚度；当基础底面下桩间土的含水量较小时，也可采用动力夯实法。对于较干的砂石材料，虚铺后可适当洒水，再进行碾压或夯实。

9.4.5　质量检验

在施工过程中，抽样做混合试块，一般一个台班做一组（3 块），试块尺寸为 150 mm × 150 mm × 150 mm ，并测定 28 d 抗压强度。

施工结束 28 d 后进行单桩复合地基载荷试验，抽检率为 2‰ ，且每个单体工程不应少于 3 点。并采用低应变动力试验检测桩身完整性，检测数量占总桩数的 10% 。

CFG 桩施工的允许偏差、检验数量及检验方法见表 9-9。

表 9-9　CFG 桩施工的允许偏差、检验数量及检验方法

序号	检验项目	允许偏差	施工单位检验数量	检验方法
1	桩位（纵横向）	50 mm	按成桩总数的 10% 抽取检验，且每检验批不少于 5 根	经纬仪或钢尺丈量
2	桩体垂直度	1%		经纬仪或吊线测钻杆倾斜度
3	桩体有效直径	不小于设计值		开挖 0.5 ~ 1 m 深后，用钢尺丈量

9.5　工程应用实例

9.5.1　工程概况

北京某小区一高层住宅楼，地上 24 层，地下 2 层，结构形式为剪力墙结构，基础形式为箱形基础，基础埋深为 5.0 m。该建筑东、西两侧有已建高层住宅两栋，最近距离为 15 m。

基础落于第④层黏质粉土层，④层及以下工程的地质条件如下。

④黏质粉土层：厚度为 1.0 ~ 4.0 m，土层厚度极不均匀，可塑，桩侧阻力特征值 $q_s = 30$ kPa，承载力特征值 $f_{sk} = 180$ kPa。

⑤粉质黏土层：厚度为 2.0 ~ 5.0 m，桩侧阻力特征值 $q_s = 32$ kPa，承载力特征值 $f_{sk} = 150$ kPa。

⑥细砂层：平均厚度为 8 m，土层厚度均匀，标准贯入锤击数为 23 击，桩侧阻力特征值 $q_s = 35$ kPa，桩端阻力特征值 $q_p = 700$ kPa，承载力特征值 $f_{sk} = 250$ kPa。

⑦黏质粉土层：平均厚度为 5 m，硬塑，桩侧阻力特征值 $q_s = 32$ kPa，桩端阻力特征值 $q_p = 900$ kPa，承载力特征值 $f_{sk} = 200$ kPa。

⑧细砂层：平均厚度为 5 ~ 6 m，密实，标准贯入锤击数为 39 击，桩端阻力特征值 $q_p = 1\,100$ kPa，承载力特征值 $f_{sk} = 280$ kPa。

⑨圆砾层：未钻透，密实，桩端阻力特征值 $q_p = 2\,100$ kPa，承载力特征值 $f_{sk} = 400$ kPa。

9.5.2　CFG 桩布置方案

根据场地特点，初步设计了以下四种方案。

方案 1：桩长为 6.5 m，桩端土层为⑥细砂层。

方案 2：桩长为 15 m，桩端土层为⑦黏质粉土层。

方案 3：桩长为 20 m，桩端土层为⑧细砂层。

方案 4：桩长为 25 m，桩端土层为⑨圆砾层。

上述四种设计方案中，后两种方案持力层承载力高，但埋藏深，桩身较长。方案 1 桩长较小，适当减少桩间距即可满足复合地基承载力的要求，且已穿越厚度不均的第④层黏质粉土层，持力层为第⑥层细砂层，其下土层厚度均匀，不会出现不均匀沉降。方案 2 桩长较长，设计桩间距较大，虽满足承载力要求，但穿越第④层黏质粉土层，难以消除不均匀土层所造成的沉降差；若减少桩间距，则费用增加，不经济。

经上述分析，建议采用方案 1。

9.5.3　复合地基承载力与变形计算

基本参数：桩径 $d = 400$ mm，桩长 $l = 6.5$ m，桩形式按等边三角形布置，桩间距 $s = 1.4$ m，则

$$A_p = \frac{\pi d^2}{4} = \frac{3.14 \times 0.4^2}{4} = 0.125\,6\ (\text{m}^2)$$

$$u_p = \pi d = 3.14 \times 0.4 = 1.256 \ (\text{m})$$

$$m = \frac{\pi d^2}{2\sqrt{3} s^2} = \frac{3.14 \times 0.4^2}{2\sqrt{3} \times 1.4^2} = 0.074$$

取第④层平均土层厚度 2.5 m，第⑤层平均土层厚度 3.0 m，桩身进入第⑥层 1.0 m。单桩竖向承载力特征值的计算如下：

$$R_a = u_p \sum q_{si} l_i + A_p q_p = 1.256 \times (30 \times 2.5 + 32 \times 3.0 + 35 \times 1.0) + 0.125 6 \times 700 = 347 \ (\text{kN})$$

因天然地基承载力较高，取 $\beta = 0.9$，则复合地基承载力特征值为

$$f_{spk} = m \frac{R_a}{A_p} + \beta (1 - m) f_{sk} = \frac{0.074 \times 347}{0.125 6} + 0.9 \times (1 - 0.074) \times 180 = 354 \ (\text{kPa})$$

对复合地基承载力进行深度修正：基础以上土的加权平均重度 $\gamma_m = 18 \ \text{kN/m}^3$，复合地基深度修正系数 $\eta_d = 1.0$，则

$$f_{sp} = f_{spk} + \eta_d \gamma_m (d - 0.5) = 354 + 1.0 \times 18 \times (5.0 - 0.5) = 435 \ (\text{kPa}) > 400 \ \text{kPa}$$

复合地基承载力经修正后，满足设计要求。

加固区计算变形量为 15.5 mm，下卧层变形量为 61 mm，最大倾斜为 1.1‰，满足要求。

9.5.4 施工工艺选择

本工程采用长螺旋钻孔、管内泵压混合料施工工艺。在选择地基处理施工工艺时，应综合考虑以下因素：由于场地两侧均有已建高层建筑，为了避免深层降水对已有建筑物产生不良影响，降水至基坑作业面以下 1 m，不再进行深层降水；地基处理工艺应避免振动和噪声。

9.5.5 地基加固效果

（1）CFG 桩单桩静载荷试验。三根 CFG 桩的破坏荷载均为 960 kN，极限荷载为 880 kN，均大于理论设计值。说明短桩施工容易保证质量，设计值偏于安全。

（2）单桩复合地基静载荷试验。从 q-s 曲线可以看出，复合地基载荷试验是渐进性的光滑曲线，不存在极限荷载。取 $s/b = 0.01$ 所对应的荷载作为复合地基承载力特征值，两次试验的平均值为 386 kPa，复合地基承载力超过设计要求。

9.5.6 评价

当桩端下卧层土质均匀，且变形能够满足设计要求时，应优先设计短桩复合地基，在设计时，桩间距越小，复合地基模量就越大，变形量也越小，能很好地解决加固区土质不均匀的问题，且短桩施工质量易于保证。

习 题

【9-1】阐述土桩、灰土桩挤密法的加固机理。

【9-2】阐述石灰桩的成桩方法和施工顺序。

【9-3】阐述碎（砂）石桩的承载力影响因素及桩体破坏模式。

【9-4】阐述 CFG 桩的施工方法及适用地质条件。

【9-5】比较土桩、灰土桩、石灰桩、碎（砂）石桩和 CFG 桩的优缺点。

第 10 章

化学加固法

10.1 灌 浆 法

10.1.1 概述

1. 灌浆法的概念

灌浆法是指利用气压、液压或电化学原理，将具有流动性和胶结性能的浆液注入各种介质的裂隙、孔隙，形成结构致密、强度高、防渗性能和化学稳定性好的固结体，以改善灌浆对象的物理力学性能。

在灌浆工程中，一般通过灌浆管把浆液均匀地注入地层中，浆液以填充、渗透和挤密等方式，赶走土颗粒间或岩石裂隙中的水分和空气后占据其位置，经人工控制一定时间后，将原来松散的土粒或裂隙胶结成一个整体，形成一个结构新、强度大、防水性能好和化学性质稳定的"结石体"，以达到地基处理的目的。

2. 灌浆法的作用

（1）充填作用。浆液凝结的结石将地层孔隙充填起来，可以阻止水流通过，提高地层密实性。

（2）压密作用。在浆液被压入的过程中，将对地层产生挤压，从而使那些无法进入浆液的细小裂隙或孔隙受到压缩和挤密，使地层密实性和力学性能都得到提高。

（3）粘合作用。某些浆液的胶凝性质可以使基岩、建筑物裂缝等充填并粘合，使其承载力得到提高。

（4）固化作用。某些浆材（如水泥和某些化学灌浆材料）可与地层中的黏土等松软物质发生化学反应，将其凝固成坚固的"类岩体"。

3. 灌浆的主要目的

（1）防渗。降低渗透性，减少渗流量，提高抗渗能力，降低孔隙压力。

（2）堵漏。封填孔洞，堵截流水。

（3）加固。提高岩土的力学强度和变形模量，恢复混凝土结构及圬工建筑物的整体性。

（4）纠正建筑物倾斜。使已发生不均匀沉降的建筑物恢复原位或减少其倾斜度。

（5）补强。对有缺陷或损坏了的建筑物进行补强修理，恢复混凝土结构及建筑物的整体性。

4. 灌浆法的分类

（1）按灌浆作用可分为固结灌浆、帷幕灌浆、回填灌浆和接触灌浆等。

（2）按灌注材料可分为水泥灌浆、水泥砂浆灌浆、水泥黏土灌浆和化学灌浆等。

（3）按灌浆压力可分为高压灌浆（3 MPa 以上）、中压灌浆（0.5~3 MPa）和低压灌浆（0.5 MPa 以下），后两类也可称为常规压力灌浆。

（4）按灌浆机理可分为渗入性灌浆、压密灌浆、劈裂灌浆、电动化学灌浆等。

（5）按灌浆目的可分为防渗灌浆、加固灌浆等。

5. 灌浆法的应用范围

目前，灌浆法已广泛应用于工业与民用建筑、道桥、市政、公路隧道、地下铁道、地下厂房，以及矿井建设、文物保护、坝基防渗加固等工程中。

（1）建筑地基加固。通过改善地基土的力学性质对地基进行加固或纠偏处理。

（2）钻孔灌注桩后压浆。通过对桩侧或桩底压浆，即可消除孔底沉渣及桩周泥皮对桩承载力的影响，可提高桩的承载力。

（3）坝基工程防渗和加固。切断溶流及提高坝体整体性和抗滑稳定性。

（4）基坑支护和边坡治理。提高支护结构后土体的强度，减少基坑的渗水量，防止邻近建筑物沉降及维护边坡稳定。

（5）后拉锚杆灌浆。将拉杆与土体胶结，形成锚固体。

（6）地铁灌浆加固。防止地面沉降过大，限制地下水的流动及制止土体位移。

10.1.2　灌浆材料

灌浆工程中所用的浆液是由主剂、溶剂及各种附加剂混合而成，通常所说的灌浆材料是指浆液中所用的主剂。附加剂可根据在浆液中所起的作用，分为固化剂、催化剂、速凝剂、缓凝剂和悬浮剂等。

灌浆法按浆液材料主要分为水泥灌浆、水泥砂浆灌浆、黏土灌浆、水泥黏土灌浆、硅酸钠或高分子溶液化学灌浆及混合型浆材灌浆等。不同浆液的材料性能及适用土质范围见表 10-1。以下主要介绍水泥灌浆、黏土灌浆、化学灌浆和混合型浆材灌浆。

表 10-1　浆液材料性能及适用范围

浆液分类		材料性能	适用范围	特点
水泥浆液	纯水泥浆液	最低为 32.5 级硅酸盐水泥，水灰比 1:1	砾石及岩石大裂隙	施工简单、方便；浆液凝结时间较长，可灌性差
	速凝剂水泥浆液	水泥浆中掺入 2%~5% 的水泥速凝剂或 5% 的水玻璃		
黏土浆液		常用膨润土并可掺入适量水泥	砾石及岩石大裂隙	材料来源广，价廉；强度低
水泥黏土浆液		—	粗砂地基的防渗加固	价格低，使用方便。可灌性比水泥浆液好
沥青浆液	热浆	沥青加热液化再加小于 5% 煤油	砾石及岩石不大裂隙	耐久性差
	冷浆	沥青加纸浆液及少量硫酸，经研磨成沥青乳液再加水稀释		

浆液分类		材料性能	适用范围	特点
化学浆液	以水玻璃为主剂	掺加水泥浆、氯化钙溶液	中砂、粗砂、砾石及岩石大裂隙	浆液黏度与水接近，可灌性好，但价格较高。在水泥等颗粒浆液满足不了可灌性要求时采用
	以氢氧化钠为主剂	常用溶液浓度为 60~100 g/L	加固湿陷性黄土等	价格较高
	以丙烯酰胺为主剂	—	细砂、粉砂、岩石小裂隙	价格较高
	以纸浆废液为主剂	采用纸浆废液代替木质素碳酸盐，在一定条件下以 $(NH_4)_2S_2O_3 - Fe^{2+}$ 氧化还原引发体系，并用氧化铝作为交联剂，制成过凝纸浆废液化学灌浆材料	细砂层	—
水泥砂浆		—	较大缺陷的充填加固和防渗处理	强度高，价格便宜，但施工要求较高。易沉淀，可灌性差，特殊情况下使用

1. 水泥灌浆

在国内外灌浆工程中，水泥一直是用途很广和用量很大的浆材，其主要特点为结石力学强度高，耐久性较好且无毒，料源广且价格较低，但普通水泥浆因容易沉淀析水而稳定性较差，硬化时伴有体积收缩，对于细裂隙而言颗粒较粗，对于大规模灌浆工程则水泥耗量过大。

在灌浆工程中应用比较广的是普通硅酸盐水泥，某些特殊条件下还可采用矿渣水泥、火山灰水泥和抗硫酸盐水泥等。为了改进浆液性能，有时需要在浆液中加入少量的添加剂。通用硅酸盐水泥是把石灰石和黏土等生料烧制成热料，并加入石膏后磨细而成的水硬性胶结材料。

对于砂卵石、有较大裂隙的岩石，可采用水泥灌浆。水泥浆的水灰比为 1:1，水泥的强度等级不低于 32.5，以普通硅酸盐水泥为好，矿渣硅酸盐水泥次之。常用的速凝剂有水玻璃、氯化铝、三羟乙基胺、三氧化钙、硫代亚硫酸及铝粉等。速凝剂的掺量为水泥质量的 2%~5%（水玻璃掺量为 5%），凝固时间一般为 5 min，强度可达 5 000 kPa。

水泥灌浆的特点是来源丰富，胶凝性好，结石强度高，施工方便，成本较低，所以得到了广泛应用。浆液结石体具有抗压强度高、抗渗性能好、工艺设备简单、操作方便等优点，但是水泥浆液是一种颗粒状的悬浮材料，受到水泥颗粒粒径的限制，通常用于粗砂层的加固。

2. 黏土灌浆

黏土浆是黏土的微小颗粒在水中分散，并与水混合形成的半胶体悬浮液。对于灌浆用的黏土，一般有如下要求：塑性指数 $I_p > 17$，黏粒（粒径小于 0.005 mm）含量不小于 40%，粉粒（粒径为 0.005~0.05 mm）含量一般不多于 45%，含砂量（0.05~0.25 mm）不大于 5%。

黏土浆的结石强度和黏结力都比较低，抗渗压和冲蚀的能力很弱，所以仅在低水头的防渗工程上才考虑采用纯黏土浆灌浆。

在黏土浆液中加入水玻璃溶液，可配制成黏土水玻璃浆液，水玻璃含量为 10% ~ 15%，浆液的凝结时间可缩短为几十秒至几十分钟，固结体渗透系数为 $10^{-5} \sim 10^{-6}$ cm/s。

3. 化学灌浆

化学灌浆是采用高分子材料配制成的溶液作为浆液的一种新型灌浆。其浆液灌入地基或建筑物裂隙中，经凝固后，可以达到较好的防渗、堵漏和补强加固的效果。

化学浆材的品种很多，包括环氧树脂类、甲基丙烯酸酯类、丙烯酰胺类、木质素类和硅酸盐类等。化学浆材的最大特点为浆液属于真溶液，初始黏度较小，所以可用来灌细小的裂缝或孔隙，解决水泥系浆材难以解决的复杂地质问题。化学浆材的主要缺点是造价较高和存在环境污染问题，导致这类浆材的推广应用受到较大的局限，尤其是日本，在 1974 年发生污染环境的福冈事件之后，建设省下令在化学灌浆方面只允许使用水玻璃系浆材。在我国，随着现代大工业的迅猛发展，化学灌浆（包括新型化学浆材）在开发应用、降低浆材毒性和对环境的污染，以及降低浆材成本等方面也得到迅速发展，如酸性水玻璃、无毒丙凝、改性环氧树脂和单宁浆材等，都达到了相当高的水平。

采用以水玻璃（硅酸钠）为主剂的混合溶液加固地基的方法称为硅化加固法。硅化灌浆分为单液硅化法和双液硅化法两类。

加固粉砂时采用水玻璃和磷酸，将其调和而成单液，通过下端带孔的注液管注入地基；加固湿陷性黄土时，只需注入水玻璃溶液，与黄土中的钙盐反应生成凝胶。经硅化加固后，粉砂的抗压强度为 400 ~ 500 kPa，黄土可达 600 ~ 800 kPa。对于加固渗透系数为 0.1 ~ 8 m/d 的砂土和黏性土，采用双液硅化法，即将水玻璃和氯化钙浆液轮流压入土中，氢化钙的作用是加速硅酸的形成。

对于渗透系数为 0.1 ~ 2 m/d 的各类土，即使是具有压力的水玻璃溶液也难以注入土的孔隙中，需要借助于电渗作用。施工时，先在土中打入两根电极，将水玻璃和氧化钙溶液先后由阳极压注入土，并通以直流电，借助电渗作用，使溶液随水向阴极移动渗入土中，这种加固方法称为电动硅化法。

改性环氧树脂浆材具有广泛的应用范围，价格较便宜，强度、黏度、固化时间可调节，材料力学性能良好。其抗压强度为 70 ~ 120 MPa，抗拉强度为 30 ~ 70 MPa，抗弯强度为 30 ~ 85 MPa，劈裂黏结强度干缝为 1.9 ~ 3.1 MPa，有水缝为 1.3 ~ 1.9 MPa，浆材起始黏度（25 ℃）为 6 ~ 150 cP（厘泊，1 cP = 10^{-3} Pa·s）。

水玻璃浆液的黏度小，流动性好，适用于采用水泥浆或水泥黏土浆难于处理的细砂层和粉砂层地基。

4. 混合型浆材灌浆

混合型浆材包括聚合物水玻璃浆材、聚合物水泥浆材和水泥—水玻璃浆材等几类。混合型浆材包含了上述各类浆材的性质，或者用来降低浆材成本，或者用来满足单一材料不能实现的性能。尤其是水泥—水玻璃浆材，由于其成本较低和具有速凝的特点，现已被广泛地用来加固软弱土层和解决地基中的特殊工程问题。

（1）水泥黏土浆。水泥黏土浆是由水泥和黏土两种基本材料相混合所构成的浆液。水泥和黏土混合可以互相弥补缺点，构成性能较好的灌浆浆液。

水泥黏土浆较单液水泥类浆液成本低，流动性、抗渗性好，结石率高，目前大坝的砂砾石基础的防渗灌浆帷幕大多数是采用水泥黏土浆灌注的。

（2）水泥—水玻璃浆材。水泥—水玻璃浆液是以水泥和水玻璃溶液组成的一种灌浆材料。它克服了水泥浆液凝结时间过长的缺点，凝胶时间可以缩短到几十分钟，甚至数秒钟，可灌性比纯水泥浆也有所提高，尤其适合于动水状态下粗砂层地基的防渗加固处理。该材料固结强度为 $0.5 \sim 15$ MPa，固结率为 $98\% \sim 100\%$，凝胶时间为 $30 \sim 120$ s，具有成本低、适应性好，尤其适合突发性漏水、泥、砂的整治，浆液充填率高，湿条件耐久性好等优点。其浆液特点如下：①浆液凝胶时间可准确地控制在几秒至几十分钟范围内；②结石体抗压强度可达 $10 \sim 20$ MPa；③结石率为 100%；④结石体渗透系数为 10^{-8} cm/s；⑤适宜于 0.2 mm 以上裂隙和 1 mm 以上粒径的砂层；⑥材料来源丰富，价格便宜。

（3）中化-656（丙烯酸盐类）浆材。该材料被广泛应用于各种混凝土的渗漏水、油的堵截，具有浆液起始黏度低，可灌性能好，固化时间可任意调节（两秒至十几分钟，甚至数小时）等优点。固结体渗透系数为 10^{-8} cm/s，抗挤强度为 3.5 MPa，抗压强度为 $300 \sim 800$ kPa，浆液起始黏度（25 ℃）为 $1.2 \sim 1.6$ cP。

（4）水泥砂浆。在对较大缺陷的部位灌浆时，可采用水泥砂浆灌浆，一般要求砂的粒径不大于 1.0 mm，砂的细度模数不大于2。在水泥砂浆中加入黏土，组成水泥黏土砂浆，水泥起固结强度作用，黏土起促进浆液稳定的作用，砂起填充空洞的作用。水泥黏土砂浆适用于静水头压力较大情况下的较大缺陷，以及大洞穴的充填灌浆。

上述几种材料除水玻璃浆液外，价格都比较低，工程多采用水泥浆和水泥黏土浆。对一些非均质的粉砂土地基还可以采用水泥和水玻璃浆液分别灌注的方法，达到复合加固的目的。

水泥浆液只能灌入粗砂层，而对于颗粒细、孔隙小、工程特征欠佳的粉砂土地基，水泥浆液只能进入地基土体结构受到破坏而形成的空洞或裂缝中，起不到防渗灌浆的作用，难以提高地基的抗渗性能。而水玻璃浆液可以进入细砂层和细砂层的孔隙。

采用复合灌浆方法，可取长补短，先用水泥灌浆处理，使水泥浆液先行填充地基土体中大小不一的孔洞和裂隙，经 48 h 的沉淀和固化，然后对同一孔进行清孔，再灌注水玻璃浆液（如酸性水玻璃浆液）。这样既可以充分发挥水泥浆液强度高的特点，又可以充分利用水玻璃浆液的优点，提高注浆的效果。

10.1.3　灌浆方式与加固原理

在地基处理中，灌浆工艺所依据的理论可归纳为下列四类。

（1）渗入性灌浆。在灌浆压力作用下，浆液克服各种阻力而渗入孔隙和裂隙，压力越大，吸浆量及浆液扩散距离就越大。这种理论假定在灌浆过程中地层结构不受扰动和破坏，所用的灌浆压力相对较小。

（2）劈裂灌浆。在灌浆压力作用下，浆液克服地层的初始应力和抗拉强度，引起岩石或土体结构的破坏和扰动，使地层中原有的孔隙或裂隙扩张，或形成新的裂缝或孔隙，从而使低透水性地层的可灌性和浆液扩散距离增大。这种灌浆法所用的灌浆压力相对较高。

（3）压密灌浆。通过钻孔向土层中压入浓浆，随着土体的压密和浆液的挤入，将在压浆点周围形成灯泡形空间，并因浆液的挤压作用而产生辐射状上抬力，从而引起地层局部隆起。许多工程利用这一原理纠正了地面建筑物的不均匀沉降。

（4）电动化学灌浆。当在黏性土中插入金属电极并通以直流电后，就在土中引起电渗、电泳和离子交换等作用，促使在通电区域中的含水量显著降低，从而在土内形成渗浆"通道"。若在通电的同时向土中灌注硅酸盐浆液，就能在"通道"上形成硅胶，并与土粒胶结成具有一定力学强度的加固体。

渗入性灌浆与劈裂灌浆的理论基础虽然不同，但两者都是把类似的浆液注入地基内的天然孔隙或人造裂隙，并力求在较小的压力下达到较大的扩散距离。对浆液而言，流变性是指它在外力作用下的流动性。在灌浆工程中，一般要求浆液具有较好的流动性，这是因为流动性越好，浆液流动时的压力损失就越小，因而能从灌浆点向外扩散得越远；但在某些情况下，例如孔隙较粗和地下水流速较大时，反而要求浆液具有较小的流动性，以便控制浆液的扩散和降低浆液的消耗。

浆液的流动性受浓度影响最大（一般流动性随水灰比增大而提高），此外如材料颗粒的比表面积（流动性随比表面积增大而降低）、颗粒形状（带角颗粒将增加流动阻力）、絮凝程度或内质点的吸力（絮凝性降低流动性）等也是重要的影响因素。

黏土、膨润土和水泥黏土浆等则为塑性体，在这些浆液中，水和黏土的含量对流动性影响最大，掺土越多和含水量越小，浆液的黏度就越大。

劈裂灌浆在灌浆压力作用下，向钻孔泵送不同类型的流体，以克服地层的初始应力和抗拉强度，使其沿垂直于主应力的平面发生劈裂，从而使低透水性地基的可灌性大大提高。

压密灌浆通过钻孔向土中灌入浓浆，在注浆点使土体压密而形成浆泡，如图 10-1 所示。当浆泡的直径较小时，灌浆压力基本沿钻孔的径向即水平向扩展。随着浆泡尺寸的逐渐增大，便产生较大的上抬力而使地面抬动，当合理地使用灌浆压力并造成适宜的上抬力时，能使下沉的建筑物回升到相当精确的范围。简单来说，压密灌浆是用浓浆置换和压密土的过程。

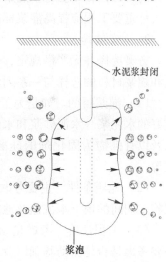

水泥浆封闭

浆泡

图 10-1　压密灌浆原理示意图

压密灌浆的主要特点是它在较软弱的土体中具有较好的效果。此法最常用于中砂地基，黏土地基中若有适宜的排水条件也可采用，若因排水不畅而可能在土体中引起高孔隙水压力，就必须采用很低的注浆速率。研究证明，向外扩张的浆泡将在土体中引起复杂的径向和切向应力体系。紧靠浆泡处的土体将遭受严重破坏和剪切，并形成塑性变形区，在此区内土体的密度可能因扰动而减小；离浆泡较远的土则基本上发生弹性变形，因而土的密度有明显的增加。

表面压密灌浆是通过地层上面的盖板钻孔，向土体表面灌入高强度浆液，使土体表面和盖板底部都受到人工施加的浆压，盖板由于具有足够的重量和刚性而不会发生有害的变形和上抬，而土体则发生自上而下的应力扩散和沉降，底板下面因土层沉降而形成的孔隙则被坚硬的浆液结石紧密地充填。

显然，表面压密灌浆的主要目的不在纠正建筑物的不均匀沉降，而是用来预先消除或减少建筑物的有害沉陷。这种灌浆方法往往能解决某些特殊的工程问题，收到加快工程进度和节约工程造价等良好效果。

采用电动化学灌浆时，在黏土中即便不采用灌浆压力，也能靠直流电压把浆液注入土中，或者在进行压力灌浆后再在土中通入直流电，就能使土中的浆液扩散得更加均匀，使灌浆效果进一步提高。

10.1.4　设计计算

1. 工程调查

在进行地基灌浆设计前应详细调查以下工程情况：

（1）工程类别及主要特点；

（2）灌浆的缘由和基本要求；

（3）施工现场的地形和地质条件；

（4）地下水质及水力特性；

（5）周围环境及原地下构筑物情况；

（6）浆材的产地及价格。

上述情况对灌浆方案的选择、灌浆参数的确定、施工措施的制订以及工程的进度和造价都有重要影响。例如，在重要建筑物下面灌浆时要严防对上部建筑物造成上抬和破坏；在埋有管道和电缆等物的地层中灌浆时，则应防止浆液把这些设施堵塞；在临近边坡处不宜施加较大的压力；在软黏土中灌浆应采用劈裂灌浆；在高流速地下水中灌浆宜采用速凝措施；对永久性重要工程应提高灌浆标准等。

2. 方案选择

方案选择并无严格规定，一般都只把灌浆方法和灌浆材料的选择放在首要位置。灌浆方法和灌浆材料的选择与一系列因素有关，主要有以下几个方面。

（1）灌浆目的。如是为了加固地基，则要提高地基强度和变形模量，一般选用水凝性较好的水泥浆、水泥砂浆和水泥—水玻璃等，或采用高强度化学浆材，如环氧树脂、聚氨酯以及以有机物为固化剂的硅酸盐浆材；如是为了防渗，可采用水泥黏土浆、黏性水玻璃浆等。

（2）地质条件。主要考虑地层构造、土的类型和性质、地下水位、水的化学成分、灌浆施工期间的地下水流速及地震级别等。

（3）工程性质。考虑是永久性工程还是临时性工程，同时考虑建筑物的重要性级别，还要考虑是否是振动基础以及地基将要承受多大的附加荷载等。

各种浆材适用范围的经验法则见表 10-1，表 10-2 给出根据不同对象和目的选择灌浆方案的经验法则，供选择灌浆方案时参考。

表 10-2　根据不同对象和目的选择灌浆方案

编号	灌浆对象	适用的灌浆原理	适用的灌浆方法	常用灌浆材料	
				防渗灌浆	加固灌浆
1	卵砾石	渗入性灌浆	袖阀管法最好，也可用自上而下分段钻灌法	黏土水泥浆或粉煤灰水泥浆	水泥浆或硅粉水泥浆
2	砂及粉细砂	渗入性或劈裂灌浆	同上	酸性水玻璃、丙凝、单宁水泥系浆材	硅酸水玻璃、单宁水泥浆或硅粉水泥浆

编号	灌浆对象	适用的灌浆原理	适用的灌浆方法	常用灌浆材料	
				防渗灌浆	加固灌浆
3	黏性土	渗入性或劈裂灌浆	同上	水泥黏土浆或粉煤灰水泥浆	水泥浆、硅粉水泥浆、水玻璃水泥浆
4	岩层	渗入性或劈裂灌浆	小口径孔口封闭自上而下分段钻灌法	水泥浆或粉煤灰水泥浆	水泥浆或硅粉水泥浆
5	断层破碎带	渗入性或劈裂灌浆	同上	水泥浆或先灌水泥浆后灌化学浆液	水泥浆或先灌水泥浆后灌改性环氧树脂或聚氨酯浆材
6	混凝土内细微裂缝	渗入性灌浆	同上	改性环氧树脂或聚氨酯浆材	改性环氧树脂浆材
7	动水封堵	—	采用水泥、水玻璃等快凝材料，必要时在浆中掺入砂等粗料，在流速特大的情况下尚可采取特殊措施，例如在水中预填石块或级配砂石后再灌浆		

在国内外工程实践中，常采用联合灌浆工艺，包括不同浆材及不同灌浆方法的联合，以适应某些特殊地质条件和专门灌浆目的的需要。下面是一些工程中采用过的实例。

（1）开挖隧洞过程中因流砂而造成大规模塌方，需采用灌浆方法在砂层中形成较高的力学强度才能恢复开挖工作，为此先用低压或中压灌注含有机固化剂的硅酸盐浆液，然后再用高压劈裂法灌注水泥浆。

（2）当砂砾石地层中含有可灌性较差的中细砂夹层时，先用浓度较大和稳定性较好的黏土水泥浆封闭卵砾石中的较大孔隙，再用低强度硅酸盐浆液灌注砂中的较小孔隙。

（3）开挖竖井时，为防止流砂涌入开挖面，先在地面钻孔至砂层，用较低压力灌注硅酸盐浆液，再通过灌浆管向灌浆区内引入直流电，依靠电渗原理使硅酸盐浆液扩散更均匀。

（4）为了加固岩基中的断层破碎带和软弱夹泥层，先用高压劈裂法灌注纯水泥浆，以封闭较宽裂隙和在软弱中形成水泥石网格，然后用中压灌注高强度环氧树脂浆液，用以封闭水泥颗粒不能进入的微小裂隙。

（5）为在裂隙岩层中建造较高标准的防渗帷幕，先灌注纯水泥浆以封闭较粗的裂隙，后灌注强度较低但稳定性较好的化学浆液，以封闭残余的微细裂隙。

在选择灌浆方案时，必须把技术上的可行性和经济上的合理性综合起来考虑。前者还包括浆材对人体的伤害和对环境的污染，这个问题已越来越引起工程界的重视，尤其在国外，往往成为方案取舍的决定性因素；后者则包括浆材是否容易取得和工期是否有保证等，在某些特殊条件下，例如由于工期过于紧迫或因运输条件较差而使计划采用的浆材难于解决时，往往不得不把经济问题放在次要的地位。

3. 浆材及配方设计原则

地基灌浆工程对浆材的技术要求较多，现概述比较重要的几个方面。

（1）对渗入性灌浆工艺，浆液必须能渗入土的孔隙，即所用浆液必须是可灌的，这是一项最基本的技术要求，不满足它就谈不上灌浆；但若采用劈裂灌浆工艺，则浆液不是向天然孔隙，而是向被较高灌浆压力扩大了的孔隙渗入，因而对可灌性要求就不如渗入性灌浆严格。

（2）一般情况下，浆液应具有良好的流动性和流动性维持能力，以便在不太高的灌浆压力下获得尽可能大的扩散距离；但在某些地质条件下，例如地下水的流速较高和土的孔隙尺寸较大时，往往要采用流动性较小和触变性较大的浆液，以免浆液扩散至不必要的距离和防止地下水对浆液的稀释及冲刷。

（3）浆液的吸水性要小，稳定性要高，以防在灌浆过程中或灌浆结束后发生颗粒沉淀和分离，并导致浆液的可泵性、可灌性和灌浆体的均匀性大大降低。

（4）对防渗灌浆而言，要求浆液结石具有较高的不透水性和抗渗稳定性；若灌浆目的是加固地基，则结石应具有较高的力学强度和较小的变形性。与永久性灌浆工程相比，临时性工程对此要求较低。

（5）制备浆液所用原材料及凝固体都不应具有毒性，或者毒性尽可能小，以免伤害皮肤、刺激神经和污染环境。某些碱性物质虽然没有毒性，但若流失在地下水中，会造成环境污染，故应尽量避免这种现象。

（6）有时浆液尚应具有某些特殊的性质，如微膨胀性、高亲水性、高抗冻性和低温固化性等，以适应特殊环境和专门工程的需要。

（7）不论何种灌浆工程，所用原材料都应能就近取材，而且价格尽可能低，以降低工程造价。但在核算工程成本时，应把耗费量与总体效果综合起来考虑。

（8）浆液的凝结时间变幅较大，例如化学浆液的凝结时间可在几秒钟到几小时之间调整，水泥浆一般为 $3 \sim 4$ h，可根据灌浆土层的体积、渗透性、孔隙尺寸和孔隙率、浆液的流变性和地下水流速等实际情况决定。

总的来说，浆液的凝结时间应足够长，以使计划注浆量能渗入到预定的影响半径内。

当在地下水中灌浆时，除应控制注浆速率以防浆液被过分稀释或被冲走外，还应设法使浆液能在灌注过程中凝结。

4. 灌浆孔布置

（1）单排孔。假定浆液扩散半径为已知，浆液呈圆球状扩散，则两圆必须相交才能形成一定的厚度 b，如图 10-2 所示。

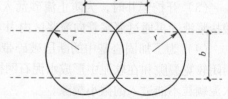

图 10-2 中 l 为灌浆孔距。当 r 为已知时，灌浆体的厚度 b 取决于 l 的大小，如下式：

图 10-2 单排孔的布置

$$b = 2\sqrt{r^2 - \left[(l-r) + \frac{r-(l-r)}{2} \right]^2}$$

$$= 2\sqrt{r^2 - \frac{l^2}{4}} \tag{10-1}$$

从式（10-1）可以看出，l 值越小，b 值越大，而当 $l=0$ 时，$b=2r$，这是 b 的最大值，但是 $l=0$ 的情况没有意义；反之，l 值越大，b 值越小，当 $l=2r$ 时，两圆周相切，b 值为0。因此，孔距 l 必须在 r 与 $2r$ 之间选择。

今设灌浆体的设计厚度为 T，则灌浆孔距可按下式计算：

$$l = 2 \cdot \sqrt{r^2 - \frac{T^2}{4}} \tag{10-2}$$

在按式（10-2）进行孔距设计时，可能出现下述几种情况：

①当 l 值接近零，b 值仍不能满足设计厚度（即 $b < T$）时，应考虑采用多排灌浆孔。

②虽然单排孔能满足设计要求，但若孔距太小，钻孔数太多，就应进行两排孔的方案。如施工场地允许钻两排孔，且钻孔数反而比单排孔少，则采用两排孔较为有利。

③当 l 值较大而设计 T 值较小时，对减少钻孔数是有利的，但因 l 值越大，可能造成的浆液浪费量也越大，故设计时应对钻孔费用和浆液费用进行比较。

（2）多排孔。多排孔设计的基本原则是，充分发挥灌浆孔的潜力，以获得最大的灌浆体厚度。然而不同的设计方法将得出不同的结果：

①排距 R 大于 $\left(r + \dfrac{b}{2}\right)$，两排孔不能紧密搭接，将在灌浆体中留下"窗口"［图 10-3（a）］。

②排距 R 小于 $\left(r + \dfrac{b}{2}\right)$，两排孔搭接过多，将造成一定的浪费［图 10-3（b）］。

③排距 R 等于 $\left(r + \dfrac{b}{2}\right)$，两排孔紧密搭接，最大限度地发挥了各灌浆孔的作用，是一种最优设计，如图 10-4 所示。

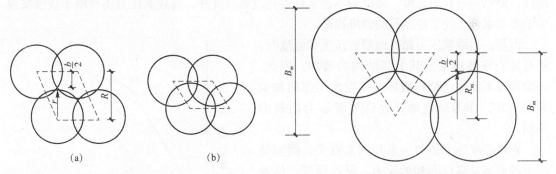

图 10-3　两排孔设计图

（a）排孔间搭接不紧密；（b）孔排间搭接过多

图 10-4　排孔间最优搭接

在设计工作中，常遇到 n 排孔厚度不够，但（$n + 1$）排孔厚度又偏大的情况，如有必要，可用放大孔距的办法来调整，但也应对钻孔费用和浆材费用进行比较，以确定合理的孔距。

根据上述分析，可推导出最优排距 R_m、最大灌浆有效厚度 B_m 的计算式。

①两排孔。

$$R_m = r + \frac{b}{2} = r + \sqrt{r^2 - \frac{l^2}{4}} \tag{10-3}$$

$$B_m = 2r + b = 2\left(r + \sqrt{r^2 - \frac{l^2}{4}}\right) \tag{10-4}$$

②三排孔。

R_m 与式（10-3）相同，

$$B_m = 2r + 2b = 2\left(r + 2\sqrt{r^2 - \frac{l^2}{4}}\right) \tag{10-5}$$

③五排孔。

R_m 与式（10-3）相同，

$$B_m = 4r + 3b = 4\left(r + 1.5\sqrt{r^2 - \frac{l^2}{4}}\right) \tag{10-6}$$

奇数排

$$B_m = (n-1)\left[r + \frac{(n+1)}{(n-1)} \cdot \frac{b}{2}\right] = (n-1)\left[r + \frac{(n+1)}{(n-1)}\sqrt{r^2 - \frac{l^2}{4}}\right] \tag{10-7}$$

偶数排

$$B_m = n\left(r + \frac{b}{2}\right) = n\left(r + \sqrt{r^2 - \frac{l^2}{4}}\right) \tag{10-8}$$

式中　n——灌浆孔排数。

5. 容许灌浆压力的确定

由于浆液的扩散能力与灌浆压力的大小密切相关，所以不少人倾向于采用较高的灌浆压力，在保证灌浆质量的前提下，使钻孔数尽可能减少。高灌浆压力还能使一些微细孔隙张开，有助于提高可灌性。当孔隙被某种软弱材料充填时，高灌浆压力能在充填物中造成劈裂灌注，使软弱材料的密度、强度和不透水性得到改善。此外，高灌浆压力还有助于挤出浆液中的多余水分，使浆液结石的强度提高。

但是，当灌浆压力超过地层的压重和强度时，将有可能导致地基及其上部结构的破坏。因此，一般都以不使地层结构破坏或仅发生局部的和少量的破坏，作为确定地基允许灌浆压力的基本原则。

容许灌浆压力值与一系列因素有关，例如地层土的密度、强度和初始应力，钻孔深度、位置及灌浆次序等，而这些因素又难于准确地预知，因而宜通过现场试验来确定。

进行灌浆试验时，一般是采用逐步提高压力的办法，求得灌浆压力与注浆量关系曲线，如

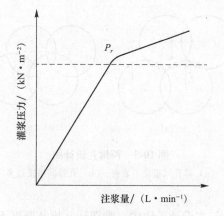

图10-5　灌浆压力与注浆量关系曲线

图10-5 所示。当压力升至某一数值（图中的 P_r 点），而注浆量突然增大时，表明地层结构发生破坏或孔隙尺寸已被扩大，因而可把此时的压力值作为确定容许灌浆压力的依据。

当缺乏试验资料，或在进行现场灌浆试验前需预定一个试验压力时，可用理论公式或经验数值确定容许压力，然后在灌浆过程中根据具体情况再做适当的调整。

10.1.5　施工方法

1. 钻孔

通过各种钻机在不同岩土中造孔，将其孔隙和裂隙尽量暴露出来，再用灌浆机械把浆液压入地层中。钻孔是浆液进入岩土缝隙的必经之道，是实现各种灌浆的先决条件。

钻孔方法主要有冲击钻、回转钻及冲击回转钻三种。冲击钻多用于砂砾石等比较松软的地层，钻进时使用泥浆护壁可防止孔壁坍塌，节省套管；回转钻多用于岩石地层，可取岩芯，此法又可按所用钻头的不同分为钻粒钻孔、硬质合金钻孔和金刚石钻孔，后者在灌浆工程中正被逐步推广；冲击回转钻钻孔速度快，费用较低，但钻出的岩粉较多，堵塞岩缝的可能性较大。

地基灌浆一般都钻垂直孔，但当在岩层中遇到倾角较大的裂缝而不得不采用斜孔时，应采取必要的弥补措施，以确保灌浆体形成一个完整的平面。

钻孔直径大小关系着灌浆质量和效率：较大的直径可能截取较多的孔隙和裂隙，但钻速较慢，材料消耗较多。近代灌浆技术是逐渐向小口径方向发展。例如，自从乌江渡水电站岩溶地基灌浆成功地采用 48 ~ 55 mm 钻头以来，我国其他一些工程也相继采用这种小口径钻头。

2. 裂隙岩石灌浆

裂隙岩石灌浆多采用下述三种方法：

（1）自上而下孔口封闭分段灌浆法［图 10-6（a）］。此法的优点为：全部孔段均能自行复灌，利于加固上部比较软弱的岩层，而且免去了起、下栓塞工序，节省时间。

（2）自下而上栓塞分段灌浆法［图 10-6（b）］。此法虽然工序简单，工效较高，但缺点较多，例如灌浆前的压水资料不精确，在裂隙发育和较软弱的岩层中容易造成串浆、冒浆和岩石上抬等事故。

3. 袖阀管法灌浆

袖阀管法灌浆用来解决砂砾石及黏性土的灌浆问题。这一灌浆方法的主要设备及钻孔构造如图 10-7 所示。

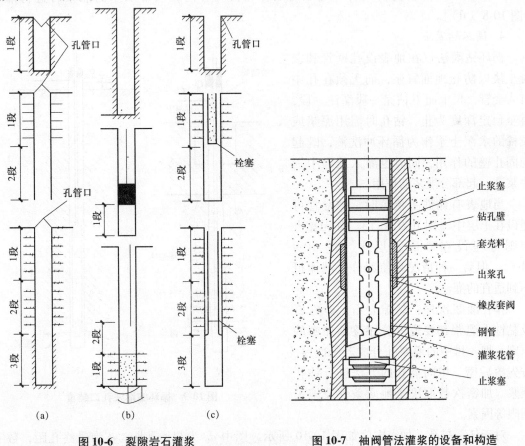

图 10-6　裂隙岩石灌浆　　　　图 10-7　袖阀管法灌浆的设备和构造

其施工程序主要包括钻孔、插入袖阀管、浇注套壳料、灌浆四个步骤，如图 10-8 所示。

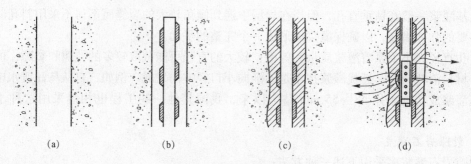

图 10-8　袖阀管法施工程序

(a) 钻孔；(b) 插入袖阀管；(c) 浇注套壳料；(d) 灌浆

(1) 钻孔。通常采用优质泥浆如膨润土浆进行固壁［图 10-8（a）］，很少用套管护壁。

(2) 插入袖阀管。为使套壳料的厚度均匀，应设法使袖阀管位于钻孔的中心［图 10-8（b）］。

(3) 浇注套壳料。利用套壳料置换孔内泥浆［图 10-8（c）］，浇注时应避免套壳料进入袖阀管内，并严防孔内泥浆混入套壳料中。

(4) 灌浆。待套壳料具有一定强度后，在袖阀管内放入带双塞的灌浆管进行灌浆［图 10-8（d）］。

4. 循环钻灌法

循环钻灌法仅在地表设孔壁管和混凝土块以防止地面冒浆，而无须在孔中打入套管，自上而下钻完一段灌注一段，直至预定深度为止。钻孔时需用泥浆或较稀的水泥土浆作为循环冲洗液，既起稳固孔壁的作用，同时也灌入地层中一些浆液，起部分灌浆的作用。

当地表有黏性土覆盖时，护壁管可埋设在土层中［图 10-9（a）］，如无黏土层则可埋设在砂砾石层中［图 10-9（b）］，但后一种情况将使部分受灌体得不到适宜的灌注。

排孔灌浆次序：裂隙岩石、砂砾石及黏性土灌浆都要遵守分序逐渐加密的原则，把一排中的灌浆孔分成若干次序，按先疏后密、中间插孔的方法进行钻孔灌浆。加密次数取决于地质条件及施工期限等因素。

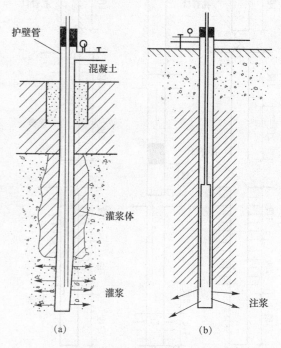

图 10-9　循环钻灌法孔口装置

对于任一排孔，加密次序如图 10-10 所示，图中 d_0 为起始孔距，d 为最终孔距，数字 1、2、3、4 代表第 n 序孔。令 n 为加密次数，则起始孔距与最终孔距的关系见下式：

$$d_0 = 2^n d \tag{10-9}$$

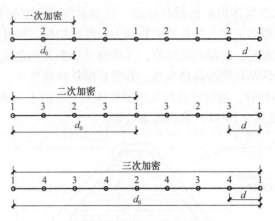

图 10-10　排孔加密次序

对于多排孔，各排孔除应遵守上述关系外，也要遵循逐渐加密的原则，一般情况是先灌边排后灌中间排。当只有两排孔，且地层中有地下水流动或有水头压力的情况下，最好先灌下游排后灌上游排。

10.1.6　灌浆质量与灌浆效果检验

灌浆效果与灌浆质量的概念不完全相同。灌浆质量一般是指灌浆施工是否严格按设计和施工规范进行，例如灌浆材料的品种规格、浆液的性能、钻孔角度、灌浆压力等，都要符合规范要求，如不符合，则应根据具体情况采取适当的补充措施；灌浆效果则指灌浆后能把地层的物理力学性质改善到什么程度。

灌浆效果的检验，通常在灌浆结束后 28 d 方可进行，检验方法如下。

（1）灌浆量统计法。根据灌浆流量和压力自动记录曲线分析判断灌浆效果。

（2）静力触探法。利用静力触探测试加固前后土体力学指标的变化，以了解加固效果。

（3）抽水试验法。在现场进行抽水试验，测定加固土体的渗透系数。

（4）静载试验法。采用现场静载荷试验，测定加固土体的承载力和变形模量。

（5）弹性波测试法。采用钻孔弹性波试验测定加固土体的动弹性模量和剪切模量。

（6）标准贯入试验法。采用标准贯入试验或轻便触探等方法测定灌浆前后原位土的强度。

（7）室内试验。通过室内加固前后土的物理力学指标的对比试验判断加固效果。

（8）γ 射线密度计法。它属于物理探测方法的一种，在现场可测定土的密度。

（9）电阻率法。将灌浆前后对土所测定的电阻率进行比较，根据电阻率差说明土体孔隙中浆液的填充情况。

在以上方法中，静力触探法最为简便实用。检验点一般为灌浆孔数的 2% ～5%。如检验点的不合格率等于或大于 20%，或虽然小于 20%，但检验点的平均值达不到设计要求，在确认设计原则正确后应对不合格的灌浆区实施重复灌浆。

对地基灌浆而言，最重要的效果检查方法是在灌浆体内钻孔，并通过钻孔进行不同的测试工作。

（1）灌浆施工结束后，通过灌浆体内钻孔，采用压水、注水或抽水等办法测定地基的流量及渗透系数，不合格者需进行补充灌浆。检查孔的数目为总灌浆孔数的 5.0% ～10%。布孔的重点是地质条件不好的地段以及灌浆质量较差或有疑问的部位。

（2）通过钻孔，从灌浆体内取出原状样品，送实验室进行必要的试验研究。实践经验证明，通过这类检测可得出下述几项重要的物理力学性质指标，据此能对灌浆效果做出比较确切的评价：①样品的密度；②结石的性质；③浆液充填率及剩余孔隙率；④无侧限抗压强度及抗剪强度；⑤渗透性及长期渗流稳定性；⑥变形模量和蠕变性。

（3）建筑物投入运行后，通过钻孔网观测灌浆体上下游的水位和渗流量，如图 10-11 所示，并用式（10-10）及式（10-11）表达防渗效果。

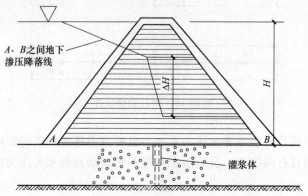

图 10-11　灌浆体前后的水头损失

$$E_H = \frac{\Delta H}{H} \tag{10-10}$$

$$E_Q = 1 - \frac{Q}{Q_0} \tag{10-11}$$

式中　E_H——按水头损失计算的灌浆效果；

ΔH——灌浆体上下游水头差；

H——上下游总水头差；

E_Q——按渗流量计算的灌浆效果；

Q——灌浆前地基的渗流量；

Q_0——穿过灌浆体的渗流量。

一般水压力比渗流量容易测量，故式（10-10）是评价防渗效果的较好方法。

（4）分析地层的耗浆量情况，也有助于对灌浆效果做出判断。

（5）除上述方法外，还常采用以现场测得的弹性纵波速度和动弹性模量来确定加固灌浆的效果。

10.2　深层搅拌法

10.2.1　概述

1. 深层搅拌法的概念及适用范围

深层搅拌法又称水泥土搅拌法，是适用于加固饱和黏性土和粉土等地基的一种方法。它是利用水泥（或石灰）等材料作为固化剂，通过特制的搅拌机械就地将软土和固化剂

（浆液或粉体）强制搅拌，使软土硬结成具有整体性、水稳性和一定强度的水泥加固土，从而提高地基土的强度和增大变形模量。

根据固化剂掺入状态的不同，深层搅拌法分为深层搅拌法（简称湿法）和粉体喷搅法（简称干法）两种。前者是用浆液和地基土搅拌，后者是用粉体和地基土搅拌。

深层搅拌法适用于处理正常固结的淤泥与淤泥质土、粉土、饱和黄土、素填土、黏性土，以及无流动地下水的饱和松散砂土等地基。当地基土的天然含水量小于 30%（黄土含水量小于 25%）、大于 70% 或地下水的 pH 小于 4 时不宜采用此法。冬期施工时，应注意负温对处理效果的影响。

深层搅拌法适用于处理泥炭土、有机质土、塑性指数大于 25 的黏土，地下水具有腐蚀性时以及无工程经验的地区，必须通过现场试验确定其适用性。

有经验的地区也可采用石灰固化剂。石灰固化剂一般适用于黏土颗粒质量分数大于 20%，粉粒及黏粒质量分数之和大于 35%，黏土的塑性指数大于 10，液性指数大于 0.7，土的 pH 为 4~8，有机质质量分数小于 11%，土的天然含水量大于 30% 的偏酸性的土质加固。

水泥土加固体的形式可分为柱状、壁状、格栅状和块状等。水泥土加固体可以与加固体之间的土体共同构成具有较高竖向承载力的复合地基，也可以用于基坑工程围护挡墙、被动区加固、防渗帷幕等。

2. 深层搅拌法的特点

深层搅拌法加固软土技术具有如下特点：

（1）将固化剂和原地基软土就地搅拌混合，可最大限度地利用原土。

（2）搅拌时无振动、无噪声、无污染，可在密集建筑群中进行施工，搅拌时不会使地基侧向挤出，对周围原有建筑物及地下沟管影响很小。

（3）可按照不同地基土的性质及工程设计要求，合理选择固化剂及其配方，设计比较灵活。

（4）土体加固后重度基本不变，软弱下卧层不致产生附加沉降。

（5）根据上部结构的需要，可灵活地采用柱状、壁状、格栅状和块状等加固形式。

（6）与钢筋混凝土桩基相比，可节约钢材并降低造价。

（7）受搅拌机安装高度及土质条件影响，其桩径及加固深度受到一定限制。单轴水泥土搅拌桩桩径一般为 0.5~0.6 m。SJB-1 型双轴深层搅拌机加固桩的外形呈 ∞ 形，桩径 0.7~0.8 m，加固深度一般为 15 m 以内。而 SJB-2 型双轴深层搅拌机加固深度可达 18 m 左右，国外除用于陆地软土地基外，还用于海底软土加固，最大桩径 1.5 m 以上，加固深度达 60 m。

10.2.2　加固原理

深层搅拌法加固的基本原理是基于水泥加固土（以下简称水泥土）的物理化学反应过程。它与混凝土的硬化机理不同。混凝土的硬化主要是水泥在粗填充料（即比表面积不大、活性很弱的介质）中进行水解和水化作用，所以凝结速度较快。而在水泥土中，由于水泥的掺量很小，仅占被加固土重的 7%~20%，水泥水解和水化反应完全是在有一定活性的介质——土的围绕下进行。土质条件对于水泥土质量的影响主要有两个方面，一是土体的物理力学性质对水泥土搅拌均匀性的影响；二是土体的物理化学性质对水泥土强度增加的影响。水泥土硬化速度缓慢且作用复杂，其强度增长的过程比混凝土缓慢。

1. 水泥加固软土的作用机理

普通硅酸盐水泥主要由氧化钙、二氧化硅、三氧化二铝、三氧化二铁及三氧化硫等组成，并由这些不同的氧化物分别组成不同的水泥矿物：硅酸三钙、硅酸二钙、铝酸三钙、铁铝酸四钙、硫酸钙等。用水泥加固软土时，水泥颗粒表面的矿物很快与软土中的水发生水解和水化反应，生成氢氧化钙、含水硅酸钙、含水铝酸钙及含水铁酸钙等化合物。

（1）离子交换和团粒化作用。黏土和水结合时表现出一种胶体特征，如土中含量最多的 SiO_2 遇水后，形成硅酸胶体微粒，其表面带有钠离子（Na^+）和钾离子（K^+），它们能和水泥水化生成的氢氧化钙中的钙离子（Ca^{2+}）进行当量吸附交换，使较小的土颗粒形成较大的土团粒，从而使土体强度提高。

水泥水化生成的凝胶粒子的比表面积约比原水泥颗粒大 1 000 倍，因而产生很大的表面能，有强大的吸附活性，能使较大的土团粒进一步结合起来，形成水泥土的团粒结构，并封闭各土团的孔隙，连接坚固，因此也就使水泥土的强度大为提高。

（2）硬凝反应。随着水泥水化反应的深入，溶液中析出大量的 Ca^{2+}，当其数量超过离子交换的需要量后，在碱性环境中，能使组成黏土矿物的 SiO_2 和 Al_2O_3 的一部分或大部分与 Ca^{2+} 进行化学反应，逐渐生成不溶于水的稳定的结晶化合物，增大了水泥土的强度。其反应式如下：

$$SiO_2 + Ca(OH)_2 + nH_2O \rightarrow CaO \cdot SiO_2 \cdot (n+1)H_2O$$

或

$$Al_2O_3 + Ca(OH)_2 + nH_2O \rightarrow CaO \cdot Al_2O_3 \cdot (n+1)H_2O$$

（3）碳酸化作用。水泥水化物中游离的 $Ca(OH)_2$ 能吸收水和空气中的 CO_2，发生碳酸化作用反应，生成不溶于水的碳酸钙。其反应式如下：

$$Ca(OH)_2 + CO_2 \rightarrow CaCO_3 + H_2O$$

这种反应也能使水泥增加强度，但增长的速度较慢，幅度也较小。

2. 石灰加固软土的作用机理

（1）石灰的吸水、发热、膨胀作用。在软弱地基中加入生石灰，它便与土中的水发生化学反应，形成熟石灰。在这一反应中有相当于生石灰质量 32% 的水被吸收，其反应式为：

$$CaO + H_2O \rightarrow Ca(OH)_2 + 65\ 303.2\ J/mol$$

形成熟石灰时，每一摩尔产生 65 303.2 J 的热量，通过 1 kg 的 CaO 的水化作用可产生 1 172 094 J 热量。这种热量又促进水分蒸发，从而使相当于生石灰质量 47% 的水分被蒸发掉。即形成熟石灰时，土中总共减少了相当于生石灰质量 79% 的水分。另外，由生石灰变为熟石灰的过程中，石灰体积膨胀 1~2 倍，促进了周围土的固结。

（2）离子交换作用与土微粒的凝聚作用。生石灰刚变为熟石灰时，处于绝对干燥状态，具有很强的吸水能力。这种吸水作用持续到与周围土平衡为止，进一步降低了周围土的含水量。在这种状态下，化学反应式为

$$Ca(OH)_2 \rightarrow Ca^{2+} + 2OH^-$$

反应中产生的 Ca^{2+} 与扩散层中的 Na^+、K^+ 发生离子交换作用，双电层中的扩散层减薄，结合水减少，使黏土粒间的结合力增强而呈团粒化，从而改变土的性质。

（3）化学结合作用（固结反应）。上述离子交换后随龄期的增长，胶质 SiO_2、Al_2O_3 和石灰发生反应，形成复杂的化合物。反应生成物有硅酸钙水合物和 $4CaO \cdot Al_2O_3 \cdot 13H_2O$ 等

铝酸钙水合物及钙铝黄长石水合物（$2CaO \cdot Al_2O_3 \cdot SiO_2 \cdot 6H_2O$）等。这些水合物的形成，要经过长时间的缓慢过程，它们在水中和空气中逐渐硬化，与土颗粒粘结在一起，形成网状结构，结晶体在土颗粒间相互穿插，盘根错节，使土颗粒联系得更加牢固，改善了土的物理力学性能，发挥了固化剂的固结作用。这种固结反应，使得加固处理土的强度增高并长期保持稳定。

3. 黏土颗粒与水泥水化物的作用

从水泥土的机理分析可见，水泥加固的强度主要来自水泥水化物的胶结作用，在水泥水化物中水化硅酸钙（CSH）对强度的贡献最大。另外，对于软土地基深层搅拌加固技术来说，由于机械的切削搅拌作用，实际上不可避免地会留下一些未被粉碎的大小土团。在其拌入水泥后将出现水泥浆包裹土团的现象，而土团之间的大孔隙基本上已被水泥颗粒填满。所以加固后的水泥土中形成一些水泥较多的微区，而在大小土团内部则没有水泥。只有经过较长的时间，土团内的土颗粒在水泥水解产物渗透作用下，才逐渐改变其性质。因此在水泥土中不可避免地会产生强度较大的和水稳定性较好的水泥石区与强度较低的土块区，两者在空间相互交替，从而形成一种独特的水泥土结构。因此可得出如下结论：水泥和土之间的强制搅拌越充分，土块被粉碎得越小，水泥分布到土中越均匀，则水泥土的结构强度离散性越小，其宏观的总体强度也越高。

10.2.3　设计计算

1. 深层搅拌桩复合地基的设计计算

（1）固化剂及掺入比的确定。固化剂宜选用强度等级为 32. 5 级及以上的普通硅酸盐水泥。水泥掺量除块状加固时可采用被加固湿土质量的 7% ~12% 外，其余宜为 12% ~20% 。湿法水泥浆水灰比可选用 0. 45 ~0. 55。外掺剂可根据工程需要和土质条件选用具有早强、缓凝、减水以及节省水泥等作用的材料，但应避免污染环境。

（2）单桩承载力的计算。水泥土搅拌桩单桩竖向承载力特征值应通过现场载荷试验确定。承受垂直荷载的深层搅拌水泥土桩，一般应使土对桩的支承力与桩身强度所确定的承载力相近，并使后者略大于前者最为经济。因此搅拌桩单桩的设计主要是确定桩长和选择水泥掺入比。

搅拌桩单桩的设计步骤一般可分为以下三种情况：

①当拟加固场地的土质条件、施工机械因素等限制搅拌桩打设深度时，应先确定桩长，根据桩长计算单桩容许承载力，然后再确定桩身强度，并根据水泥土室内强度试验资料，选择相应于所需桩身强度的水泥掺入比。

②当搅拌加固的深度不受限制时，可根据室内强度试验资料选择水泥掺入比，确定桩身强度，再根据选定的强度，计算单桩承载力，然后再求桩长。

③直接根据上部结构对地基的要求，先选定单桩承载力，即可求得桩长和桩身强度，然后再根据室内强度试验资料，选择相应于要求的桩身强度的水泥掺入比。单桩竖向承载力特征值可按下列两式计算，并取其中较小值：

$$R_n = U_p \sum_{i=1}^{n} q_{si}l_i + \alpha q_p A_p \tag{10-12a}$$

$$R_n = \eta f_{cu} A_p \tag{10-12b}$$

式中 f_{cu}——与搅拌桩桩身水泥土配比相同的室内加固土试块（边长为 70.7 mm×70.7 mm
×70.7 mm，也可采用边长为 50 mm×50 mm×50 mm）在标准养护条件下 90 d
龄期的立方体抗压强度平均值，kPa；

η——桩身强度折减系数，干法（采用水泥粉状固化剂）可取 0.2~0.3，湿法可取
0.25~0.33；

A_p——桩的截面面积，㎡；

U_p——桩的周长，m；

q_{si}——桩周第 i 层土的侧阻力特征值，对淤泥土可取 4~7 kPa，对淤泥质土可取 6~
12 kPa，对软塑状态的黏性土可取 10~15 kPa，对可塑状态的黏性土可取 12~
18 kPa；

l_i——桩长范围内第 i 层土的厚度，m；

q_p——桩端地基土未经修正的承载力特征值，kPa，可按现行国家标准《建筑地基基
础设计规范》（GB 50007—2011）的有关规定确定；

α——桩端天然地基土的承载力折减系数，可取 0.4~0.6，承载力高时取低值。

（3）竖向水泥土搅拌桩复合地基承载力的计算。竖向水泥土搅拌桩复合地基的承载力
特征值应通过现场单桩或多桩复合地基载荷试验确定。水泥土搅拌桩的承载力性状与刚性桩
相似，设计时可仅在上部结构基础范围内布桩。但是，由于搅拌桩桩身强度较刚性桩较低，
在垂直荷载作用下有一定的压缩变形，在桩身压缩变形的同时，其周围的软土也能分担一部
分荷载。因此，当桩的间距较大时，水泥土搅拌桩又可与周围的软土组成柔性桩复合地基。
搅拌桩复合地基的承载力标准值可按下式计算：

$$f_{spk} = m\frac{R_a}{A_p} + \beta\ (1-m)\ f_{sk} \tag{10-13}$$

式中 f_{spk}——复合地基承载力特征值，kPa；

m——面积置换率；

R_a——单桩竖向承载力特征值，kN；

β——桩间土承载力折减系数。当桩端未经修正的承载力特征值大于桩周土承载力特
征值的平均值时可取 0.1~0.4，差值大时取低值；当桩端土未经修正的承载力
特征值小于或等于桩周土承载力特征值的平均值时可取 0.5~0.9，差值大时或
设置褥垫层时均取高值；

f_{sk}——桩间土承载力特征值，kPa。

在通常的设计过程中，根据上部结构对地基要求达到的承载力和单桩设计的承载力，按
下式即可求得所需的置换率：

$$m = \frac{f_{spk} - \beta f_{sk}}{\dfrac{R_n}{A_p} - \beta f_{sk}} \tag{10-14}$$

对于采用柱状加固时，可采用正方形或等边三角形布桩形式，其总桩数可按下式计算：

$$n = \frac{mA}{A_p} \tag{10-15}$$

式中 n——总桩数；

　　A——基础底面积。

　　根据求得的总桩数 n 进行搅拌桩的平面布置。桩的平面布置以充分发挥桩侧摩阻力和便于施工为原则。

　　当所设计的搅拌桩为摩擦型，桩的置换率较大（一般 $m \geqslant 20\%$），且不是单行竖向排列时，由于每根桩不能充分发挥单桩的承载力作用，故应按群桩作用原理进行下卧层验算。假想基础底面（下卧层基础）的承载力为

$$f' = \frac{f_{spk}A + G - q_sA_s - f_{sk}(A - A_1)}{A_1} \leqslant f \tag{10-16}$$

式中　f'——假想实体基础底面处的平均压力，kPa；

　　　　A——建筑物基础的底面积，m^2；

　　　　A_1——假想实体基础底面积，m^2；

　　　　G——假想实体基础自重，kN；

　　　　A_s——假想实体基础侧表面积，m^2；

　　　　q_s——作用在假想实体基础侧壁上的平均允许摩擦力，kPa；

　　　　f_{sk}——假想实体基础边缘的承载力，kPa；

　　　　f——假想实体基础底面积经修正后的地基承载力特征值，kPa。

　　竖向承载搅拌桩复合地基中的桩长超过 10 m 时，可采用变掺量设计。在全桩水泥总掺量不变的前提下，桩身上部 1/3 桩长范围内可适当增加水泥掺量及搅拌次数，桩身下部 1/3 桩长范围内可适当减少水泥掺量。

　　（4）褥垫层的设计。竖向承载搅拌桩复合地基应在基础和桩之间设置褥垫层。褥垫层厚度可取 200～300 mm。其材料可选用中砂、粗砂、级配砂石等，最大粒径不宜大于 20 mm。

　　（5）竖向承载搅拌桩的平面布置。竖向承载搅拌桩可根据上部结构特点及对地基承载力和变形的要求，采用柱状、壁状、格栅状等加固形式。桩可只在基础平面范围内布置，独立基础下的桩数不宜少于 3 根。

　　①柱状加固。在要求加固的地基范围内，每间隔一定距离布置一根水泥土桩，即为柱状加固，如图 10-12（a）所示。其一般用于厂房独立柱基础、设备基础、独立构筑物基础；多层房屋条形基础下的地基加固；承受大面积地面荷载的地坪加固、机场跑道和高速公路的路基加固工程。它可充分发挥桩身强度与桩周侧阻力。

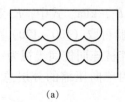 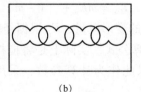 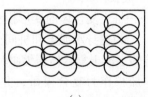

　　　　　（a）　　　　　　　　　　（b）　　　　　　　　　　（c）

图 10-12　深层搅拌桩的加固形式

（a）柱状加固；（b）壁状加固；（c）格栅状加固

　　②壁状和格栅状加固。将相邻两根搅拌桩相互搭接一部分，以连接成壁状加固体，即为壁状加固 [图 10-12（b）]。将纵、横两个方向的壁状加固体相互搭接成为一格，即为

格栅状加固［图 10-12（c）］。壁状加固体和格栅状加固体可作为深基坑开挖时的挡土结构，也可用来防止边坡坍方和岸壁滑动。当位于软土地基上的多层建筑物的长度与高度的比值大于 2，结构刚度较小、对不均匀沉降比较敏感时，可采用格栅状加固形式，使搅拌桩在地基中连成一个封闭的整体，从而提高建筑物的刚度，增加抵抗不均匀沉降的能力。

③长短桩相结合。当地质条件复杂，同一建筑物坐落在两类不同性质的地基土上时，可用 3 m 左右的短桩将相邻长桩连成壁状或格栅状，以调整和减小不均匀沉降量。

水泥土桩是强度和刚度介于柔性桩（砂桩、碎石桩等）和刚性桩（钢管桩、混凝土桩等）之间的一种半刚性桩，它所形成的桩体在无侧限情况下可保持直立，在轴向力作用下又有一定的压缩性，但其承载性能又与刚性桩相似，因此在设计时可仅在上部结构基础范围内布桩，不必像柔性桩一样需在基础外设置护桩。

在刚性基础和桩之间设置一定厚度的褥垫层后，可以保证基础始终通过褥垫层把一部分荷载传到桩间土上，调整桩和土的荷载分配，充分发挥桩间土的作用，增大 β 值。

（6）复合地基的变形计算。当搅拌桩复合地基承受上部基础传递来的垂直荷载后，所产生的垂直沉降包括桩土复合层本身的压缩变形 s_1 和桩土复合层底面以下天然地基土的沉降量 s_2，即 $s = s_1 + s_2$。大量工程实测表明，群桩实体的压缩变形模量 s_1 在 10～50 mm 之间变化。

①桩土复合层的压缩变形 s_1，可按下式进行验算：

$$s_1 = \frac{(p_z + p_{z1}) L}{2E_{sp}} \tag{10-17}$$

式中　p_z——桩土复合层顶面的平均压力，$p_z = \dfrac{f_{spk} \cdot A - f_{sk} (A - F_1)}{F_1}$，kPa；

　　　A——建筑物基础的底面积，m^2；

　　　F_1——假想实体基础的底面积，m^2；

　　　f_{sk}——假想实体基础边缘的承载力，kPa；

　　　f_{spk}——假想实体基础底面积修正后的地基承载力特征值，kPa。

　　　p_{z1}——桩土复合层底面的附加压力，$p_{z1} = R_b - \gamma_p L$，kPa；

　　　γ_p——桩土复合体的平均重力密度，kN/m^3；

　　　L——桩长，m；

　　　E_{sp}——桩土复合体的变形模量，$E_{sp} = mE_p + (1 - m) E_s$，kPa。式中，$E_p$ 和 E_s 分别为桩身水泥土和桩间土的变形模量，E_p 根据经验可取 $(100～120) f_{cu}$。

半经验的水泥土复合体压缩量计算公式，实际上是将搅拌桩连同桩间土视为一个整体，采用置换率加权作为复合模量，并以此作为计算参数，采用单向压缩的分层总和法求得 s_1 值。

②桩土复合体底面以下未加固土体的压缩变形可按《建筑地基基础设计规范》（GB 50007—2011）中规定的分层总和法进行计算。对于一般建筑物，都是在满足强度要求的条件下以沉降控制的，应采用以下沉降控制设计思路：

a. 根据地层结构进行地基变形计算，由建筑物对变形的要求确定加固深度，即选择施工桩长。

b. 根据土质条件、固化剂掺量、室内配比试验资料和现场工程经验，选择桩身强度和水泥掺入量及有关施工参数。

c. 根据桩身强度的大小及柱的断面尺寸，由式（10-13）计算单桩承载力。

d. 根据单桩承载力和上部结构要求达到的复合地基承载力，由式（10-14）计算桩土面积置换率。

e. 根据桩土面积置换率和基础形式进行布桩。

2. 水泥土搅拌桩挡土墙的设计计算

水泥土墙适用于加固淤泥质土、黏土等深度较浅（$H \leq 6$ m），安全等级为二、三级的基坑工程。一般情况下，其墙体强度不作为设计的控制条件，设计时应以结构和边坡的整体稳定性为主。

（1）水泥墙结构形式。常见的水泥墙结构形式有壁式、格栅式、组合拱式等，其中格栅式最为常用。目前上海市基坑工程一般采用水泥土搅拌桩进行侧向支护，布置数排搅拌桩在平面上组成格栅形，如图 10-13 所示。采用格栅形布桩的优点是：限制了格栅中软土的变形，也就大大减少了其竖向沉降；增加支护的整体刚度，保证复合地基在横向力作用下共同工作。

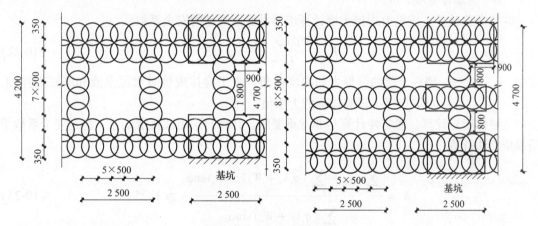

图 10-13　水泥墙结构形式

（2）水泥土重力式挡土墙计算。对于水泥土重力式挡土墙，可按重力式挡土墙进行其土压力、抗倾覆、抗滑移、整体稳定、抗渗和抗隆起计算。采用的计算图示如图 10-14 所示。

①土压力计算。为简化计算，对成层分布的土体，墙底以上各层土的物理力学指标按层厚加权平均：

$$\gamma = \sum_{i=1}^{n} \frac{\gamma_i h_i}{H} \qquad \varphi = \sum_{i=1}^{n} \frac{\varphi_i h_i}{H} \qquad c = \sum_{i=1}^{n} \frac{c_i h_i}{H} \qquad (10-18)$$

式中　γ_i——墙底以上各层土的天然重度，kN/m³；

φ_i——墙底以上各层土的内摩擦角，°；

c_i——墙底以上各层土的黏聚力，kPa；

h_i——墙底以上各层土的厚度，m；

H——墙高，m。

墙后主动土压力计算:

$$E_a = \left(\frac{1}{2}rH^2 + qH\right)\tan^2\left(45° - \frac{\varphi}{2}\right) + \frac{2c^2}{r} \tag{10-19}$$

墙前被动土压力计算:

$$E_p = E_{p1} + E_{p2} = \frac{1}{2}r_h h^2 \tan^2\left(45° + \frac{\varphi_h}{2}\right) + 2c_h h\tan\left(45° + \frac{\varphi_h}{2}\right) \tag{10-20}$$

式中 r_h、φ_h、c——坑底以下各层土的天然重度、内摩擦角和黏聚力,按土层厚加权平均值计算。对饱和软土的土侧压力可按水土压力合算,对砂性土可按水土压力分算。

②抗倾覆计算。按重力式挡土墙绕前趾 O 点的抗倾覆安全系数。

$$K_p = \frac{M_R}{M_0} = \frac{\frac{1}{3}hE_{p1} + \frac{1}{2}hE_{p2} + \frac{1}{2}BW}{\frac{1}{2}(H - z_0)E_a} \geq 1.5 \tag{10-21}$$

式中 W——自重,$W = \gamma_0 BH$,γ_0 取 18 ~ 19 kN/m³;

B——墙体宽度,m。

③抗滑移计算。按重力式挡土墙计算墙体沿底面滑动的安全系数。

$$K_c + \frac{W\tan\varphi_0 + c_0 B}{E_a - E_p} \geq 1.3 \tag{10-22}$$

式中 c_0、φ_0——墙底土层的黏聚力和内摩擦角,由于搅拌成桩时水泥浆液和墙底土拌和,可取该层土试验指标的上限值。

④整体稳定计算。稳定性计算是非常重要的。计算时采用圆弧滑动法,稳定安全系数采用总应力法计算:

$$K = \frac{\sum_{i=1}^{n}c_i l_i + \sum_{i=1}^{n}(q_i b_i + W_i)\cos\alpha_i\tan\varphi_i}{\sum_{i=1}^{n}(q_i b_i + W_i)\sin\alpha_i} \geq 1.25 \tag{10-23}$$

式中 l_i——第 i 条土条顺滑弧面的弧长,m,$l_i = b_i/\cos\alpha_i$;

q_i——第 i 条土条地面荷载,kPa;

b_i——第 i 条土条宽度,m;

W_i——第 i 条土条重量,kN,不计渗流力时,坑底地下水位以上取天然重度计算;当计入渗流力时,将坑底地下水位至墙后地下水位范围内的土体重度,在计算分母(滑动力矩)时取饱和重度,在计算分子(抗滑动力矩)时取浮重度;

α_i——第 i 条土条滑弧中点的切线与水平线的夹角,°;

φ_i——第 i 条土条滑动面上各层土的内摩擦角,°;

c_i——第 i 条土条滑动面上各层土的黏聚力,kPa。

一般最危险滑弧在墙底下 0.5 ~ 1.0 m 位置,当墙底下的土层很差时,危险滑弧的位置还会深一点。当墙体无侧限抗压强度不低于 1 MPa 时,一般不必计算切墙体滑弧的安全系数;在墙体无侧限抗压强度低于 1 MPa 时,可取 $c = (1/10 ~ 1/15)f_{cu}$,$\varphi = 0°$ 为墙体指标来计算切墙体滑弧的安全系数。

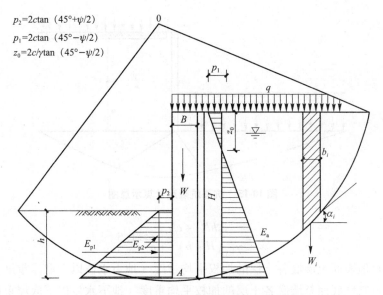

图 10-14　水泥土搅拌桩侧向支护计算图示

⑤抗渗计算。当地下水从基底以下土层向基坑内渗流时，若其动水坡度大于渗流出口处土颗粒的临界动水坡度，将产生基底渗流失稳现象，可按平面恒定渗流的计算方法（直线比例法）计算。

为了保证抗渗流稳定性，须有足够的渗流长度：

$$L = L_H + mL_V \geq c_i \Delta H \tag{10-24}$$

式中　L——渗流总长度，m，即渗流起始点至渗流出口处的地下轮廓线的折算总长度；

　　　L_H、L_V——渗透起始点至渗流出口处的地下轮廓线的水平和垂直总长度，m；

　　　m——换算系数，$m = 1.5 \sim 2.0$；

　　　ΔH——挡土结构两侧水位差，m；

　　　c_i——渗径系数，根据基底土层性质和渗流出口处情况确定，渗流出口处无反滤设施时，黏土 $c_i = 3 \sim 4$，粉质黏土 $c_i = 4 \sim 5$，黏质粉土 $c_i = 5 \sim 6$，砂质粉土 $c_i = 6 \sim 7$。

抗渗安全系数

$$K_{渗} = \frac{m\left[(H - 0.5) + 2h\right] + B}{c_i \Delta H} \geq 1.5 \sim 3.0 \tag{10-25}$$

式中　H——墙高，m；

　　　h——挡土墙嵌入基坑底部深度，m；

　　　B——挡土墙宽度，m；

其他符号意义同前。

⑥抗隆起计算。基坑隆起是指使墙后土体及基底土体向基坑内移动，促使底面向上鼓起，出现塑性流动和涌土现象。形成基坑隆起的原因是：基坑内外土面和地下水位的高差；坑外地面的超载；基坑卸载引起的回弹；基坑底承压水头；墙体的变形。

常用的计算方法有 Caquol-Kerisel-Schneebeli-Prandul 以及圆弧滑动法等。上海市的设计经验是参照 Prandl 和 Terzaghi 的地基承载力公式，将墙底面的平面作为求极限承载力的基准面进行计算，如图 10-15 所示。

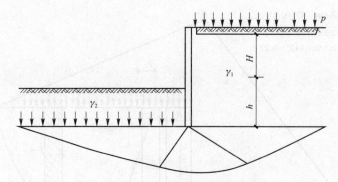

图 10-15　抗基坑隆起计算示意图

$$K_s = \frac{\gamma_2 h N_q + c N_c}{\gamma_1 (H+h) + p} \geqslant 1.5 \tag{10-26}$$

式中　γ_1——自地表面至墙底各土层的加权平均重度（地下水位以下取浮重度），kN/m^3；

γ_2——自基坑底面至墙底各土层的加权平均重度（地下水位以下取浮重度），kN/m^3；

h——搅拌桩插入深度，m；

H——基坑开挖深度，m；

p——地面超载，kPa；

N_q、N_c——无量纲的承载力系数，仅与土的内摩擦角 φ 有关，可按下式计算：

$$N_q = \tan^2\left(45° + \frac{\varphi}{2}\right) e^{\pi\tan\varphi} \tag{10-27}$$

$$N_c = (N_q - 1) \cot\varphi \tag{10-28}$$

式中　c——墙底处土的黏聚力，kPa；

φ——内摩擦角，°，一般取固结快剪峰值。

提高基坑底面抗隆起稳定性的措施有：搅拌桩墙的墙底宜选择在压缩性低的土层中，适当降低墙后土面标高；在可能条件下，基坑开挖施工过程中采用井点降水。

3. 构造要求

根据上海市经验，搅拌桩墙宽度 $B = (0.6 \sim 0.8) H$（H 为基坑开挖深度），搅拌桩桩长 $l = (1.8 \sim 2.2) H$，墙体嵌固基坑深度 $h_d = (0.8 - 1.2) H_0$。

当布置水泥土墙格栅时，水泥土搅拌桩的面积置换率，淤泥时不宜小于 0.8，淤泥质土时不宜小于 0.7，一般黏性土及砂土时不宜小于 0.6。格栅长宽比不宜大于 2。当起截水作用时，桩的有效搭接宽度不宜小于 150 mm，不考虑截水作用时，搭接宽度不宜小于 100 mm。

10.2.4　施工方法

1. 施工准备

（1）依据工程地质勘查资料，进行室内配合比试验，结合设计要求，选择最佳水泥掺入比，确定搅拌施工工艺参数。

（2）依据设计图纸，编制深层搅拌桩施工方案，做好现场平面布置，安排好打桩施工流程。布置水泥浆制备系统和泵送系统，且考虑泵送距离不宜大于 100 m。

（3）清理施工现场的地下、地面及空中障碍，以利于安全施工。场地低洼时应抽干积水和挖除表面淤泥。

国产水泥土搅拌机的搅拌头大都采用双层（或多层）十字杆形或叶片螺旋形。这类搅拌头切削和搅拌加固软土十分合适，但对块径大于 100 mm 的石块、树根和建筑垃圾等大块物的切割能力较差，即使将搅拌头做了加强处理后已能穿过块石层，但施工效率较低，机械磨损严重。因此，施工时应将大块回填料予以挖除后再填素土为宜，增加的工程量不大，但施工效率却可大大提高。

（4）按设计要求，进行现场测量放线，定出每一个桩位，并打入小木桩。

2. 场地布置

拟建场地附近如已有建筑物，且相距较近，施工现场较为狭窄时，要因地制宜搭设安装灰浆拌制操作棚，面积宜大于 40 m^2。如果施工现场的表土较硬，需采用注水预搅施工，现场四周应挖掘排水沟，并在沟的对角线上各挖一个集水井，其位置以不影响施工为原则；应经常清除井内沉淀物，保持沟内流水畅通。

3. 正式施工前的工艺性试桩

工艺性试桩的目的：①确定满足设计固化剂掺入量的各种操作参数；②验证搅拌均匀程度及成桩直径；③了解下钻及提升的阻力情况，并采取相应的措施。

每一个水泥土搅拌桩的施工现场，由于土质有差异、水泥的品种和强度等级不同，因而搅拌加固质量有较大的差别。所以在搅拌桩正式施工前，均应按施工组织设计确定的搅拌施工工艺制作数根试桩，再确定水泥浆的水灰比、泵送时间、搅拌机提升速度和复搅深度等参数。制桩质量的优劣直接关系到地基处理的效果。其中的关键是注浆量、水泥浆与软土搅拌的均匀程度。因此，施工中应严格控制喷浆提升速度。

由于搅拌机械通常采用定量泵输送水泥浆，转速又大多是恒定的，因此灌入地基中的水泥量完全取决于搅拌机的提升速度和复搅次数，施工过程中不能随意变更，并应保证水泥浆能定量不间断供应。

试验表明，当土层的含水量增加，水泥土的强度会降低。但考虑到搅拌设计中一般是按下部最软的土层来确定水泥掺量，因此只要表层的硬土经加水搅拌后的强度不低于下部软土加固后的强度，也是能满足设计要求的。

4. 施工工艺

喷粉深层搅拌法加固软土地基施工流程如图 10-16 所示。

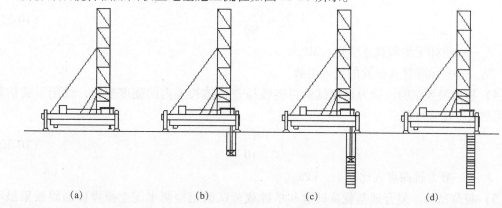

图 10-16　喷粉深层搅拌法施工流程

（a）就位；（b）钻进；（c）提升；（d）成桩

喷粉深层搅拌法施工工艺如下：

（1）就位。移动钻机，使钻头对准桩位，校正井架的垂直度。

（2）钻进。启动钻机，使之处于正转给进状态。同时，启动空压机，通过送气管路向钻具内喷射压缩空气，一是防止钻头喷口堵塞；二是减少钻进阻力。钻至设计标高后停钻，关闭送气管路，打开送料管路和给料机开关。

（3）提升。操纵钻机，使之处于反转状态，确认水泥粉料到达钻头后开始提升。边旋转搅拌边提升，使水泥粉和原位的软土充分拌和。

（4）成桩。当钻头提升至设计桩顶标高后，停止喷粉，形成桩体。继续提升钻头直至离开地面，移动钻机到下一个桩位。

10.2.5　质量检验

1. 施工质量检验

施工过程中必须随时检查施工记录，对照规定的施工工艺对每根桩进行质量评定。检查重点是水泥用量、桩长、搅拌头转数和提升速度、复搅次数和复搅深度、停浆处理方法等。

2. 竣工质量检验

水泥土搅拌桩成桩质量检验方法有浅部开挖、轻型动力触探、标准贯入试验、静力触探试验、载荷试验和钻芯取样等。

（1）浅部开挖。成桩 7 d 后，采用浅部开挖桩头［深度宜超过停浆（灰）面下 0.5 m］，目测检查搅拌的均匀性，量测成桩直径。检查量为总桩数的 5%。对相邻桩搭接要求严格的工程，应在成桩 15 d 后，选取数根桩进行开挖，检查搭接情况。

（2）轻型动力触探。成桩后 3 d 内，可用轻型动力触探（N_{10}）检查每米桩身的均匀性。检验数量为施工总桩数的 1%，且不少于 3 根。由于每次落锤能量较小，连续触探一般不大于 4 m。但是如果采用从桩顶开始至桩底，每米桩身先钻孔 700 mm 深度，然后触探 30 mm，并记录锤击数的操作方法，则触探深度可加大。触探杆宜用铝合金制造，可不考虑杆长的修正。

（3）标准贯入试验。用锤击数估算桩体强度需积累足够的工程资料，Terzaghi 和 Peck 的经验公式为

$$f_{cu} = \frac{N_{63.5}}{80} \tag{10-29}$$

式中　f_{cu}——桩体无侧限抗压强度，MPa；

　　　$N_{63.5}$——标准贯入试验的贯入击数。

（4）静力触探试验。静力触探试验可连续检查桩体长度内的强度变化，或用下式估算桩体无侧限抗压强度值：

$$f_{cu} = \frac{P_s}{10} \tag{10-30}$$

式中　P_s——静力触探贯入比阻力，kPa。

（5）载荷试验。复合地基载荷试验和单桩载荷试验是检测水泥土搅拌桩加固效果最可靠的方法之一，一般应在龄期 28 d 后进行检验，检验数量为桩总数的 0.5%～1%，且每项单体工程不应少于 3 点。

（6）钻芯取样。经触探和载荷试验检验后对桩身质量有怀疑时，应在成桩 28 d 后，用双管单动取样器钻取芯样做抗压强度检验，检验数量为施工总桩数的 0.5%，且不少于 3 根。钻孔直径不宜小于 108 mm。

10.3　高压喷射注浆法

10.3.1　概述

1. 高压喷射注浆法的概念

高压喷射注浆法（High-pressure Jet Grouting）又称为高压旋喷法，是利用钻机把带有喷嘴的注浆管放入（或钻入）至土层的预定位置后，通过地面的高压设备使装置在注浆管上的喷嘴喷出 20 ~ 50 MPa 的高压射流（浆液或水流），冲击切割地基土体，同时钻杆以一定速度渐渐向上提升，将浆液与土粒强制搅拌混合，浆液凝固后，在土中形成具有一定强度的固结体，以达到改良土体的目的。

高压喷射注浆法所形成的固结体形状与高压喷射流作用方向、移动轨迹和持续喷射时间有密切关系。一般分为旋转喷射（简称旋喷）、定向喷射（简称定喷）和摆动喷射（简称摆喷）三种形式，定喷及摆喷两种方法通常用于基坑防渗和稳定边坡等工程。

2. 高压喷射注浆法的特点

（1）适用范围广，既可用于工程新建之前，又可用于竣工后的托换工程，可以不损坏建筑物的上部结构，且能使已有建筑物在施工时使用功能正常。

（2）施工简便，设备简单，施工时只需在土层中钻一个直径为 50 mm 或 300 mm 的小孔，便可在土中喷射成直径为 0.4 ~ 4 m 的固结体，因而施工时能贴近已有建筑物，成型灵活，既可在钻孔的全长形成柱形固结体，也可仅形成其中的一段固结体。

（3）结构形式灵活多样，在施工中可调整旋喷速度和提升速度，增减喷射压力或更换喷嘴孔径以改变流量，使固结体形成工程设计所需的形状，如块状、柱状、壁状、格栅状等。

（4）柱体倾斜角度可调范围大，通常在地面上是进行垂直喷射注浆，而在隧道、矿山井巷工程、地下铁道等建设中，也可采用倾斜和水平喷射注浆。

（5）基本不存在挤土效应，对周围地基的扰动小，施工无振动、无噪声、污染小，可在市区和建筑物密集地带施工。

（6）土体加固后，重度基本不变，软弱下卧层不会产生较大附加沉降。

3. 高压喷射注浆法的优点

（1）受土层、土的粒度、土的密度、硬化剂黏性、硬化剂硬化时间的影响较小，广泛适用于淤泥、软弱黏性土、砂土甚至砂卵石等多种土质。

（2）可采用价格便宜的水泥作为主要硬化剂，加固体的强度较高，根据土质不同，加固桩体的强度可为 0.5 ~ 10 MPa。

（3）可以有计划地在预定范围内注入必要的浆液，形成一定间距的桩，或连成一片桩或薄的帷幕墙；加固深度可自由调节，连续或分段均可。

（4）采用相应的钻机，不仅可以形成垂直的桩，也可形成水平的或倾斜的桩。

（5）可以作为施工中的临时措施，也可作为永久建筑物的地基加固，尤其是在对已有建筑物地基补强和基坑开挖中需要对坑底或侧壁加固、侧壁挡水，以及对邻近地铁及旧建筑物加以保护时，这种方法能发挥其特殊作用。

4. 高压喷射注浆法的适用范围

（1）土质条件适用范围。高压喷射注浆法适用于处理淤泥，淤泥质土，流塑、软塑或可塑黏性土，粉土，砂土，黄土，素填土和碎石土等地基。高压喷射注浆法处理深度较大，我国目前已达 30 m 以上。

当土中含有较多的大粒径块石、大量植物根茎或有较高的有机质时，以及地下水流速过大和有涌水的工程，应根据现场试验结果确定其适用性。对于湿陷性黄土地基，因试验资料和施工实例较少，宜预先进行现场试验。

（2）工程应用范围。高压喷射注浆注有强化地基和防漏的作用，可有效地应用于既有建筑和新建工程的地基处理、地下工程及堤坝的截水（防渗帷幕）、基坑封底、被动区加固、基坑侧壁防止漏水或减小基坑位移等。

对既有建筑物制定高压喷射注浆方案时，应搜集有关的历史和现状资料、邻近建筑物和地下埋设物等资料。

10.3.2　地基加固原理

1. 高压喷射流对土体的破坏作用

高压喷射流破坏土体的机理主要归纳为以下几方面。

（1）流动高压。喷射流冲击土体时，由于能量高度集中地作用于一个很小的区域，这个区域内的土体结构受到很大的压力作用，当这些外力超过土的临界破坏压力时，土体便发生破坏。高压喷射流的破坏力 p 可以表达为

$$p = \rho A v_m^2 = \rho Q v_m \tag{10-31}$$

式中　p——破坏力，$kN \cdot m/s^2$；

　　　ρ——重度，kN/m^3；

　　　Q——流量，m^3/s，$Q = A v_m$；

　　　v_m——喷射流的平均速度，m/s；

　　　A——喷嘴面积，m^2。

破坏土体结构强度的最主要因素是喷射动压。为了取得更大的破坏力，需要增加平均流速，即需要增加旋喷压力。一般要求高压脉冲泵的工作压力在 20 MPa 以上，这样就使射流像刚体一样，冲击破坏土体，使土与浆液搅拌混合，凝固成圆柱状的固结体。

（2）喷射流的脉动负荷。当喷射流不停地脉冲式冲击土体时，土粒表面受到脉动负荷的影响，逐渐积累起残余变形，使土粒失去平衡而发生破坏。

（3）水块的冲击力。由于喷射流继续冲击土体产生冲击力，促进破坏的进一步发展。

（4）空穴现象。当土体没有被射出孔洞时，喷射流冲击土体以冲击面的大气压力为基础，产生压力变动，在压力差大的部位产生空洞，呈现出类似空穴的现象。在冲击面上的土体被气泡的破坏力所侵蚀，使冲击面被破坏。此外，空穴中由于喷射流的激烈紊流，也会把较软的土体掏空，造成空穴破坏，使更多的土粒发生破坏。

（5）水楔效应。当喷射流充满土层，由于喷射流的反作用力产生水楔，揳入土体裂隙或薄弱部分，这时喷射流的动压变为静压，使土体发生剥落，裂隙加宽。

（6）挤压力。喷射流在终期区域能量衰减很大，不能直接破坏土体，但能对有效射程的边界土产生挤压力，对四周土有压密作用，并使部分浆液进入土粒之间的孔隙，使固结体与四周土紧密相依，不产生脱离现象。

（7）气流搅动。当在喷嘴出口的高压水喷流的周围加上圆筒状空气射流，进行水、气同轴喷射时，空气流使水或浆的高压喷射流从破坏的土体上将土粒迅速吹散，使高压喷射流的喷射破坏条件得到改善，阻力大大减小，能量消耗降低，因而增大了高压喷射流的破坏能力，形成的旋喷固结体直径较大。

2. 高压喷射成桩机理

（1）旋喷成桩机理。旋喷时，高压射流边旋转边缓慢提升，对周围土体进行切削破坏，被切削下来的一部分细小的土颗粒被喷射浆液置换，被液流携带到地表（冒浆），其余的土颗粒在喷射动压、离心力和重力的共同作用下，在横断面按质量大小重新分布，形成一种新的水泥—土网络结构。土质条件不同，其固结体结构组成是有差别的，对于砂土和黏性土，高压旋喷最终固结体横断面形状如图 10-17 所示。

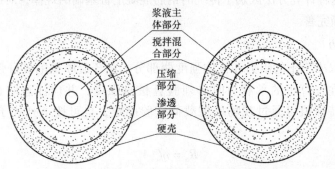

图 10-17　布孔孔距和旋喷注浆固结体交联图

（2）定/摆喷成桩机理。定/摆喷施工时，喷嘴在逐渐提升的同时，不旋转或按一定角度摆动，在土体中形成一条沟槽。被冲下的土粒一部分被携带流出底面，其余土粒与浆液搅拌混合，最后形成一个板（墙）状固结体，如图 10-18 所示。固结体在砂土中有一部分渗透层，而在黏性土则没有渗透层。

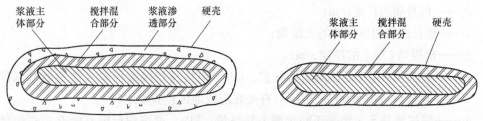

图 10-18　布孔孔距和定/摆喷注浆固结体交联图

（3）水泥与土的固化机理。高压喷射所采用的硬化剂主要是水泥，并增添防治沉淀或加速凝固的外加剂。旋喷固结体是一种特殊的水泥—土网络结构，水泥土的水化反应要比纯水泥浆复杂得多。

由于水泥土是一种不均匀材料，在高压旋喷搅拌过程中，水泥和土被混合在一起，土颗粒间被水泥浆所填满。水泥水化后在土颗粒的周围形成了各种水化物的结晶。它们不断地生长，特别是钙矾石的针状结晶，很快地生长交织在一起，形成空间网络结构，土体被分隔包围在这些水泥的骨架中，随着土体不断被挤密，自由水也不断减少、消失，形成了一种特殊的水泥土骨架结构。

水泥的各种成分所生成的胶质膜逐渐发展连接为胶质体，即表现为水泥的初凝状态。随着水化过程的不断发展，凝胶体吸收水分并不断扩大，产生结晶体。结晶体与胶质体相互包围渗透，并达到一种稳定状态，这就是硬化的开始。水泥的水化过程是一个长久的过程，水化作用不断地深入到水泥的微粒中，直到水分完全被吸收，胶质凝固结晶充满为止。在这个过程中，固结体的强度将不断提高。

10.3.3　设计计算

旋喷注浆法的计算理论仍然是以土力学的基本理论为基础，但是具体应用时，必须将喷射注浆法加固地基的特点与土力学的基本理论结合起来。同时，由于形成复合地基产生的强度和变形问题，这种计算方法区别于传统的钢筋混凝土桩基础的规律，对此，则需要进行新的探索，以便逐渐完善。

1. 桩的承载力

桩的承载力取决于土的阻力和桩体强度两部分。由于旋喷桩的桩身强度通常比钢筋混凝土桩低，因此在计算桩的承载力时必须验算桩身强度，并应注意防止桩身强度过低。单桩竖向承载力特征值可通过现场单桩载荷试验确定，也可按下列式子估算，取其中较小值。

$$R_a = \eta f_{cu} A_p \tag{10-32}$$

$$R_a = u_p \sum_{n=1}^{i} q_{si} l_i + q_p A_p \tag{10-33}$$

式中　f_{cu}——与旋喷桩桩身水泥土配合比相同的室内加固土试块（边长为 70.7 mm 的立方体）在标准养护条件下 28 d 龄期的立方体抗压强度平均值，kPa；

η——桩身强度折减系数，可取 0.33；

A_p——桩底端横截面面积，m^2；

u_p——桩身周边长度，m；

n——桩长范围内所划分的土层数；

l_i——桩周第 i 层土的厚度，m；

q_{si}——桩周第 i 层土的侧阻力特征值，kPa，可按现行国家标准《建筑地基基础设计规范》（GB 50007—2011）有关规定或地区经验确定；

q_p——桩端地基土未经修正的承载力特征值，kPa，可按现行国家标准《建筑地基基础设计规范》（GB 50007—2011）有关规定或地区经验确定。

静载荷试验采用接近桩的实际工作条件，以确定单桩轴向受压承载力，是一种比较可靠的确定承载力的方法。鉴于目前旋喷桩的理论计算尚待进一步研究，因此通过静载荷试验来确定承载力对于旋喷桩有着更为重要的作用。

2. 复合地基承载力

复合地基泛指在通过某些方法加固地基后形成的一种特殊形式的地基, 如砂桩、石灰桩、碎石桩、搅拌桩、旋喷桩等。这类地基的特点既不同于完全没有处理的天然地基, 也不同于刚性很大的钢筋混凝土桩。前者的荷载由天然土质承受, 后者的荷载主要由钢筋混凝土桩承受, 不考虑土的作用。而复合地基则是考虑将外部荷载由加固体和土体共同承担。

当荷载通过作用在复合地基上的基础传递时, 按变形协调条件, 桩与承台下桩间土的沉降值相等, 但因桩与承台下桩间土的压缩性不同, 故桩所承受的荷载通常大于桩间土承受的荷载, 这一点已被许多试验所证明。两者的比例与桩和土的相对刚度以及荷载大小有关。

桩土应力集中比是指桩顶承载的荷载 σ_p 与承台下桩间土承受的荷载 σ_s 之比。

$$n = \frac{\sigma_p}{\sigma_s} \tag{10-34}$$

n 值的大小与桩数、桩距、桩与土的相对刚度、荷载大小、桩的面积置换率有关。面积置换率为单位面积内桩体面积所占的百分比, 如图 10-19 所示。

$$a_s = \frac{\sum A_V}{A} \tag{10-35}$$

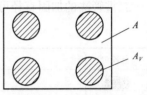

图 10-19 面积置换率

式中 $\sum A_V$——桩的总横截面面积, m^2;

A——承台的底面积, m^2。

根据一些测试, 在旋喷桩中, 根据 n 为 $5 \sim 20$ 即可求得 σ_s:

$$\sigma_s = \sigma / [1 + (n-1) a_s] = \mu_s \sigma \tag{10-36}$$

$$\sigma_s = n\sigma / [1 + (n-1) a_s] = \mu_p \sigma \tag{10-37}$$

式中 σ——平均荷载, kPa。

竖向承载旋喷桩复合地基承载力特征值应通过现场复合地基载荷试验确定。初步设计时, 也可按下式估算:

$$f_{spk} = m\frac{R_a}{A_p} + \beta (1-m) f_{sk} \tag{10-38}$$

式中 f_{spk}——复合地基承载力特征值, kPa;

m——面积置换率;

R_a——单桩竖向承载力特征值, kN;

A_p——桩的截面面积, m^2;

β——桩间土承载力折减系数, 宜按地区经验取值, 如无经验, 可取 $0 \sim 0.5$, 天然地基承载力较低时取低值;

f_{sk}——处理后桩间土承载力特征值, 宜按当地经验取值, 如无经验, 可取天然地基承载力特征值。

地基处理后的变形计算应按现行国家标准《建筑地基基础设计规范》 (GB 50007—2011) 有关规定执行。复合土层的分层与天然地基相同, 各复合土层的压缩模量等于该层天然地基压缩模量的倍数, 其值可按下式确定:

$$\xi = f_{spk}/f_{ak} \tag{10-39}$$

式中 f_{ak}——基础底面下天然地基承载力特征值, kPa。

变形计算经验系数根据当地沉降观测资料及经验取定，也可根据表 10-3 取值。

表 10-3　变形计算经验系数

$\bar{E}_s$/MPa	2.5	4	7	15	20
ψ_s	1.1	1.0	0.7	0.4	0.2

（1）加固体直径的设定。加固体的直径与土质、施工方法等有密切关系，主要根据以往的试验和工程实例加以确定，也可用下式近似计算：

$$\text{黏性土}\qquad D = 0.5 - 0.005\,N^2 \tag{10-40}$$

$$\text{砂性土}\qquad D = 0.001\,(350 + 10N - N^2)\qquad 5 \leqslant N \leqslant 15 \tag{10-41}$$

式中　N——标准贯入度。

二重管法的加固直径可参考表 10-4 选用，三重管法的加固直径可参考表 10-5 选用。

表 10-4　二重管法加固直径参考值

土名	土质条件	加固直径/cm
砂砾	$N < 30$	80 ± 20
砂质土	$N < 10\ \ 10 \leqslant N < 20\ \ 20 \leqslant N < 30\ \ 30 \leqslant N < 50$	$180 \pm 20\ \ 140 \pm 20\ \ 100 \pm 20\ \ 80 \pm 20$
黏性土	$N < 1\ \ 1 \leqslant N < 3\ \ 3 \leqslant N < 5$	$160 \pm 20\ \ 130 \pm 20\ \ 100 \pm 20$
有机质土	—	110 ± 30

表 10-5　三重管法加固直径参考值

项目		A	B	C	D	E
N 值	砂质土	$N < 30$	$30 \leqslant N < 50$	$50 \leqslant N < 100$	$150 \leqslant N < 175$	$N \geqslant 200$
	黏性土		$N < 5$	$5 \leqslant N < 7$	$7 \leqslant N < 9$	$N = 10$
加固体直径/m		2.0	2.0	1.8	1.4	1.0
提升 速度	m/min	0.062 5	0.05	0.05	0.4	0.04
	min/m	16	20	20	25	25
浆液量	喷射量 /（$m^3 \cdot min^{-1}$)	0.18	0.18	0.18	0.12	0.10
	总量/（$m^3 \cdot m^{-1}$)	3.7	3.7	3.7	3.7	2.6

（2）桩的平面布置。桩的平面布置需根据加固的目的给予具体考虑。作为独立承重的桩，其平面布置与钢筋混凝土桩的布置相似；作为桩群加固土体时，其平面布置也可有所不同，如图 10-20 所示。分离布置的单桩可用于基础的承重，排桩、板墙可用作防水帷幕，整体加固则常用于防止基坑底部的涌土或提高土体的稳定性，水平封闭桩可用于形成地基中的水平隔水层。

当采用整体加固或排桩形式时，桩的间距不仅取决于桩的直径，还取决于桩施工时的垂直度。

相邻桩的搭接应根据工程要求和条件确定，根据现行国家行业规范，相邻桩的搭接不应小于 30 cm，对于用作基坑挡水时，相互搭接应有更多的安全储备，为此有时需要采用双排桩甚至三排桩，而对基坑内部主要用作减少基坑变形的加固，相互搭接可适当放宽。

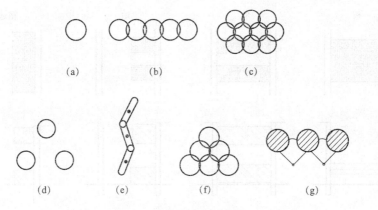

图 10-20　桩的平面布置

（a）单桩；（b）排桩；（c）整体加固；（d）加固地基的分离桩；
（e）防渗板墙；（f）水平封闭桩；（g）摆喷做桩间防水

　　图 10-21 所示为布置实例。对旧建筑基础的加固，桩可采用不同的方向，相邻桩较大范围内是重合的。

　　图 10-22 所示为一种拱形布置的方案。各个工程应根据土质条件和工程要求确定加固范围、布置形式和范围。

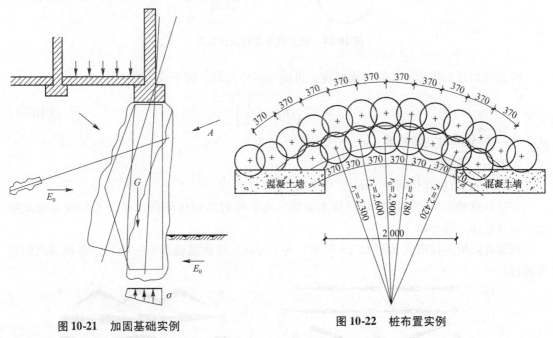

图 10-21　加固基础实例　　　　　　　　**图 10-22　桩布置实例**

　　图 10-23 所示为基坑工程中为了减小支护结构位移而采用的几种旋喷加固的布置方案。

3. 防渗堵水设计计算

　　防渗堵水工程设计时，最好按双排或三排布孔形成帷幕，如图 10-24 所示。孔距为 $1.73R_0$（R_0 为旋喷设计半径），排距为 $1.5R_0$ 最为经济。防渗帷幕应尽量插入不透水层，以保证不发生管涌。防渗帷幕若在透水层中，一方面应采取降水措施；另一方面应增加插入深度。

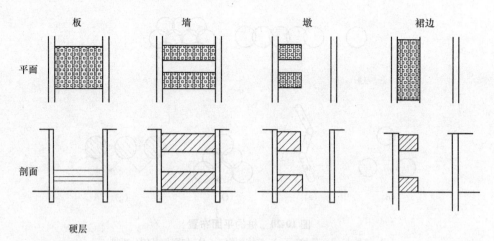

图 10-23　基坑工程中旋喷加固布置方案

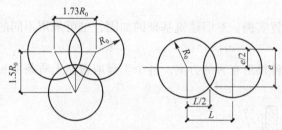

图 10-24　防渗堵水工程设计布孔

若想增加每一排旋喷桩的交圈厚度，可适当缩小孔距，按下式考虑：

$$e = 2\sqrt{R_0^2 - \left(\frac{L}{2}\right)^2}$$ （10-42）

式中　e——旋喷桩交圈厚度，m；

R_0——旋喷桩半径，m；

L——旋喷桩孔位间距，m。

定喷和摆喷是两种常用的防渗堵水方法，由于喷射出的板墙薄而长，不但成本较旋喷低，而且整体连续性高。

相邻孔定喷连接形式如图 10-25 所示。为了保证定喷板墙连接成一帷幕，各板墙之间需要搭接。

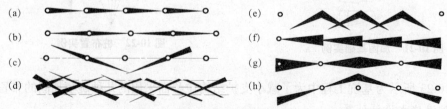

图 10-25　相邻孔定喷连接形式

(a) 单喷嘴单墙首尾连接；(b) 双喷嘴单墙前后对接；(c) 双喷嘴单墙折线连接；
(d) 双喷嘴双墙折线连接；(e) 双喷嘴夹角单墙连接；(f) 单喷嘴扇形单墙首尾连接；
(g) 双喷嘴扇形单墙前后对接；(h) 双喷嘴扇形单墙折线连接

摆喷连接可按图 10-26 所示形式进行布置。

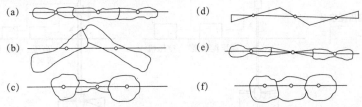

图 10-26　摆喷连接形式

（a）直摆型（摆喷）；（b）折摆型；（c）柱墙型；（d）微摆型；（e）摆定型；（f）柱裂型

对于提高地基承载力的加固工程，旋喷桩之间的距离可适当加大，不必交圈，其孔距 L 以旋喷桩直径的 2~3 倍为宜，这样可以充分发挥土的作用。布孔形式按工程需要而定。

4. 喷浆用量计算

注浆材料的使用数量有两种计算方法，即体积法和喷量法，取其大者作为喷射浆量。

（1）体积法。

$$Q = \frac{\pi}{4}D_e^2 K_1 h_1 \ (1+\beta) \ + \frac{\pi}{4}D_0^2 K_2 h_2 \tag{10-43}$$

（2）喷量法。喷量法是以单位时间喷射的浆量及喷射持续时间计算出浆量，计算公式为

$$Q = \frac{H}{v}q \ (1+\beta) \tag{10-44}$$

式中　D_e——旋喷体直径，m；

　　　D_0——注浆管直径，m；

　　　h_1——旋喷长度，m；

　　　h_2——未旋喷长度，m；

　　　K_1——填充率，可取 0.75~0.90；

　　　K_2——未旋喷范围土的填充率，可取 0.50~0.75；

　　　β——损失系数，可取 0.1~0.2；

　　　v——提升速度，m/min；

　　　H——喷射长度，m；

　　　q——单位时间喷浆量，$\mathrm{m^3/min}$；

　　　Q——需要用的浆量，$\mathrm{m^3}$。

10.3.4　施工方法

单管法、二重管法和三重管法是目前使用最多的高压喷射注浆法，其加固原理基本是一致的。其施工工艺流程如图 10-27 所示。

（1）单管法。单管法是利用钻机把安装在注浆管（单管）底部侧面的特殊喷嘴，置入土层预定深度后，用高压泥浆泵等装置以 20 MPa 左右的压力，把浆液从喷嘴中喷射出去而冲击破坏土体，使浆液与从土体上崩落下来的土搅拌混合，经过一定时间凝固，便在土中形成一定形状的固结体，如图 10-28 所示。

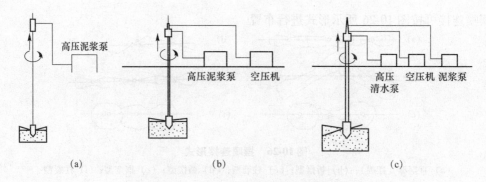

图 10-27　高压喷射注浆法施工工艺流程

（a）单管法；（b）二重管法；（c）三重管法

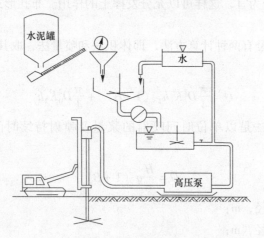

图 10-28　单管法施工

（2）二重管法。二重管法也称双管法，以使用双通道的二重注浆管而得名。当二重注浆管钻进到土层的预定深度后，通过在管底部侧面的一个同轴双重喷嘴，同时喷射出高压浆液和空气两种介质的喷射流冲击破坏土体。即以高压泥浆泵等高压发生装置喷射出20 MPa 左右压力的浆液，从内喷嘴中高速喷出，并用 0.7 MPa 左右的压力把压缩空气从外喷嘴中喷出。在高压浆液和外圈环绕气流的共同作用下，破坏土体的能量显著增大，最后在土中形成较大的固结体。

（3）三重管法。三重管法以使用分别输送水、气、浆三种介质的三重注浆管而得名。在高压泵等高压发生装置产生 20~30 MPa 高压水喷射流的周围，环绕一股 0.5~0.7 MPa 圆筒状气流，进行高压水流喷射流和气流同轴喷射冲切土体，形成较大的空隙，再由泥浆泵注入压力为 1~5 MPa 的浆液填充，喷嘴做旋转和提升运动，最后便在土中凝固为较大的固结体。

单管法和二重管法的喷射管较细，因此，当第一阶段贯入土中时，可借助喷射管本身的喷射，在必要时才在地基中预先成孔（孔径为 6~10 cm），然后放入喷射管进行喷射加固。采用三重管法时，喷射管直径通常是 7~9 cm，结构复杂，因此需要预先钻一个直径为 15 cm 的孔，然后置入三重喷射管进行加固。

三种方法的常用施工参数见表 10-6。

表 10-6　高压喷射注浆法常用施工参数

分类	单管法	二重管法	三重管法	
喷射方法	浆液喷射	浆液、空气喷射	水、空气喷射，浆液注入	
硬化剂	水泥浆	水泥浆	水泥浆	
常用压力 /MPa	15.0～20.0	15.0～20.0	高压 20.0～40.0	低压 0.5～3.0
喷射量/（L·min⁻¹）	60～70	60～70	60～70	80～150
压缩空气/kPa	不使用	500～700	500～700	
旋转速度/rpm	16～20	5～16	5～16	
桩径/cm	30～60	60～150	80～200	
提升速度/（cm·min⁻¹）	15～25	7～20	5～20	

在三重管法的基础上，常见的还有 RJP 工法和 MJS 工法。

RJP 工法全称为 Rodin Jet Pile 工法，是在三重管法基础上开发出来的。它仍使用三重管，分别输送水、气、浆，与原三重管法不同的地方是，水泥浆用高压喷射，并在其外围环绕空气流，进行第二次冲击切削土体。RJP 工法固结体直径大于三重管法。该工法的示意图如图 10-29 所示。

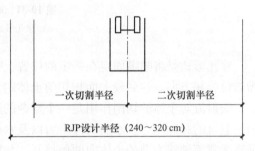

图 10-29　RJP 工法示意

MJS 工法是一种多孔管的工法，以高压水泥浆加四周环绕空气流的复合喷射流，冲击切削破坏土体，并从管中抽出泥浆，固结体的直径较大。浆液凝固时间的长短可通过速凝剂喷嘴注入速凝液量调控，最短凝固时间可做到瞬时凝固。施工时根据地压的变化，调整喷射压力、喷射量、空气压力和空气量，就可增大固结效果和减小对周边的影响。固结体的形状不但可做成圆形，还可做成半圆形。其水平施工示意图如图 10-30 所示。

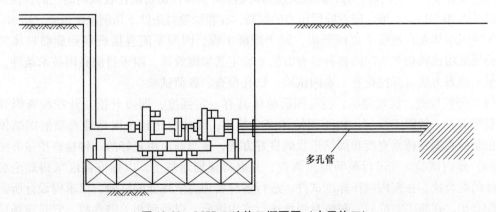

图 10-30　MJS 工法施工概要图（水平施工）

10.3.5 质量检验

高速喷射流切削破坏土体或岩石，通常有两种形式，即穿孔形式和切削形式（图 10-31）。

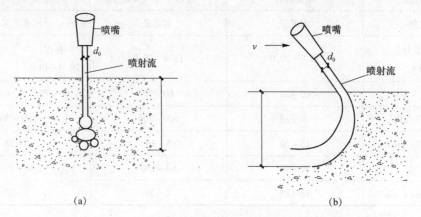

图 10-31 喷射流切削类型

（a）穿孔形式；（b）切削形式

穿孔形式是将喷嘴固定在一定的位置上喷射，形成一个孔洞，而切削形式是逐渐移动喷嘴的位置和方向，达到较大面积切削土体的目的。喷射加固地基采用切削形式。

喷射流对土体的切削作用是一个复杂的过程。通常认为其主要作用包括射流的动压力作用、射流的脉冲压力、水滴的冲击力以及水楔效应等。所谓水楔效应，是指射流的作用力使垂直于喷流轴线方向的土体向两侧挤开，如同楔子贯入土中一样。

上述作用只能定性地说明射流导致土体被切削、破坏的几种因素。它们不一定同时发生，也难以定量地确定大小，因为这些作用的发生及其影响大小与喷射的压力、流量、喷嘴形式均有复杂的关系。

切削效果的影响因素更是多方面的。根据目前已有的研究成果，主要影响因素包括下列几个方面：①喷射流的喷射压力；②喷嘴的直径；③喷嘴的形状；④喷嘴的移动速度；⑤土体（或岩体）的特性；⑥喷射口处的静水压力；⑦喷射口与土体的距离。

高速喷射流用于切削岩石时，其最大压力可达 500 MPa，而切削比较软弱的土时，使用的压力也可达 70 MPa。一般，随着喷射压力的提高，在相同喷射条件下切削深度也随之增加。

旋喷固结体系在地层下直接形成，属于隐蔽工程，因而不能直接观察到旋喷桩体的质量，必须采用比较切合实际的各种检查方法来鉴定其加固效果。限于目前我国技术条件，喷射质量的检查方法有开挖检查、室内试验、钻孔检查、载荷试验。

（1）开挖检查。旋喷完毕，待凝固后桩体具有一定强度，即可开挖。开挖检查因开挖工作量很大，一般限于浅层。由于固结体完全暴露，因此能比较全面地检查喷射固结体质量，也是检查固结体垂直度和固结形状的良好方法，是当前应用较好的一种检查质量方法。

（2）室内试验。先进行现场地质调查，并取得现场地基土，以标准稠度求得理论旋喷固结体的配合比，在室内制作标准试件，进行各种物理力学性能的试验，以求得设计所需的理论配合比。在施工完成后，对桩身强度进行室内试验，以得到相关的参数。它是现场试验的一种补充试验。

（3）钻孔检查。

①钻取旋喷加固体的岩芯。可在已旋喷好的加固体中钻取岩芯来观察判断其固结整体性，并将所取岩芯做成标准试件进行室内物理力学性能试验，以求得其强度特性，鉴定其是否符合设计要求。取芯时的龄期根据具体情况确定，有时采用在未凝固的状态下"软取芯"。

②渗透试验。通过现场渗透试验，测定旋喷固结体抗渗能力，一般有钻孔压力注水和抽水观测两种。

（4）载荷试验。在对旋喷固结体进行载荷试验之前，应对固结体的加载部位进行加强处理，以防加载时固结体受力不均匀而损坏。高压喷射注浆法是在高压下进行的，存在一定的危险性，因此，高压液体和压缩空气管道的耐久性以及管道连接的可靠性都是不可忽视的，否则接头断开，软管破裂，都将导致浆液飞散、软管甩出等安全事故。

10.4　工程应用实例

10.4.1　工程概况

某大厦基础采用联合基础，基坑深 9.0 m，桩身位于地表下 9.0～22.0 m，桩径分别为 1.2 m、1.5 m、1.8 m，地基土层为淤泥、粉细砂夹淤泥及砂层。淤泥层平均厚度 6.0 m，分布不均匀。由于地下水位高，在灌注桩身混凝土时，地下水涌入桩孔，使混凝土产生离析，水泥流失，桩身出现孔洞。经钻孔取样和采用动测法检测桩身质量，结果发现 47 根桩桩身混凝土有严重缺陷，未能达到设计要求。决定采用先灌水泥浆后灌化学浆液的复合灌浆方法进行处理。

10.4.2　灌浆材料及性能

复合灌浆的基本原理是：将水泥浆液灌注到桩身较大的孔隙中，填充孔隙，改善桩身整体性，然后利用 EAA 环氧树脂浆液的高渗透性，解决新旧混凝土之间的粘结力问题并充填细小孔隙，从而使桩基的整体强度得到提高。

灌浆材料：水泥采用 32.5 级普通硅酸盐水泥，并加入适量的黏土、速凝剂、早强剂，水泥浆液水灰比选用 1:1 和 0.6:1 两种，以 0.6:1 为主。化学浆材采用 EAA 环氧树脂浆液。

EAA 环氧树脂浆液具有较高的渗透性，可渗入渗透系数为 10^{-6}～10^{-8} cm/s 的材料中，固结体的强度较高，可满足桩基加固的要求，其性能见表 10-7。

表 10-7　环氧浆材性能

配方号	抗压强度/MPa	劈裂抗拉强度/MPa	抗剪强度/MPa	抗冲切强度/MPa
1	25.4	15.9	14.7	4.2
2	13.7	14.0	15.1	4.0
3	12.0	12.7	10.0	4.1
4	64	25.7	32.7	—

10.4.3 施工工艺

（1）钻孔。在桩径为 1 200 mm 的每根灌注桩布置 3 个灌浆孔，两个水泥灌浆孔的间距为 600 mm，中间设一化学灌浆孔。其布置如图 10-32 所示。

（2）灌浆顺序。先灌水泥浆，待固结 8～12 h 后，钻开中心孔进行化学灌浆。灌浆时，自上而下进行，钻一段灌一段，重复灌浆直至进入基岩下 0.5 m。

（3）灌浆段长。根据钻孔取样情况确定水泥灌浆段长，一般在 5.0 m 以内。化学灌浆前进行压水试验，只有吸水量小于 1.0×10^{-2} L/min 时，方可进行化学灌浆，否则灌注水泥浆液。

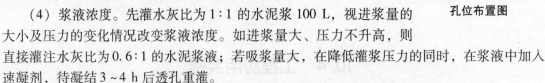

图 10-32 桩的孔位布置图

（4）浆液浓度。先灌水灰比为 1:1 的水泥浆 100 L，视进浆量的大小及压力的变化情况改变浆液浓度。如进浆量大、压力不升高，则直接灌注水灰比为 0.6:1 的水泥浆液；若吸浆量大，在降低灌浆压力的同时，在浆液中加入速凝剂，待凝结 3～4 h 后透孔重灌。

（5）灌浆压力。水泥灌浆压力为 1.0 MPa，化学灌浆压力为 1.5 MPa。

10.4.4 评价

处理前后对每孔段进行简易取芯和压水试验。从资料分析可知，水泥灌浆孔均达到和超出原设计灌浆压力，水泥灌浆平均单耗 113.26 L/m（以 ϕ1.8 m 桩计，水泥浆充填率达 44.6%，已达最大充填度）。对某根桩进行抽芯检测表明，岩芯结构完整，达到设计要求。采用低应变动力检测 47 根桩，其中 Ⅰ 类桩占 40%，其余为 Ⅱ 类桩。

习 题

【10-1】阐述灌浆法的广泛用途。

【10-2】阐述浆液材料的种类及主要特点。

【10-3】阐述深层搅拌法加固原理。

【10-4】阐述高压喷射注浆法施工工艺。

【10-5】阐述高压喷射注浆法处理基坑工程中坑底软弱土层的布置方式。

第11章

加筋法

11.1 概　述

11.1.1 加筋法的概念

加筋法是在土中加入条带、成片纤维织物或网格片等抗拉材料，依靠它们限制土的侧移，改善土的力学性能，提高土的强度和稳定性的方法。常用的有土钉、加筋土挡墙和土工合成材料等加筋技术。

一般用于加筋土的筋材有非金属、金属及组合材料。金属材料应用较少，以土工合成材料为主的非金属筋材应用较多，如土工格栅、土工织物和土工带等。此外，还有钢筋混凝土网格、钢筋混凝土格栅等。

11.1.2 加筋法的基本原理

加筋法的基本原理：当土的抗拉能力低，抗剪强度也很有限时，在土体中放置筋材，构成土—筋材的复合体，当受外力作用时，将会产生体变，引起筋材与其周围土之间产生相对位移趋势，但两种材料的界面上有摩擦阻力和咬合力，等效于给土体施加一个侧压力增量，使土的强度和承载力有所提高，限制了土的侧向位移。如图 11-1 所示，某沿河码头的加筋土挡墙就是靠筋材与土之间的摩擦阻力和咬合力，使之在承受很大的侧向土压力情况下，仍能保持直立。

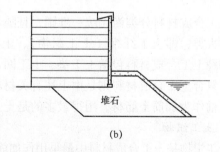

(a)　　　　　　　　　　　　　　　　　(b)

图 11-1　某沿河码头的加筋土挡墙
（a）加筋土挡墙示意图；（b）加筋土挡墙内部结构

11.1.3 加筋法特点

1. 优点

（1）加筋法可以筑造较高的垂直面挡墙，当然根据工程需要也可以是倾斜面挡墙，还可用于各类地基、边坡的加固和强化等。

（2）减少占地面积，特别适合于在不允许开挖的地区施工。

（3）加筋的土体及结构属于柔性，对各种地基都有较好的适应性，因而对地基的要求比其他结构的建筑物低。遇到较弱地基时，常不需采用深基础。

（4）加筋法的支挡墙、台等结构，墙面变化多样，可以根据需要对面板进行设计美化，使之适用于城市道路工程，也可采用表面植草，达到绿化的目的。

（5）加筋土结构既适于机械化施工，也适于人力施工；施工设备简单，无须大型机械，更可以在狭窄场地条件下施工；施工管理简便，没有诸如噪声污染、施工垃圾的堆积等建筑公害。

（6）加筋土的抗震性能、耐寒性能良好，造价较低。

2. 缺点

（1）采用金属筋材时，由于金属易锈蚀，需要考虑防护措施。

（2）采用聚合材料筋材时，聚合物受紫外线照射会发生衰化，以及材料的长期蠕变性能，在设计中都需予以考虑。

11.2 土工合成材料

11.2.1 土工合成材料的概念

土工合成材料是 20 世纪 60 年代末兴起的，是土木工程中应用的合成材料的总称。它是以合成纤维、塑料、合成橡胶等聚合物为原料制成的用于岩土工程的新型材料。它的用途极为广泛，可用于排水、反滤、隔离、防侵蚀、护坡、防渗、加筋强化、垫层等许多方面，涉及的工程领域有水利、水电、公路、铁路、建筑、港口等。

11.2.2 土工合成材料的分类

土工合成材料分类尚无统一准则，且随着新材料和新技术的发展不断有所变化，目前暂分成四大类，即土工纤维（土工织物）、土工膜、特种土工合成材料以及复合土工合成材料。特种土工合成材料包括土工垫、土工网、土工格栅、土工格室、土工膜袋和土工泡沫塑料等。复合土工合成材料则是由上述有关材料复合而成的。

目前作为加筋土筋材，用得最多的是土工织物和土工格栅，国内也有采用土工带的。

1. 土工织物

土工织物是土工合成材料中最早用作加筋土的筋材。土工织物视制造方法不同分为有纺型和无纺型。除了应力水平甚低的土工结构加筋是无纺织型的，通常用于加筋的都是有纺型的。

表征土工织物产品性能的指标包括：

（1）产品形态。主要包括材质及制造方法、宽度、每卷的直径、长度及质量。

（2）物理性质。主要有单位面积质量、厚度、开孔尺寸（等效孔径）、均匀性。

（3）力学性质。主要包括抗拉强度、破坏时的延伸率及拉力变形曲线、撕裂强度、刺破强度、顶破强度、蠕变性及表面摩擦系数。

（4）水力性质。水平向及垂直向渗透系数。

（5）耐久性。抗酸、碱、生物、细菌及紫外线的能力及抗老化能力。

同一种土工织物在不同温度及应变速率下会呈现不同的应力与应变关系，但在一定温度范围内其特性均较稳定。

抗拉强度是土工织物用作加筋材的最重要性质，设计一般要求以宽条（宽 20 cm）试样试验结果作为依据。从拉伸试验得到最大抗拉强度、破坏应变、抗拉模量（即应力-应变曲线之斜率，以 kN/m 表示）。几种不同类型土工织物的典型拉应力-应变曲线如图 11-2 所示。应用中有几种模量选择确定方式。大多数土工织物材料应力-应变曲线的初始段为线性的，由此直线定出的模量称为初始模量。针刺无纺织物的初始模量非常小，如图 11-2 中的曲线。E 模量常由初始斜率后的线性曲线斜率定出，称为切线模量。

2. 土工格栅

土工格栅是经过定向拉伸形成的具有方形或矩形开孔的格栅板材，相对于土工织物而言，具有较高的拉伸模量，由于开孔尺寸大，适用于较大颗粒填料的加筋土。

土工格栅埋入土中的抗拔力由于格栅与土体之间的咬合力和横杆的被动阻力而显著增大。图 11-3 所示的试验结果表明，其抗拔力远超过钢带和土工织物。

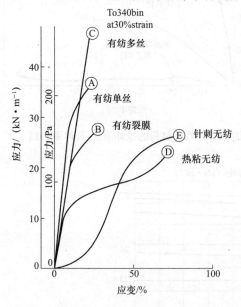

图 11-2　几种土工织物的典型拉应力-应变曲线　　图 11-3　几种材料埋在土中的抗拔力

土工格栅产品有多种，典型的塑料格栅是先在压制出的聚合物板材（原料多为高密度聚乙烯或聚丙烯和聚酯）上冲孔，孔的形状、大小及布置按规定要求，然后施行定向拉伸；单向拉伸格栅只沿板材长度方向拉伸制成；双向拉伸格栅是继续将单向拉伸格栅在与其长度垂直的方向拉伸制成。常用的还有用玻纤制成的延伸率低的经编格栅。典型的土工格栅的形状及细部如图 11-4 所示。土工格栅的力学性质包括抗拉强度、模量、结点强度、蠕变特性及摩擦特性等。

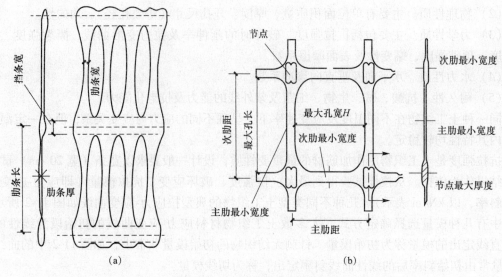

图 11-4　土工格栅的形状及细部

图 11-5 所示为几种土工合成材料的拉伸强度-延伸率曲线，可以看出聚合物塑料格栅的抗拉强度已接近于软钢的抗拉强度。

土工格栅的拉拔试验表明，其纵肋与横杆交结点之强度对其拉拔性态有较大的影响。

图 11-6 所示为 SR_2 土工格栅的蠕变试验结果，可以看出当土工格栅产品应变低时，曲线近似为直线，故在相应的荷载下不会发生长期蠕变破坏；在较大的荷载下应变大时会出现蠕变现象。

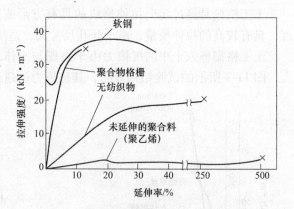

图 11-5　几种材料的拉伸强度-延伸率曲线

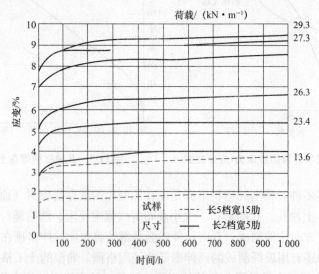

图 11-6　SR_2 土工格栅的蠕变试验结果

土工格栅易于在现场裁剪，可用聚合材料绳或专用棒连接，也可重叠搭接，铺设简单。

3. 土工带

土工带是宽 10 ~ 25 mm，厚 0.8 ~ 1.4 mm 的表面具有凸凹形状的条带产品（与打包带在外形上相似），其主要原材料多为聚丙烯。由于生产过程中经受拉力作用，故抗拉强度较高，但其变形及蠕变性能较低。现已开发出变形甚小的复合土工带。

11.2.3　土工合成材料的特性

土工合成材料的主要特性是质地柔软而质量轻、整体连续性好、抗拉强度高、耐腐蚀性和抗微生物侵蚀性好、反滤性（土工织物）和防渗性（土工膜）好、施工简便。

1. 物理特性

（1）厚度。土工织物厚度为 0.1 ~ 0.5 mm，最厚可达 10 mm 以上；土工膜厚度为 0.25 ~ 0.7 mm，最厚可达 2 ~ 4 mm；土工格栅的厚度随部位的不同而异，其肋厚一般为 0.5 ~ 5 mm。

（2）单位面积质量。土工织物和土工膜单位面积质量取决于原材料的密度，同时受厚度、外加剂和含水量影响。常用的土工织物和土工膜单位面积质量在 50 ~ 1 200 g/m^2 范围内。

（3）开孔尺寸。开孔尺寸即等效孔径，土工织物一般为 0.05 ~ 1.0 mm；土工垫为 5 ~ 10 mm；土工网及土工格栅为 5 ~ 100 mm。

2. 力学特性

（1）抗拉强度。土工合成材料是柔性材料，大多通过其抗拉强度来承受荷载，抗拉强度及其应变是土工合成材料的主要特性指标。土工合成材料在受力过程中厚度是变化的，其受力大小一般以单位宽度所承受的力来表示。无纺型土工织物抗拉强度为 10 ~ 30 kN/m，高强度为 30 ~ 100 kN/m；有纺型土工织物抗拉强度为 20 ~ 50 kN/m，高强度为 50 ~ 100 kN/m，特高强度为 100 ~ 1 000 kN/m；土工格栅抗拉强度为 30 ~ 200 kN/m，高强度为 200 ~ 400 kN/m。

（2）渗透性。土工合成材料的渗透性是其重要的水力学特性之一。根据工程应用的需要，常需确定垂直于和平行于织物平面的渗透性。渗透性主要以渗透系数表示。土工织物的渗透系数为 8×10^{-4} ~ 5×10^{-1} cm/s，其中无纺型土工织物的渗透系数为 4×10^{-3} ~ 5×10^{-1} cm/s，土工膜的渗透系数为 1×10^{-11} ~ 1×10^{-10} cm/s。

（3）摩擦特性。筋材与土或其他材料接触界面的摩擦系数与接触材料类别及性状有关，对于重大工程，筋、土的内摩擦系数应通过大型剪切试验并结合工程经验确定。对于试验条件不具备且缺乏当地经验时，通过我国《公路路基施工技术规范》（JTG F10—2006）提供的数据来选取，见表 11-1。

表 11-1　筋材的表观摩擦系数

填料类型	重力密度/（kN·m^{-3}）	填料计算内摩擦角/°	筋-土表观摩擦系数
中低液限黏性土	18 ~ 21	25 ~ 40	0.25 ~ 0.40
砂性土	18 ~ 21	25	0.35 ~ 0.45
砾、碎石类土	19 ~ 22	35 ~ 40	0.40 ~ 0.50
注：黏性土计算内摩擦角为换算内摩擦角。墙高大于 12 m 的挡墙，计算内摩擦角和表观摩擦角用低值。			

土工合成材料的力学特性还有撕裂强度（反映土工合成材料抵抗撕裂的能力）、顶破强度（反映土工合成材料抵抗带有棱角的块石或树干刺破的能力）、穿透强度（模拟具有尖角的石块或带尖角的工具跌落在土工合成材料上的破坏情况）和握持抗拉强度（反映土工合成材料分散集中荷载的能力）等。

11.2.4 土工合成材料的主要功能

在工程上，土工合成材料主要用于桥台、边坡、地基、挡墙以及强化公路基层和铁路轨道基础。

1. 用于桥台

（1）一般的加筋土桥台［图11-7（a）］。

（2）桥台与桥面支座支承［图11-7（b）］。

（3）斜坡桥台［图11-7（c）］。

（4）以加筋土堤取代旱桥［图11-7（d）］。

（5）台阶式公路加筋路堤结构。

（6）用于山区的加筋土路堤。

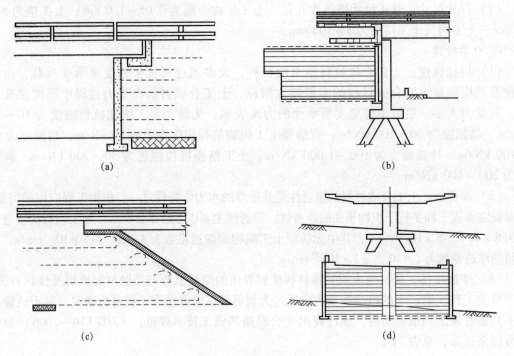

图11-7 加筋土用于桥台

2. 用于边坡

（1）土质边坡［图11-8（a）］。

（2）塌滑破坏边坡的修复［图11-8（b）］。

（3）用轮胎与土工织物组合修复破坏边坡［图11-8（c）］。

（4）用土钉在原位加固边坡［图11-8（d）］。

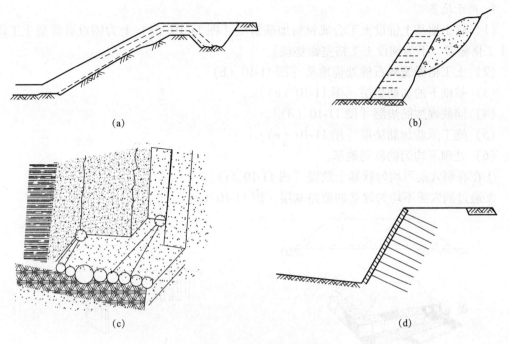

图 11-8　加筋土用于边坡

3. 用于强化公路基层和铁路轨道基础

（1）无铺面道路［图 11-9（a）］。

（2）道路路面及基层加筋［图 11-9（b）］。

（3）铁路轨道基础，基床内或表面加筋［图 11-9（c）］。

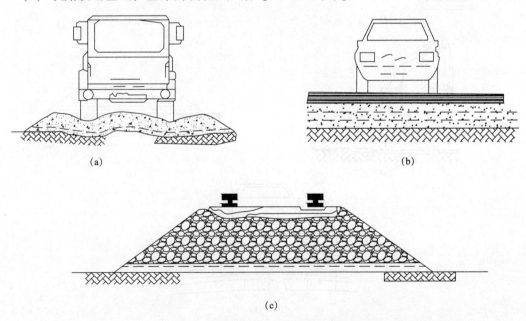

图 11-9　加筋法用于强化公路基层和铁路基层

4. 用于地基

（1）软土地基上铺设土工合成材料加筋筑堤［图 11-10（a）上为铺设有纺型土工织物或土工格栅等，下为铺设土工格室做垫层］。

（2）土工格栅笼碎石桩处理地基［图 11-10（b）］。

（3）基础下的加筋垫层［图 11-10（c）］。

（4）储藏罐加筋垫层［图 11-10（d）］。

（5）施工承载加筋垫层［图 11-10（e）］。

（6）处理不均匀的软弱地基。

①在有洞穴或不均匀软基上筑堤［图 11-10（f）］。

②通过洞穴或不均匀软基的道路基层［图 11-10（g）］。

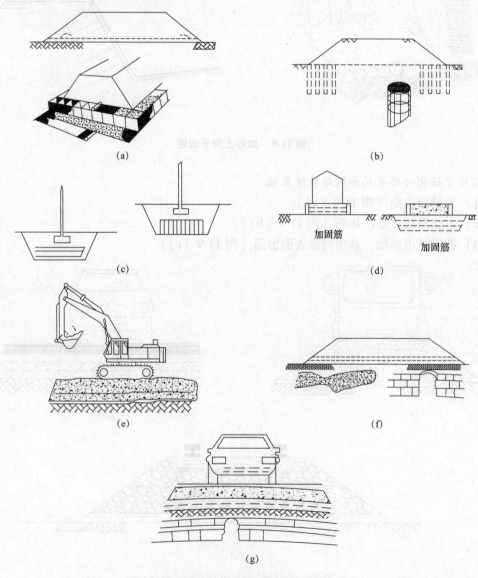

图 11-10　加筋法在地基处理中的应用

5. 用于挡墙
(1) 混凝土面板加筋土挡墙 [图 11-11 (a)]。
(2) 包裹式墙面加筋土挡墙 [图 11-11 (b)]。
(3) 沿河的加筋土挡墙 [图 11-11 (c)]。
(4) 码头的加筋土挡墙 [图 11-11 (d)]。

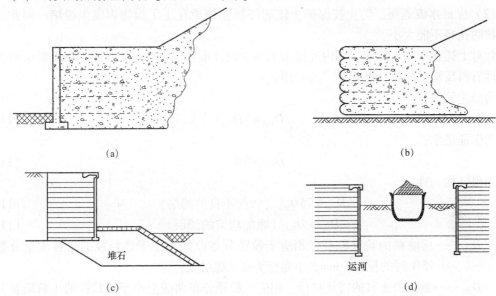

(a)　　　　　　　　　　　　　　(b)

(c)　　　　　　　　　　　　　　(d)

图 11-11　加筋土挡墙

11.2.5　土工合成材料设计要点

　　土工合成材料设计主要是根据土工合成材料的作用进行的。对于反滤作用,需进行反滤层设计;对于地基加固作用,需进行地基承载力计算;对于路堤工程加筋作用,需进行抗滑稳定分析计算。有关承载力计算和抗滑稳定计算见土力学与基础工程有关资料,以下仅就滤层设计进行介绍。

　1. 土工织物的反滤作用原理
　　如图 11-12 所示,图中左侧为大孔隙堆石体,右侧为被保护土,二者间夹有起反滤作用的土工织物。当水流从被保护土自右向左流入堆石体时,部分细土粒将被水流挟带进入堆石体。在被保护土一侧的土工织物表面附近,较粗土粒首先被截留,使透水性增大。同时,这部分较粗粒层将阻止其后面的细土粒继续被水流带走,而且越往后细土粒流失的可能性越小,于是就在土工织物的右侧形成一个从左往右颗粒逐渐变细的"天然反滤层"。该层发挥着保护土体的作用。

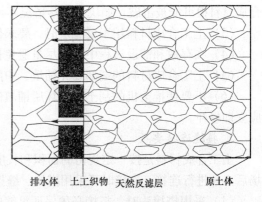

排水体　土工织物　天然反滤层　原土体

图 11-12　反滤机理示意图

2. 反滤设计准则

为了使土工织物起到反滤作用，则要对土工织物提出一定的设计要求，确定设计准则。所选用的土工织物应满足以下两个基本要求。

（1）防止发生管涌。被保护土体中的颗粒（极细小的颗粒除外）不得从土工织物的孔隙中流失。因此，土工织物的孔径不能太大。

（2）保证水流通畅。防止被保护土体的细颗粒停留在土工织物内发生淤堵。因此，土工织物的孔径不能太小。

针对上述两个基本要求，国内外提出了不少设计准则。其中，Terzaghi-Peck 提出的关于常规砂石料反滤层的设计准则被广为采用。

为防止管涌：

$$D_{15f} < 5D_{85b} \tag{11-1}$$

为保证透水：

$$D_{15f} > 5D_{15b} \tag{11-2}$$

为保证均匀性：

$$D_{50f} < 25D_{50b} \quad（级配不良的滤层） \tag{11-3}$$

$$D_{50f} > D_{50b} \quad（级配均匀的滤层） \tag{11-4}$$

式中　D_{15f}——反滤料的特征粒径，相应于粒径分布曲线上小于该粒径的土粒质量分数为15%时的粒径，mm，下角标 f 表示滤层土；

D_{85b}——被保护土料的特征粒径，相应于粒径分布曲线上小于该粒径的土粒质量分数为85%时的粒径，mm，下角标 b 表示被保护土；

其他符号，意义与此类似。

11.2.6　土工合成材料施工技术

1. 施工要点

（1）铺设土工合成材料时应注意均匀平整。在斜坡上施工时应保持一定的松紧度，在护岸工程坡面上铺设时，上坡段土工合成材料应搭接在下坡段土工合成材料之上。

（2）对土工合成材料的局部地方，不要加过重的局部应力。如果用块石保护土工合成材料，施工时应将块石轻轻铺放，不得在高处抛掷，因为块石下落的高度大于 1 m 时，土工合成材料很可能被击破。如块石下落情况不可避免，应在土工合成材料上先铺砂层保护。

（3）土工合成材料用于反滤层时，要求保证连续性，不使其出现扭曲、折皱和重叠。

（4）在存放和铺设过程中，应尽量避免长时间的暴晒而使材料老化。

（5）土工合成材料的端部要先铺填，中间后填，端部锚网必须精心施工。

（6）不要使推土机的刮土板损坏所铺填的土工合成材料。当土工合成材料受到损坏时，应立即修补。

2. 接缝连接要点

土工合成材料是按一定规格的面积和长度在工厂进行定型生产的，因此这些材料运到现场后必须进行连接。连接时可采用搭接、缝接、胶结和 U 形钉接等方法，如图 11-13 所示。

（1）采用搭接法时，搭接必须保证足够的长度，一般为 0.3 ~ 1.0 m。在搭接处应尽量避免受力，以防土工合成材料移动。搭接法施工简便，但用料较多。

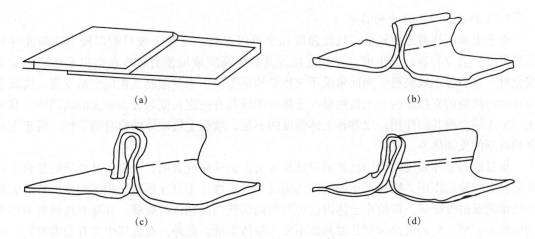

图 11-13　土工合成材料接缝连接方法

（a）搭接；（b）缝接（对面缝）；（c）缝接（折叠缝）；（d）U 形钉接

（2）缝接法是指利用移动式缝合机，将尼龙或涤纶线面对面缝合，缝合处的强度一般可达纤维强度的 80％。缝接法节省材料，但施工费时。

（3）胶结法可分为加热粘接法、胶粘剂粘接法和双面胶布粘接法。粘接时搭接宽度可取 10 cm 左右，接缝处的强度与土工织物原有强度相同。

3. 材料使用

土工合成材料在使用中应防止暴晒和被污染。当作为加筋土中的筋带使用时，应具有较高的强度，受力后变形小，能与填料产生足够的摩擦力，抗腐蚀性和抗老化性好。

11.3　土钉墙

11.3.1　土钉墙的概念及发展

1972 年，在法国由 Bouygues 设计首次在土层中成功地将土钉技术应用在 Versailles 附近的铁路拓宽线路切破施工中。与此同时，美国、德国也都在临时性和永久性工程中使用土钉加固技术。20 世纪 80 年代，我国开始发展应用土钉技术，并于 1980 年在山西柳湾煤矿边坡稳定中首次采用了该技术。

土钉支护结构（简称土钉）是将筋材水平或近水平设置于天然边坡或开挖形成的边坡中，并在坡面上喷射混凝土，由加筋体与面层结构形成的类似于重力式挡土墙，用以改善原位土体性能，提高整个边坡的稳定性的轻型支挡结构，适用于开挖支护和天然边坡的加固治理，是一种原位加筋技术。目前，土钉这一加筋技术在我国得到了广泛应用和不断发展。

11.3.2　土钉支护结构的加固机理

土钉支护结构的加固机理主要表现在以下几方面。

1. 土钉在原位土体中的作用

由于土体的抗剪强度较低，抗拉强度几乎可以忽略，自然土坡只能以较小的高度（即临界高度）直立存在。当土坡直立高度超过其临界高度或坡顶有较大超载以及环境因素等变化时，将引起土坡失稳。为此常采用支挡结构承受侧压力并限制其侧向变形发展，这属于被动制约机制的支挡结构。土钉则是在土体内增设具有一定长度与分布密度的锚固体，其与土体牢固结合而共同作用，以弥补土体强度的不足，增强土坡坡体的自身稳定性，属于主动制约机制的支挡体系。

土钉提高土体强度的作用已被模拟试验证实。试验研究表明，土钉在其加强的复合土体中起箍束骨架的作用，提高了土坡的整体刚度和稳定性；土钉在超载作用下的变形特征表现为持续的渐进性破坏，即使在土体内已经出现局部剪切面和张拉裂缝，并随着超载集中程度的增加而扩展，但仍可持续很长时间而不发生整体塌滑。此外，在地层中常有裂隙发育，向土钉孔中进行压力注浆时，会使浆液顺着裂隙扩渗，形成网脉状胶结，必然增强土钉与周围土体的粘结和整体作用，如图 11-14 所示。

2. 土、土钉的相互作用

土钉与其周围土体之间的极限界面摩擦阻力取决于土的类型和土钉的设置。土钉与土之间的摩阻力，主要是由两者之间的相对位移产生的。类似于加筋土挡墙内拉筋与土的相互作用，在土钉加筋的边坡内，也存在着主动区和被动区，如图 11-15 所示。主动区和被动区内土体与土钉之间摩阻力的方向正好相反，而位于被动区内的土钉则可以起锚固作用。

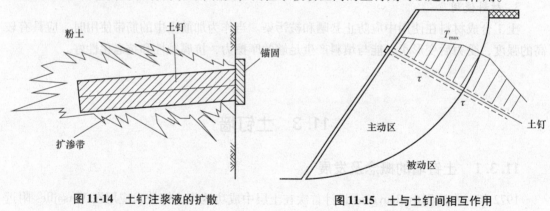

图 11-14 土钉注浆液的扩散   图 11-15 土与土钉间相互作用

根据实测资料统计，对于采用一次压力注浆的土钉，不同土层中的极限界面摩阻力 τ 值见表 11-2。

表 11-2 不同土层中的极限界面摩阻力

土类名称	τ	土类名称	τ
黏土	130~180	黄土类粉质土	52~55
弱胶结砂土	90~150	杂填土	35~40
粉质黏土	65~100		

3. 面层土压力分布

面层不是土钉结构的主要受力构件，而是土压力传力体系的构件，同时起保证各土钉间土体的局部稳定性，防止场地土体被侵蚀风化的作用。由于土钉结构面层的施工顺序不同于常规支挡体系，因而面层上的土压力分布与一般重力式挡土墙不同，比较复杂。

4. 潜在破裂面的形式

对于均质土陡坡，在无支挡条件下的破坏是沿着库伦破裂面发展的；对于原位加筋土钉复合体陡坡，其破坏形式采用足尺监测试验和理论分析方法确定，这样可以反映复合体的结构特性、荷载边界条件和施工等多种因素的综合影响。太原煤矿设计研究院岩土工程公司对黄土类粉土边坡进行原位试验，实测土钉复合体的破裂面如图11-16所示。

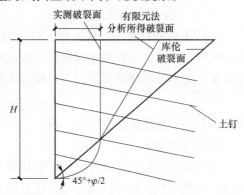

图11-16　土钉复合体破裂面形式

11.3.3　土钉支护结构的设计计算

与重力式挡土墙设计一样，土钉支护结构的设计必须保证土钉体系自身内部和外部稳定性。因此，土钉支护结构体系的设计主要包括以下三个方面。

（1）根据土坡的几何尺寸（深度、切坡倾角）、土性和边界超载估算潜在破裂面的位置。

（2）选择土钉形式，确定土钉的长度、孔径、间距、截面面积和设置倾角等设计参数。

（3）验算土钉支护结构的稳定性。

1. 土钉参数设计

初步设计阶段应首先根据土坡的设计几何尺寸和可能的破裂面位置来做土钉的初步选择，包括土钉的长度、孔径和间距等基本参数。

（1）土钉的长度。已有工程的土钉实际长度 L 均不超过土坡的垂直高度 H。土钉抗拔试验表明，对高度小于12 m的土坡，在同类土质条件下，采用相同的施工工艺。当土钉长度达到 H 时，再增加土钉的长度则对承载力提高不大。因此，可按下式初步确定土钉长度：

$$L = mH + S_0 \qquad (11-5)$$

式中　m——经验系数，取 $0.7 \sim 1.0$；

　　　H——土坡的垂直高度，m；

　　　S_0——止浆器长度，一般为 $0.8 \sim 1.5$ m。

（2）土钉孔直径及间距。土钉孔孔径首先根据成孔机械选定，一般取土钉直径 $d_h = 80 \sim 120$ mm。国外常用的钻孔注浆型土钉直径一般为 $76 \sim 150$ mm，国内常用的孔径为 $80 \sim 100$ mm。

土钉的间距包括水平间距（行距）和垂直间距（列距）。选择行距和列距的原则是以每根土钉注浆时其周围土的影响区域与相邻孔的影响区域相重叠为准。应力分析表明，一次压力注浆可使孔外 $4d_h$ 的邻近范围内有应力变化。王步云等认为，对于钻孔注浆型土钉，应该按照 $(6 \sim 8) d_h$ 确定土钉的行距和列距，且满足下式：

$$s_x s_y = k d_h L \qquad (11-6)$$

式中　s_x、s_y——土钉的行距、列距，m；

　　　d_h——土钉的钻孔直径，mm；

        k——注浆工艺系数，对于一次压力注浆工艺，可取 $1.5 \sim 2.5$。对于永久性的土钉支护，按防腐要求，土钉孔直径 d_h 应大于加筋杆直径加 60 mm，一般土钉的行距取 $1.0 \sim 2.0$ m。

（3）土钉筋材直径。打入型土钉一般采用低碳角钢，钻孔注浆型土钉一般采用高强度实心钢筋，筋材也可以用多根钢绞线组成的钢绞索，以增强土钉中筋材与砂浆的握裹力和抗拉强度。王步云等建议利用以下经验公式估算：

$$d_b = (20 \sim 25) \times 10^{-3} \sqrt{s_x s_y} \tag{11-7}$$

式中 d_b——土钉筋材的直径，mm。

2. 稳定性分析

土钉支护结构的稳定性分析是设计极其重要的内容，它可以分析验证初步设计中所选择参数的合理与否，并可以确定土钉设置的安全性。关于土钉的稳定性分析，许多国家进行过大量的试验研究，提出的分析计算方法都是根据其不同的假设适用于不同的情况，目前应用的主要有法国法、英国的 Bridle 法、美国的 Davis 法、德国法、有限元法、通用极限平衡法等，但还没有一个公认统一的计算方法。下面分别介绍太原煤矿设计研究院建议的方法和基坑规范建议的方法。

（1）内部稳定性验算。内部稳定性分析是保证土钉体系自身稳定的分析，主要考虑下列两项。

①抗拉断裂极限状态。在面层土压力作用下，土钉将承受抗拉应力，为保证土钉结构内部的稳定性，土钉的主筋应具有一定安全系数的抗拉强度。土钉主筋的直径应满足下式：

$$\frac{\pi d_h^2 f_y}{4 E_i} \geqslant 1.5 \tag{11-8}$$

$$E_i = q_i s_x s_y$$

式中 f_y——主筋的抗拉强度设计值，kN/mm^2；

      E_i——第 i 列单根土钉承受范围内面层上的土压力，kN/m；

      q_i——第 i 列土钉处的面层土压力，可按下式计算：

$$q_i = m_e K \gamma h_i \tag{11-9}$$

式中 h_i——土压力作用点至坡顶的距离，m，当 $h_i > H/2$ 时，取 $h_i = 0.5H$；

      m_e——工作条件系数，对于使用期不超过两年的临时性工程，取 1.10，对于使用期超过两年的永久性工程，取 1.20；

      K——土压力系数，取 $K = (K_0 + K_a)/2$，其中 K_0、K_a 分别为静止、主动土压力系数。

②锚固力极限状态。在面层土压力作用下，土钉内部潜在滑裂面后的有效锚固段应具有足够的界面摩擦力而不被拔出。所以，土钉结构的安全系数应满足下式：

$$\frac{F_i}{E_i} \geqslant K \tag{11-10}$$

式中 F_i——第 i 列单根土钉的有效锚固力，$F_i = \pi \tau d_h L_{ei}$，其中 L_{ei} 为土钉的有效锚固段长度，τ 为土钉与土之间的极限界面摩阻力，通过抗拔试验确定，在无实测资料时，可参考表 11-2 取值；

      K——安全系数，取 $1.3 \sim 2.0$，对于临时性工程取小值，对于永久性工程取大值。

（2）外部稳定性验算。在原位土钉墙复合体自身稳定性得到保证的条件下，它的作用类似于重力式挡墙。它必须承受其后部土体的推力和上部传来的荷载。因此，应验算土钉支护结构体系的抗倾覆稳定性和抗滑稳定性以及墙底部地基承载力。有关外部稳定性验算可按《建筑地基基础设计规范》（GB 50007—2011）或其他部门的有关规范进行计算。

11.3.4 土钉支护结构的施工技术与质量检验

1. 土钉的施工技术

钻孔注浆型土钉的施工按以下步骤进行。

（1）土方开挖和喷射混凝土护面。土钉支护结构施工最大的特点就是土方开挖和土钉设置配合施工。要求土方分层开挖，开挖一层土方打设一排土钉，待挂网喷射混凝土护面形成一定时间（一般为 12~24 h）后，再开挖下层土方。每层土方的开挖深度与土坡自稳定能力有关，同时应考虑土钉的分层厚度，以利于土钉施工。在一般的黏性土、砂质黏土中，每层开挖深度一般为 0.8~2.0 m；而在超固结土或强风化基岩层中，每次开挖深度可适当加大。鉴于土钉的施工设备，分步开挖至少要保证宽度为 6 m。开挖长度则取决于交叉施工期间能够保证坡面稳定的坡面面积。对于变形要求很小的开挖，可以按两段长度先后施工，长度一般为 10 m。

开挖出的坡面必须光滑、规则，以尽可能减少支护土层的扰动。开挖完毕必须尽早支护，以免出现土层剥落式松弛（可事先进行灌浆处理）。在钻孔前，一般必须进行钢筋网安装和喷射混凝土施工。在喷射混凝土前将一根短棒打入土层中，作为测量混凝土喷射厚度的标尺。对于临时性工程，最终坡面面层厚度为 50~100 mm；而永久性工程则为 150~250 mm。根据土钉类型、施工条件和受力不同，可做成一层、两层或多层的表层。根据工程规模、材料和设备性能，可以进行干式和湿式喷射混凝土。通常规定喷射混凝土的最大粒径为 10~15 mm，并掺入适量的外加剂，使混凝土加速固结。另外，喷射混凝土通常在每步开挖的底部预留 300 mm 厚，以便下一步开挖后安装钢筋网等。

（2）排水。应事先沿坡顶开挖排水沟排除地表水，主要有以下三种排水方式。

①浅部排水。通常使用直径为 100 mm、长 300~400 mm 的管子将土坡坡后水迅速排出，间距按地下水条件和冻胀破坏的可能性而定。

②深部排水。使用管径为 50 mm 的开缝管做排水管，向上倾斜 5°或 10°，长度大于土钉长度，间距取决于土体和地下水条件，一般坡面面积每大于 3 m² 布设一个。

③坡面排水。喷射混凝土之前，贴着坡面按一定水平间距布置竖向排水设施，间距一般为 1~5 m，主要取决于地下水条件和冻胀力的作用。竖向排水管在每步开挖底部有一个接口，贯穿整个开挖面，在最底部由泄水孔排入集水系统，并且应保护好排水管，以免混凝土渗入。

（3）成孔。根据地层条件、平面布置、孔深、孔径、倾角等选择合理的土钉成孔方法及相应的钻机和钻具。国内较多采用多螺纹钻头干法成孔，也可采用 YTN-87 型土锚钻机。一般情况下，土钉的长度为 6~15 m，土钉成孔的直径为 80~100 mm，钻孔最大深度为 60 m，可以在水平和垂直方向任意钻进。

采用打入法设置土钉时，不需要在土中预先钻孔。对含有块石的黏土或很密的胶结土，不适宜直接打入土钉；而在松散的弱胶结粒状土中，采用打入法设置土钉时也需要注意，以免引起土钉周围土体局部的结构破坏而降低土钉与土之间的粘结应力。当遇到砂质土、粉质土等土层，以及地下水位不能有效下降成孔困难时，常常采用打入钢管注浆土钉，其作用效果与成孔注浆土钉基本一致。

（4）清孔。钻孔结束后，常用 0.5~0.6 MPa 压力空气将孔内残留及松动的土屑清除干净。若孔内土层较干燥，需采用润孔花管由孔底向孔口方向逐步湿润孔壁，润孔花管内喷出的水压不宜超过 0.15 MPa。

（5）置筋。放置钢杆件，一般采用螺纹钢筋或精轧螺纹钢筋，尾部设置弯钩，为确保钢筋居中，在钢筋上每隔 1.5~2.0 m 焊制一个船形托架。

（6）注浆。注浆是保证土钉与周围土体紧密粘合的关键步骤。为了保证良好的全段注浆效果，注浆管随土钉插到孔底，然后压浆，慢慢从孔口向外拔管，直至注满为止。一般土钉采用重力注浆，利用成孔的下倾角度，使注浆液靠重力填满全孔。在一些土层（如松散的填土、软黏土等），当需要压力注浆时，要求在孔口处设置止浆塞并将其旋紧，使其与孔壁紧密贴合。将注浆管一端插入其上的注浆口，另一端与注浆泵连接，边注浆边向孔口方向拔管，直到注满浆液为止。应保证水泥砂浆的水灰比在 0.4~0.5 范围内，注浆压力保持在 0.4~0.6 MPa。当注浆压力不足时，可以从管口补充压力。注浆结束后，放松止浆塞，将其与注浆管一并拔出，再用黏性土或水泥砂浆充填孔口。

另外，可以在水泥砂浆（细石混凝土）中掺入一定量的膨胀剂，防止其在硬化过程中产生干缩裂缝，提高其防腐性能。为提高水泥砂浆的早期强度，加速硬化，也可加入速凝剂，常用的速凝剂有红星一号速凝剂（711 型速凝剂），掺入量为 2.5% 左右。

（7）防腐处理。在标准环境中，对于临时性支护工程，一般仅用灌浆作为土钉的锈蚀防护层（有时在钢筋表面加一层环氧涂层）即可。对于永久性支护工程，需要在拉筋外再加一层至少 5 mm 厚的环状塑料护层，以提高土钉的防腐能力。

2. 土钉的质量检验与现场监测

（1）土钉抗拔试验。为了保证土钉整体性能，在每步开挖阶段，对每排土钉根据需要进行抗拔试验，以验证其是否能够达到设计要求的抗拔力。建议在工程开始之前，根据场地类别分别在每种土层中做 3~4 根短土钉的抗拔试验，得出单位锚固长度的极限抗拔力，作为校核设计、检验施工工艺的依据。土钉的抗拔试验可以借鉴锚杆试验的有关规定。

（2）土钉支护工程的现场监测。土钉支护边坡在施工期对边坡整体稳定不利，尤其是在边坡开挖到底，进行最后一排土钉施工时，土钉墙整体稳定最为不利。因此有必要在土钉支护施工期间，对边坡的变形进行监测，以保证整个土钉支护系统的整体性能和施工质量。监测的主要内容和方法如下。

①坡顶位移监测。在土钉支护的坡顶布置沉降、位移监测点，在土方开挖和土钉施工期间，按一定时间间隔监测边坡坡顶位移和沉降。对于较好的土层，坡顶位移应控制在坡高的 3% 以内，每天位移不超过 5 mm。在土方开挖和土钉施工期间，每天监测坡面位移一次，施工完成后还应持续监测一段时间。对于永久性的高边坡，应设置永久性监测点，以用于长期监测边坡的稳定。

②土钉头部位移监测。当土钉抗拔力不足时，土钉墙坡面鼓起。对于软弱土层，对土钉外露的头部进行位移监测很有必要。一般情况下，土钉头部的合理变形量应控制在坡高的 3% 以内，变形速率应小于 5 mm/d。

③边坡深层位移监测。在重要的土钉加固工程和边坡中下部有较软弱土层时，宜在坡顶布置深层测斜孔，监测边坡深层位移。测斜孔垂直边坡方向布置 2~3 孔，利用测斜结果可以查明边坡滑移的趋势和滑移线的位置，为信息化施工和工程抢险提供依据。

④土钉的受力监测。一般在土钉的头部布置锚杆测力计，监测土钉杆件的受力，利用观测结果可以计算面层承受的土压力。当需要了解或研究土钉杆件沿杆长的受力分布规律时，可在测试土钉杆体安装应变计，以量测不同深度土钉的受力和变化。

11.4　加筋土挡墙

11.4.1　加筋土挡墙的概念及发展

加筋土挡墙是由填土、带状拉筋和墙面板三部分组成的复合结构，这种结构内部存在墙面土压力、拉筋的拉力、填料与拉筋间的摩擦力等相互作用内力，这些力相互平衡，保证了复合结构的内部稳定。而且，加筋土结构还能抵抗筋尾部后面填土所产生的侧压力，从而保证了加筋土挡墙的外部稳定。

1965 年，法国建成了世界上第一座加筋土挡墙，此后，加筋土挡墙在世界各国得到了推广应用。我国于 20 世纪 70 年代开始应用加筋土技术，如陕西省故邑加筋土挡墙（高35.5 m）、重庆滨江公路驳岸墙（长达 5.0 km）。目前，加筋土挡墙主要应用于各类道路路基、桥台、码头、堤坝、储料仓及各种山坡地建筑物挡墙等。此外，其还用于滑坡治理。

11.4.2　加筋土挡墙的特点和破坏机理

1. 加筋土挡墙的特点

（1）能够充分利用填料与拉筋的共同作用，所以挡土墙结构的质量轻，其所用混凝土的体积相当于重力式挡土墙的 3% ~5%。工厂化预制构件可以降低成本，并能保证产品质量。

（2）加筋土挡墙由各种构件相互拼装而成，具有柔性结构的特点，有良好的变形协调能力，可以承受较大的地基变形，适宜在软黏土地基上使用。

（3）墙面板形式可以根据需要拼装成美观的造型，适用于城市道路的支挡工程。

（4）可以形成很高的垂直墙面，节省挡土墙的占地面积，减少土方量，施工简便，施工速度快，质量易于控制，且施工时无噪声。对于不利于放坡的地区、城市道路以及土地资源紧缺地区而言，具有重要意义。

（5）节省资金。加筋土挡墙墙面板薄，基础尺寸小。当挡土墙高度大于 5 m 时，与重力式挡土墙相比，可以降低近一半造价，挡土墙越高，经济效益越明显。

（6）加筋土挡墙这一复合结构的整体性较好。与其他类型结构相比，其所特有的柔性能够很好地吸收地震能量，具有良好的抗震性能。

由于具有以上特点，加筋土挡墙在公路、铁路、煤矿工程中得到较多的应用，但在工程应用中也应注意其具有的一些缺点。

（1）挡土墙背后需要充足的空间，以便获得足够的加筋区域来保证其稳定性。

（2）存在加筋钢材的锈蚀，暴露的土工合成材料在紫外线照射下变质、老化等问题。

（3）对超高加筋土挡墙的设计和施工经验还不成熟，还需进一步完善。

（4）对于8度以上（含8度）地震地区和具有强烈腐蚀的环境不宜使用加筋土挡墙，在浸水条件下应慎重应用。

2. 加筋土挡墙的破坏机理

加筋土挡墙的破坏分为外部稳定性破坏和内部稳定性破坏。内部稳定性取决于筋材的抗拉强度和填料与筋材间的最大摩擦力，它们是影响挡墙内部稳定的主要因素。图11-17（a）所示为未加筋的土单元体，在竖向应力 σ'_v 的作用下，土单元体产生轴向压缩变形，侧向发生膨胀。通常，侧向应变要比轴向应变大1.5倍。随着 σ'_v 逐渐增大，轴向压缩应变和侧向膨胀也越来越大，直至土体破坏。在土单元体中埋置了水平方向的拉筋［图11-17（b）］，沿拉筋方向发生膨胀变形时，通过拉筋与土颗粒间的静摩擦作用，引起土体侧向膨胀的拉力传递给拉筋。由于拉筋的拉伸模量大，阻止了土单元体的侧向变形，在同样大小的竖向应力作用下，侧向变形 $b_H = 0$。加筋后的土体就好像在土单元体的侧向施加了一个约束荷载，它的大小与静止土压力 $K_0\sigma_v$ 等效，并且随着竖向应力的增加，侧向荷载也成正比例增加。在同样大小的竖向应力下，加筋土的摩尔应力圆的各点都在破坏曲线下面。只有当与拉筋之间的摩擦失效或拉筋被拉断时，土体才有可能发生破坏，加筋土挡墙出现与内部稳定有关的上述两种断裂破坏。

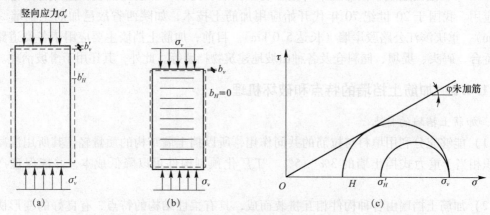

图 11-17　加筋土单元体分析

（a）未加筋；（b）加筋；（c）加筋前后摩尔应力圆

外部稳定性破坏主要是由于加筋土挡墙复合结构不足以抵抗填料所产生的土压力而导致挡墙发生滑移、倾覆、倾斜和整体滑动等破坏。从加筋土挡墙（图11-18）的整体分析来看，由于土压力的作用，土体中产生一个破裂面，而破裂面内的滑动棱体达到极限状态。在土中埋设拉筋后，趋于滑动的棱体通过土与拉筋间的摩擦作用，有将拉筋拔出土体的倾向。因此这部分的水平力 τ 的方向指向墙外，而滑动棱体后面的土体则由于拉筋和土体间的摩擦作用，把拉筋锚固在土中，从而阻止拉筋被拔出，这一部分的水平力是指向土体的。这两个水平分力的交点就是拉筋的最大应力点（T_m），把每根拉筋的最大应力点连接成一条曲线，该曲线就把加筋土体分成两个区域：在各拉筋最大拉力点连线以左的土体称为主动区，以右的土体称为被动区（或锚固区）。

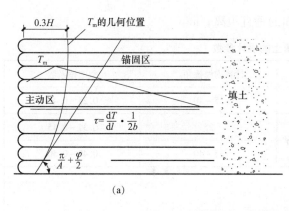
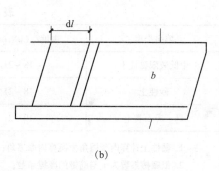

图 11-18　加筋土挡墙整体分析

（a）剖面图；（b）拉筋

通过室内模型试验和野外实测得到，主动区和被动区两个区域的分界线距加筋土挡墙墙面的最大距离约为 $0.3H$（H 为加筋土挡墙高度），与朗肯理论的破裂面不很相符，但现在设计中一般仍然采用朗肯理论。当然，加筋土两个区域的分界线的形成还要受到各种因素的影响，如结构的几何形状、作用在结构上的外力、地基的变形，以及土与筋材间的摩擦力等。

11.4.3　加筋土挡墙的设计计算

加筋土挡墙的设计内容主要包括确定筋材的长度、断面面积和间距，以保证加筋土挡墙外部和内部的稳定性。

1. 内部稳定性计算

加筋土挡墙的内部稳定性指的是由于拉筋被拉断或拉筋与土体之间的摩擦力不足（即在锚固区内拉筋的锚固长度不够而导致土体发生滑动），造成加筋土挡墙整体结构破坏。在设计时，必须考虑拉筋的强度和锚固长度（即拉筋的有效长度）。内部稳定性的验算包括水平拉力和抗拔稳定性验算，并涉及筋材铺设的间距和长度等。目前国内外筋材的拉力计算理论还未得到统一，现有的计算理论多达十几种。不同计算理论的计算结果有所差异。

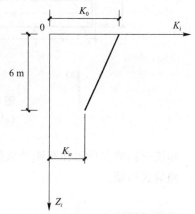

图 11-19　土压力系数图

（1）土压力系数。如图 11-19 所示，加筋土挡墙的土压力系数根据墙高的不同分别按下列式子计算。

当 $Z_i \leqslant 6$ m 时
$$K_i = K_0 \left(1 - \frac{Z_i}{6}\right) + K_a \frac{Z_i}{6} \tag{11-11}$$

当 $Z_i > 6$ m 时
$$K_i = K_a \tag{11-12}$$

式中　K_i——加筋土挡墙内 Z_i 深度处的土压力系数；

$\quad\quad K_0$——填土的静止土压力系数，$K_0 = 1 - \sin\varphi$；

$\quad\quad K_a$——填土的主动土压力系数，$K_a = \tan^2 (45° - \varphi/2)$；

$\quad\quad \varphi$——填土的内摩擦角，按表 11-3 取值；

Z_i——第 i 单元结点到加筋土挡墙顶面的垂直距离，m。

表 11-3　填土的设计参数

填料类型	重度/（kN·m⁻³）	计算内摩擦角/°	似摩擦系数
中低液限黏性土	18～21	25～40	0.25～0.40
砂性土	18～21	25	0.35～0.45
砾、碎石类土	19～21	35～40	0.40～0.50

注：1. 黏性土计算内摩擦角为换算内摩擦角；
　　2. 似摩擦系数为土与筋带的摩擦系数；
　　3. 有肋钢筋、钢筋混凝土带的似摩擦系数可提高0.1；
　　4. 墙高大于12 m的挡墙计算内摩擦角和似摩擦系数采用低值。

（2）土压力。加筋土挡墙的类型不同，土压力计算方法有所不同，图 11-20 所示为路肩式和路堤式挡墙的计算简图。

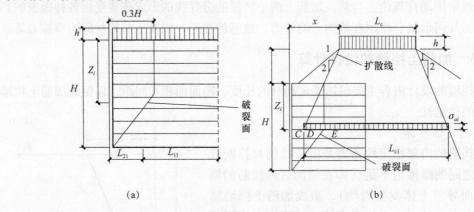

图 11-20　加筋土挡墙计算简图
（a）路肩式挡墙；（b）路堤式挡墙

加筋土挡墙在自重和车辆荷载作用下，深度 Z_i 处的垂直应力 σ_i 为
路肩式挡墙：

$$\sigma_i = \gamma_1 Z_i + \gamma_1 h \tag{11-13}$$

路堤式挡墙：

$$\sigma_i = \gamma_1 Z_i + \gamma_2 h + \sigma_{ai} \tag{11-14}$$

式中　γ_1、γ_2——挡墙内、挡墙上填土的重度，当填土处于地下水以下时，前者取有效重度，kN/m³；

　　　h——车辆荷载换算成的等效均布土层厚度，m，按下式计算：

$$h = \frac{\sum G}{B L_c \gamma_1} \tag{11-15}$$

式中　B、L_c——荷载分布的宽度和长度，m；

　　　$\sum G$——分布在 $B \times L_c$ 面积内的轮廓或履带荷载，kN。

如图 11-21 所示，挡墙填土换算成等效均匀土层的厚度 h_1 取值如下。

当 $h_1 > H'$ 时

$$h_1 = H' \qquad (11\text{-}16)$$

当 $h_1 \leqslant H'$ 时

$$h_1 = \frac{1}{m}\left(\frac{H}{2} - b_b\right) \qquad (11\text{-}17)$$

式中　m——路堤边缘的坡率；

　　　H——挡墙高度，m；

　　　H'——挡墙上的路堤高度，m；

　　　b_b——坡脚至面板的水平距离，m。

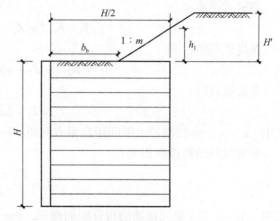

图 11-21　路堤式挡墙上填土等代土层厚度的计算简图

在图 11-20（b）中，路堤式挡墙在车辆荷载作用下，挡墙内深度 Z_i 处的垂直应力 σ_{ai} 可按下面的情况分别计算。

当扩散线上的 D 点未进入活动区时，$\sigma_{ai} = 0$

当扩散线上的 D 点进入活动区时，

$$\sigma_{ai} = \gamma_1 h \frac{L_c}{L_{ci}} \qquad (11\text{-}18)$$

式中　L_c——结构计算时采用的荷载布置宽度，m；

　　　L_{ci}——Z_i 深度处的应力扩散宽度，m，按以下情况计算：

当 $Z_i + H' \leqslant 2b_c$ 时，$L_{ci} = L_c + H' + Z$；当 $Z_i + H' > 2b_c$ 时，$L_{ci} = L_c + b_c + \dfrac{H' + Z_i}{2}$。其中，$b_c$ 为面板背面到路基边缘的距离，m。

当进行抗震验算时，加筋土挡墙 Z_i 深度处土压力增量按下式计算：

$$\Delta\sigma_{ai} = 3\gamma_1 K_a c_i c_z K_h \tan\varphi\,(h_1 + Z_i) \qquad (11\text{-}19)$$

式中　c_i——重要性修正系数；

　　　c_z——综合影响系数；

　　　K_h——水平地震系数。

这三个参数按照《公路桥梁抗震设计细则》（JTG/T B02—01—2008）取值。作用于挡墙上的主动土压力 E_i 为

路肩式挡墙：

$$E_i = K_i\,(\gamma_1 Z_i + \gamma_1 h) \qquad (11\text{-}20)$$

路堤式挡墙：

$$E_i = K_i\,(\gamma_1 Z_i + \gamma_2 h + \sigma_{ai}) \qquad (11\text{-}21)$$

考虑抗震时：

$$E_i = E_i' + \Delta\sigma_{ai} \qquad (11\text{-}22)$$

（3）拉筋的拉力、拉筋的断面和长度计算。当填土的主动土压力充分作用时，每根拉筋除了通过摩擦阻止部分填土水平位移外，还能使一定范围内的面板拉紧，从而使拉筋与主动土压力保持平衡。因此，每根拉筋所受到的压力随着所处深度的增加而增大。第 i 单元拉筋受到的拉力 T_i 按式（11-23）~式（11-25）计算。

路肩式挡墙：

$$T_i = K_i \ (\gamma_1 Z_i + \gamma_1 h) \ s_x s_y \tag{11-23}$$

路堤式挡墙：

$$T_i = K_i \ (\gamma_1 Z_i + \gamma_2 h + \sigma_{ai}) \ s_x s_y \tag{11-24}$$

考虑抗震时：

$$T'_i = T_i + \Delta\sigma_{ai} s_x s_y \tag{11-25}$$

式中 s_x、s_y——拉筋的水平间距和垂直间距，m。

所需拉筋的断面面积为

$$A_i = \frac{T''_i \times 10^3}{k \ [\sigma_L]} \tag{11-26}$$

式中 A_i——第 i 单元拉筋的设计断面面积，mm^2；

k——拉筋的容许应力提高系数，当以钢带、钢筋和混凝土作为拉筋时，k 取 $1.0 \sim 1.5$，当用聚丙烯土工聚合物时，k 取 $1.0 \sim 2.0$；

T''_i——第 i 单元拉筋所受的拉力，kN，考虑地震时取 T'_i；

σ_L——拉筋的容许应力即设计拉应力，对于混凝土，其容许应力可按表 11-4 取值。

表 11-4　混凝土容许应力

混凝土强度等级	C13	C18	C23	C28
轴心受压应力（σ_a）/MPa	5.50	7.00	9.00	10.50
拉应力（主拉应力）（σ_L）/MPa	0.35	0.45	0.55	0.60
弯曲拉应力（σ_{WL}）/MPa	0.55	0.70	0.30	0.90

另外，每根拉筋在工作时存在被拔出的可能，因此，还需要计算拉筋抵抗被拔出的锚固长度 L_{zi}，按式（11-27）和式（11-28）计算。

路肩式挡墙：

$$L_{1i} = \frac{[K_f] \ T_i}{2f'b_i\gamma_1 Z_i} \tag{11-27}$$

路堤式挡墙：

$$L_{1i} = \frac{[K_f] \ T_i}{2f'b_i \ (\gamma_1 Z_i + \gamma_2 h)} \tag{11-28}$$

式中 $[K_f]$——拉筋要求的抗拔稳定系数，一般取 $1.2 \sim 2.0$；

b_i——第 i 单元拉筋宽度总和，m；

f'——拉筋与填土的似摩擦系数，按表 11-5 取值。

表 11-5　基底似摩擦系数 f'

基底土分类	f' 值
软塑黏土	0.25
硬塑黏土	0.30
黏质粉土、粉质黏土、半干硬的黏土	0.30 ~ 0.40
砂类土、碎石类土、软质岩石、硬质岩石	0.40
注：加筋体填料为黏质粉土、半干硬黏土时按同名地基土采用。	

拉筋的总长度为

$$L_i = L_{1i} + L_{2i}$$ (11-29)

式中　L_{2i}——朗肯主动区拉筋的长度，m，分以下不同情况计算：

当 $0 \leqslant Z_i \leqslant H_1$ 时，$L_{2i} = 0.3H$。

当 $H_1 < Z_i \leqslant H$ 时，

$$L_{2i} = \frac{H - Z_i}{\tan\beta}$$ (11-30)

式中　β——简化破裂面的倾斜部分与水平面的夹角，$\beta = 45° + \varphi/2$。

2. 外部稳定性验算

加筋土挡墙的外部稳定性验算应考虑以下几个方面的问题。

（1）挡墙基底地基承载力验算。在力矩作用下，挡墙墙趾处可能产生较大的偏心荷载，当地基承载力较小时，会产生地基失稳而使挡墙发生破坏。

（2）基底抗滑稳定性验算。挡墙在主动土压力作用下，产生向外的滑动趋势，有可能沿加固体和下伏接触面向外侧滑动，在这种情况下，通常应验算地基土体的抗滑稳定性。

（3）抗倾覆稳定性验算。对于比较高的挡土结构，在土体上部产生转动力矩，使土体有可能产生围绕挡墙墙趾的转动破坏。

（4）整体抗滑稳定性验算。可能由于挡墙所在土体失稳而造成破坏，这种情况下地基产生整体滑动破坏。

验算时，可将拉筋末端的连线与墙面板之间视为整体结构，计算方法与一般重力式挡墙相同，具体计算方法参阅有关规范和资料。

11.4.4　加筋土挡墙的施工技术与质量检验

1. 加筋土挡墙的施工技术

加筋土挡墙的施工一般可分为以下几个主要步骤。

（1）基础施工。先进行基础开挖，基槽（坑）底平面尺寸一般大于基础外缘 0.3 m。当基槽底部为碎石土、砂性土或黏性土时，应整平夯实。对未风化的岩石应将岩面凿成水平台阶状，台阶宽度不宜小于 0.5 m，台阶长度除了要满足面板安装需要外，台阶的高宽比不应大于 1:2。对于风化岩石和特殊地基，应按有关规定处理。在地基上浇筑或放置预制基础时，一定要将基础做平整，以便使面板能够直立。基础浇筑时，应按设计要求预留沉降缝。

（2）面板安装。混凝土面板可以在工厂预制或者在工地附近场地预制后，再运到施工现场安装。每块面板上都布设了便于安装的插销和插销孔，安装时应防止插销孔破裂、变形或者边角碰坏。可采用人工或机械吊装就位安装面板。安装时单块面板一般可以向内倾斜 1/200～1/100，作为填料压实时面板外倾的预留度。在拼装最低一层面板时，必须把全尺寸和半尺寸的面板相间地、平衡地安装在基础上。为了防止相邻面板错位，宜采用夹木螺栓或斜撑固定，直到面板稳定时才可以将其拆除。水平及倾斜误差应该逐层调整，不得将误差累积后才进行总调整。

（3）拉筋铺设与安装。安装拉筋时，应将其垂直于墙面，平放在已经压密的填土上。如果拉筋与填土之间不密贴而存在空隙，则应采用砂垫平，以防止拉筋断裂。采用钢条、钢带或钢筋混凝土作为拉筋时，可采用焊接、扣环连接或螺栓与面板连接；采用聚丙烯土工聚合物作为拉筋时，一般可以将其一端从面板预埋拉环或预留孔中穿过折回与另一端对齐，并绑扎以防止其抽动，不能将土工聚合带在环（孔）上绕成死结，避免连接处产生过大的应力集中。

（4）填料摊铺与压实。填土应根据拉筋的竖向间距进行分层铺筑和夯实，每层填土的厚度应根据上下两层拉筋的间距和碾压机具综合决定。在钢筋混凝土拉筋顶面以上，填土的一次铺筑厚度不应小于 200 mm。填土时，为了防止面板受到土压力作用后向外倾斜，填土的铺筑应该从远离面板的拉筋端部开始，逐步向面板方向进行。如果采用机械铺筑，机械距离面板不应小于 1.5 m，且其运行方向应与拉筋垂直，并不得在未填土的拉筋上行驶或停车。在距离面板 1.5 m 范围内，应采用人工铺筑。

填土碾压前应进行压实试验，根据碾压机械和填土的性质确定填土的分层铺筑厚度、碾压遍数等指标，用以指导施工。填土压实应先从拉筋的中部开始，并平行于面板方向，逐步向尾部过渡，而后再向面板方向垂直于拉筋进行碾压。加筋土填料的压实度可参照规范选择。

（5）地面设施施工。如果需要铺设电力或煤气等设施，必须将其放在加筋土结构物的上面。对于管渠，更应注意要便于维修，避免以后沟槽开挖时损坏拉筋。输水管道不得靠近加筋土结构物，特别是有毒、有腐蚀性的输水管道，以免水管破裂时水渗入加筋土结构，腐蚀拉筋造成结构物的破坏。

2. 加筋土挡墙的质量检验

加筋土挡墙施工质量控制的关键是加筋材料质量、加筋材料铺设质量、填料压实质量、面板安装质量等，质量检验应贯穿于施工中各个环节，检验检测项目主要包括以下几方面。

（1）基础。基础检测包括挡墙基础、加筋体地基及处理情况，挡墙基础的浇筑材料质量及外观尺寸、标高、平整度、轴线偏差及几何尺寸等，加筋体地基的处理及开挖、压实、排水处理等情况，非布筋区（加筋体后）地基情况等。

（2）墙面板。检查墙面板的混凝土外观质量和预制质量、钢筋及拉环位置、轮廓尺寸等。要求墙面板外观应平整密实、线条顺直、轮廓清晰、无破损和蜂窝麻面。

（3）加筋材料质量及铺设。检查加筋材料质量是否达到设计要求和有关国家或行业标准；检查加筋材料铺设的均匀性和是否平展、拉直、拉紧，每层按照每 15 m 抽检 1 个点。

（4）回填及压实。检查填土的物理力学指标、压实时的含水率、回填分层厚度、压实施工机械、压实度。压实度按每层每 500 m² 或每 50 m 纵向长不少于 3 点进行检测；对于水边工程等重要工程、高大加筋土挡墙工程，应适当加大检测频度。

（5）其他检验。检测排水和防水工程是否齐全、沟底平整度、线条顺直度、有无渗漏、有无淤堵、排水是否畅通等。对于直立式加筋土岸壁工程，应检查排水道出口、下河踏步等附属建筑。

（6）长期变形监测。对于重要工程或重大工程，应设结构沉降和变形观测点，一般是每 60～100 m 设一观测点或观测断面，特殊地段处可适当加密观测点，且一个工程不应少于3 个观测点或观测断面。

11.5　工程应用实例

11.5.1　工程概况

某油罐工程位于长江岸边河滩软黏土地基上，采用浮顶式（钢制）储罐，容量为 $2 \times 10^4 \, m^3$，内径为 40.50 m，高 15.8 m，设计要求的环墙基础高度为 2.5 m，并在原场地上填土 4 m 后建造。油罐充水后，包括填土和基础荷载共计为 288 kN/m^2。

根据油罐工程的特点，油罐地基需满足以下三个要求：

（1）承受 288 kN/m^2 的荷载。

（2）油罐整体倾斜不大于 0.004~0.005，周边沉降不大于 0.002 2，中心与周边沉降差不大于 1/45~1/44。

（3）油罐的最终沉降不超过预留高度。

建筑场地主要地基土分布自上而下分别为：

①表层土厚 0.30~0.50 m；

②黏土层厚 1.30~2.30 m；

③淤泥质黏土层厚 12~18 m，其不排水抗剪强度为 12~47 kPa。

11.5.2　地基处理设计与施工

经多种地基处理方案的比较分析后，采用土工合成材料加筋垫层和排水固结充水预压联合处理方案处理油罐下卧的软黏土地基，方案设计如图 11-22 和图 11-23 所示。

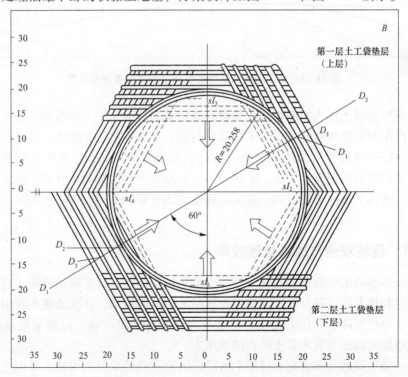

图 11-22　土工织物袋垫层平面布置

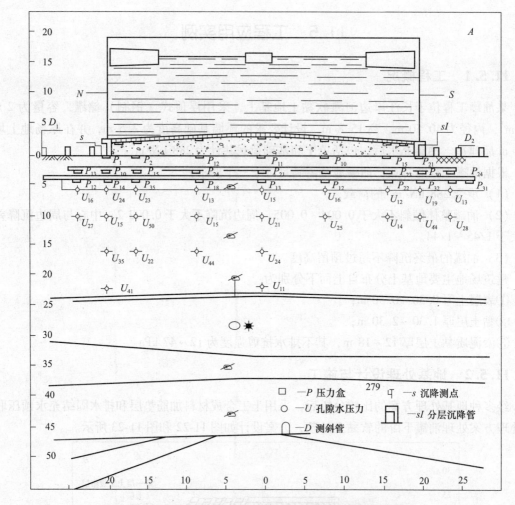

图 11-23　土工织物垫层地基剖面及测试设备埋设布置

利用 4 m 厚的填土作为加筋垫层，筋材沿油罐基础底面水平方向布置。为了更好地发挥加筋的约束作用和垫层的刚度，设计了袋装碎石袋，并按 60°交错铺设，形成一均匀分布的垫层。加筋垫层由两层碎石袋组成。第一层碎石袋层厚 0.9 m，距基础底面为 1.1 m，宽 50.5 m；第二层碎石袋层厚 0.9 m，宽 54.5 m。两层碎石袋间距为 1.0 m。根据国产土工编织物的特性，选用了聚丙烯纺织物，其抗拉强度为 500 kN/m，延伸率为 38%，弹性模量为 97 090 kPa。

11.5.3　现场观测与地基处理效果

为了保证地基的工程质量和在预压过程中地基的安全稳定，正确指导施工过程，验证土工织物袋垫层和排水固结联合处理油罐工程软黏土地基的效果，在该油罐工程中埋设了沉降仪、测斜管、分层沉降管、压力盒及孔隙水压力测头等观测设备，以测量地基及基础的变形、基底及垫层底的压力和地基土的孔隙水压力。

由填土、施工基础及多级充水过程中各阶段沉降观测结果分析可知，采用土工合成材料加筋垫层和排水固结联合处理油罐的方法是可行的，并取得了良好的效果，满足油罐基础的设计要求。同时，土工合成材料加筋垫层可以防止垫层的抗拉断裂，保证垫层的均匀性，约束地基土的侧向变形，改善地基的位移场，调整地基的不均匀沉降等。

　　根据基底压力实测分析，基底压力基本上是均匀的，并与荷载分布的大小一致。荷载通过基础在垫层中扩散，扩散后达到垫层底面的应力分布基本上也是均匀的，说明加筋垫层起到了扩散应力和使应力均匀分布的作用。

习　题

【11-1】　阐述土工合成材料的分类。

【11-2】　阐述土工合成材料的主要功能。

【11-3】　阐述土工合成材料的特性指标。

【11-4】　阐述高加筋土支挡结构。

【11-5】　某淤泥质土地基上拟建一防波堤，防波堤高度为 8 m，堤面坡度为 1:3。淤泥质土的不排水抗剪强度为 12 kPa，承载力不能满足修建要求。拟采用加筋土垫层来提高地基承载力，保证堤坝修建过程中的地基稳定。堤坝堆石体的内摩擦角为 35°，重度为 22 kN/m³。试选择合理的加筋材料完成该加筋土垫层的设计。

第 12 章

托换法

12.1 概　述

12.1.1 托换要求

既有建筑地基和基础托换是指解决原有建筑物的地基基础安全问题的技术总称。当已建成的建筑物（包括构筑物）出现下述情况时，需要对建筑物的地基基础进行托换加固。

（1）建（构）筑物沉降或沉降差超过有关规定，出现裂缝、倾斜，影响正常使用。

（2）既有建（构）筑物需要增层改造，或其使用功能发生改变，或因增加荷载，原地基承载力和变形不能满足要求。

（3）因周围环境改变而需要进行地基基础加固，如在既有建筑物或相邻地基中修建地下铁道、地下车库，或进行深基坑开挖等。

（4）对古建（构）筑物进行加固，地基或基础需要补强加固。

既有建筑地基和基础托换加固前，应先对地基和基础进行鉴定，根据鉴定结论，对加固的必要性、可行性等进行充分论证。根据加固目的，结合地基基础和上部结构现状，并考虑上部结构、基础和地基的共同作用，初步选择采用加固地基、加固基础或加强上部结构刚度和加固地基基础相结合的方案。对初步选定的各种托换方案，应分别从预期效果、施工难易程度、材料来源和运输条件、施工安全性、对邻近建筑和环境的影响、机具条件、施工工期和造价等方面进行技术经济分析和比选，确定最佳的托换方法。

既有建（构）筑物地基加固与基础托换主要从以下三个方面考虑。

（1）通过将原基础加宽，减小作用在地基土上的接触压力和地基土中附加应力，可使原地基满足建筑物对地基承载力和变形的要求；或者通过基础加深，使基础置入较深的良好土层，同时地基承载力通过深度修正也有所增加。

（2）通过改良地基土体或改良部分地基土体，提高地基土体抗剪强度，改善压缩性，以满足建筑物对地基承载力和变形的要求，常用的有高压喷射注浆、压力注浆，以及化学加固、排水固结、压密、挤密等技术。

（3）在地基中设置墩基础或桩基础等竖向增强体，通过复合地基作用来满足建筑物对地基承载力和变形的要求，常用的有锚杆静压桩、树根桩或高压旋喷注浆等加固技术。

对地基基础托换的建筑，应在施工期间进行沉降观测，对沉降有严格限制的建筑，尚应在托换后继续进行沉降观测，直至沉降稳定为止。对邻近建筑和地下管线应同时进行监测。

12.1.2　托换技术的分类

既有建筑地基和基础加固技术也称为托换技术。托换技术可分为基础加宽技术、墩式托换技术、桩式托换技术、地基加固技术和综合加固技术五大类。其中，桩式托换技术又分为树根桩托换技术、锚杆静压桩托换技术、坑式静压桩托换技术；地基加固技术又可分为灌浆加固技术、高压喷射注浆加固技术、石灰桩和灰土桩加固技术等。

既有建筑地基和基础加固也可以采用综合的加固方法，如注浆法与高压喷射注浆法组合加固方案、基础减压和加强刚度托换相组合的加固方案等，以获得更好的加固效果。

12.1.3　托换技术的应用与发展

托换技术的起源可追溯到古代，但是直到 20 世纪 20 年代兴建美国纽约市的地下铁道时才得以迅速发展。近几年来，世界上大型和深埋的结构物和地下铁道大量施工，古建筑的基础加固数量不断增多，有时还需要对现有建筑物进行改建、加层和加大使用荷载，都需要使用托换技术。第二次世界大战以后，德国在许多城市的扩建和改造工程，以及在修建地铁工程中，大量采用了综合式托换技术，积累了很多成功经验。

我国自改革开放以来，托换技术的种类和应用范围不断扩大，锚桩加压纠偏、锚杆静压桩、基础减压和加强刚度法、碱液加固、浸水纠偏、抽土纠偏、千斤顶整体顶升等多种托换方法取得了成功应用和发展。例如，对苏州虎丘塔采用了"加固地基、补作基础，修缮塔体、恢复台基"的整修方案，采取了"围、灌、盖、调、换"五项加固措施，取得了较好效果。

12.2　基础加宽

基础加宽是通过增加基础底面积，减小作用在地基上的接触压力，降低地基土中的附加应力，以减小沉降量或满足承载力和变形的要求。

12.2.1　采用钢筋混凝土套加大基础底面积

加大基础底面积法适用于当既有建筑的地基承载力或基础底面积尺寸不满足设计要求时的加固。可采用混凝土套或钢筋混凝土套加大基础底面积。

当原基础承受中心受压时，可采用对称加宽。对于条形基础，可采用双面加宽的方法，如图 12-1 所示；对于单独柱基础，可沿基础底面四边扩大加宽，如图 12-2 所示。

以下几种情况可采用单面加宽（即不对称加宽）基础的方法：当原基础承受偏心荷载时；受相邻建筑物基础条件限制时；沉降缝处的基础；不影响室内正常使用时。对于条形基础的单面加宽如图 12-3 所示。

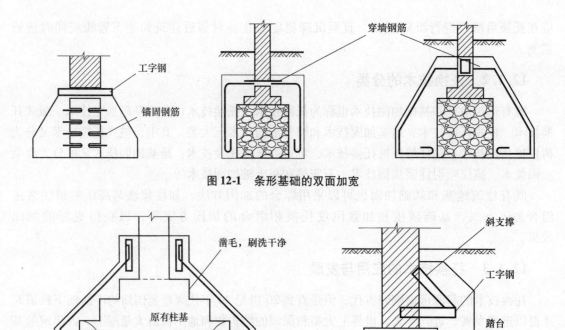

图 12-1　条形基础的双面加宽

图 12-2　柱基的四周加宽　　　　　　图 12-3　条形基础的单面加宽

加大基础底面积的设计和施工应符合下列规定。

（1）基础加大后刚性基础应满足混凝土刚性角要求，柔性基础应满足抗弯要求。

（2）为使新旧基础牢固连接，在灌注混凝土前应将原基础凿毛并刷洗干净，再涂一层高强度等级水泥砂浆，沿基础高度每隔一定距离应设置锚固钢筋；也可在墙脚或圈梁钻孔穿钢筋，再用环氧树脂填满，穿孔钢筋须与加固筋焊牢。

（3）对于加宽部分，其地基上铺设的垫料及其厚度，应与原基础垫层的材料及厚度相同，使加套后的基础与原基础的基底标高和应力扩散条件相同且变形协调。

（4）对条形基础应按长度 1.5～2.0 m 划分成许多单独区段，进行分批、分段、间隔施工，避免地基土浸泡软化，使加固的基础不产生很大的不均匀沉降。

12.2.2　改变浅基础形式加大基础底面积

当不宜采用混凝土套或钢筋混凝土套加大基础底面积时，可将原独立基础改成条形基础，或将原条形基础改成十字交叉条形基础或筏形基础，或将原筏形基础改成箱形基础，也可将柔性基础改为刚性基础。以下对常用的抬梁法和斜撑法应用加以介绍。

1. 抬梁法

抬梁法是在原基础两侧挖坑并做新基础，通过钢筋混凝土梁将墙体荷载部分转移到新做基础上的一种加大基底面积的方法。新加的抬墙梁应设置在原地基梁或圈梁的下部。这种加固方法具有对原基础扰动小、设置数量较为灵活的特点。

在原基础两侧新增条形基础抬梁扩大基底面积的做法，如图 12-4 所示；在原基础两侧新增独立基础抬梁扩大基底面积的做法，如图 12-5 所示。

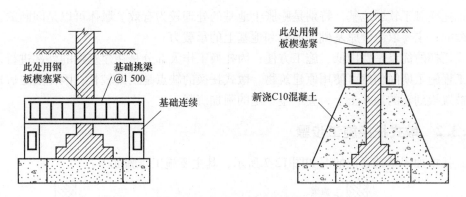

图 12-4　在原基础两侧新增条形基础抬梁扩大基底面积

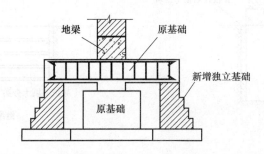

图 12-5　在原基础两侧新增独立基础抬梁扩大基底面积

2. 斜撑法

斜撑法加大基底面积，与上述抬梁法的不同之处是抬梁改为斜撑，新加的独立基础不是位于原基础两侧，而是位于原基础之间，如图 12-6 所示。

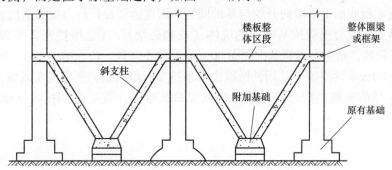

图 12-6　斜撑法加大基底面积

12.3　墩式托换

12.3.1　墩式托换适用范围及特点

墩式托换也称为加深基础法，适用于地基浅层有较好的土层可作为持力层，且地下水位较低的情况。该法可将原基础埋置深度加深，使基础支承在较好的持力层上，以满足上部结构对地基承载力和变形的要求。当地下水位较高时，应采取相应的降水或排水措施。

墩式托换对于软弱地基，特别是膨胀土地基的处理较为有效。墩体可以是间断的，也可以是连续的，主要取决于原基础的荷载和地基上的承载力。

墩式托换的优点是费用低、施工方便；因托换工作大部分是在建筑物的外部进行，这样在托换工程施工期间仍然可使用原建筑物。墩式托换的缺点是工期较长；因托换之后建筑物的荷重被置换到新的地基土上，会产生一定的附加沉降。

12.3.2 墩式托换施工步骤

墩式托换加深基础开挖情况如图 12-7 所示，其主要施工步骤如下：

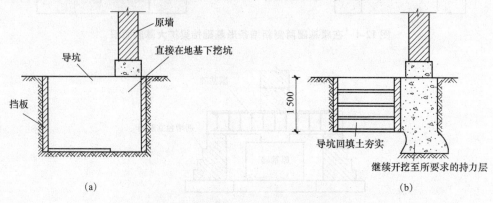

图 12-7 墩式托换加深基础开挖示意图
（a）导坑开挖剖面图；（b）浇灌混凝土墩

（1）在贴近被托换的基础侧面，由人工开挖一个长×宽为 1.2 m×0.9 m 的竖向导坑，对坑壁不能直立的砂土或软弱地基进行坑壁支护，竖坑底面可比原基础底面深 1.5 m。

（2）在原基础底面下沿横向开挖与基础同宽，深度达到设计持力层的基坑。

（3）用微膨胀混凝土浇筑基础下的坑体（或砌砖墩），注意振捣密实并顶紧原基础底面。若没有膨胀剂，则应在离原基础底面 80 mm 处停止浇筑，待养护 1 d 后，再用 1∶1 水泥砂浆填实此处 80 mm 的空隙，并用铁锤敲击木条挤实所填砂浆，充分捣实成填充层。

（4）用同样的步骤，再分段、分批挖坑和修筑墩子，直至全部托换基础的工作完成为止。

12.4 桩式托换

12.4.1 桩式托换的概念与分类

在既有建筑物基础下设置桩基础以达到地基加固的目的称为桩式托换。桩式托换技术是既有建筑地基和基础加固的最常用方法。若原有建筑基础是浅基础，通过桩式托换形成桩基础或桩体复合地基，可达到提高地基承载力，减小沉降的目的；若原基础是桩基础，通过桩式托换，可使桩的数量增加，或通过增加部分长桩，实现提高桩基础承载力的目的；若原基础下是复合地基，通过桩式托换可用桩基础取代复合地基，或使原复合地基得到加强。

桩式托换的形式很多，工程中常用的有三种：锚杆静压桩托换技术、树根桩托换技术和坑式静压桩托换技术。

12.4.2　锚杆静压桩托换技术

1. 锚杆静压桩概念

锚杆静压桩是锚杆和静力压桩两项技术巧妙结合而形成的一种桩基施工新工艺，它是在需进行地基和基础加固的既有建筑物基础上按设计开凿压桩孔和锚杆孔，用胶粘剂埋好锚杆，然后安装压桩架与建筑物基础连为一体，并利用既有建筑物自重作为反力，用千斤顶将预制桩段压入土中，桩段间用硫黄胶泥或焊接连接。当压桩力或压入深度达到设计要求后，将桩与基础用微膨胀混凝土浇筑在一起，桩即可受力，从而达到提高地基承载力和控制沉降的目的。锚杆静压桩装置如图 12-8 所示。

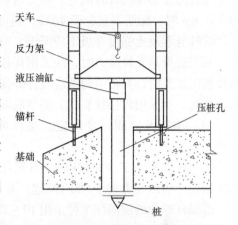

图 12-8　锚杆静压桩装置示意图

2. 锚杆静压桩应用范围及特点

锚杆静压桩法适用于淤泥、淤泥质土、黏性土、粉土和人工填土等地基土。

锚杆静压桩技术除应用于既有建筑物地基和基础加固外，也可应用于新建建筑物基础工程。对于新建建筑物，在基础施工时可按设计预留压桩孔和预埋锚杆，待上部结构施工至 3 或 4 层时，再利用建筑物自重作为压桩反力开始压桩。

锚杆静压桩施工机具简单，施工作业面小，施工方便灵活，技术可靠，效果明显，施工时无振动、无污染，对原有建筑物内的生活或生产秩序影响小。

3. 锚杆静压桩的加固设计

（1）单桩竖向承载力确定。锚杆静压桩的单桩竖向承载力可通过单桩载荷试验确定。当无试验资料时，也可按国家现行标准《建筑地基基础设计规范》（GB 50007—2011）有关规定估算。当进行单桩载荷试验时，可采用下式估算单桩承载力：

$$P = \frac{P_压}{K} \tag{12-1}$$

式中　P——单桩竖向承载力特征值，kN；

　　　$P_压$——最终入土深度时的压桩力，kN；

　　　K——压桩力系数，与地基土性质、压桩速度、桩材及截面形状有关，黏性土地基中桩长小于 20 m 时，K 值可取 1.5，黄土和填土中，K 值可取 2.0。

（2）桩位布置及桩数确定。桩位布置时应靠近墙体或柱子。设计桩数应由上部结构荷载及单桩竖向承载力计算确定；必须控制压桩力不得大于该加固部分的结构自重。压桩孔宜为上小下大的正方棱台状，其孔口每边宜比桩截面边长大 50～100 mm。确定桩数时，可考虑桩土共同作用，一般建议桩、土按 7∶3 分担荷载，即取 70% 荷载由桩承担，30% 荷载由土承担。

当既有建筑基础承载力不满足压桩要求时，应对基础进行加固补强，也可采用新浇筑钢筋混凝土挑梁或抬梁作为压桩的承台。

（3）桩身材料及桩节构造设计。

①桩身材料可采用钢筋混凝土预制方桩或钢管桩。

②钢筋混凝土桩宜采用方形，其边长为 200～350 mm。

③每段桩节长度应根据施工净空高度及机具条件确定，宜为 1.0～2.5 m。

④桩内主筋应按计算确定。当方桩截面边长为 200 mm 时，配筋不宜少于 $4\phi10$；当边长为 250 mm 时，配筋不宜少于 $4\phi12$；当边长为 300 mm 时，配筋不宜少于 $4\phi16$。

⑤桩身混凝土强度等级不应低于 C30。

⑥当桩身承受拉应力时，应采用焊接接头；其他情况可采用硫黄胶泥接头连接。当采用硫黄胶泥接头时，其桩节两端应设置焊接钢筋网片，一端应预埋插筋，另一端应预留插筋孔和吊装孔。当采用焊接接头时，桩节的两端均应设置预埋连接铁件。

（4）锚杆及锚固深度确定。锚杆可用光面直杆粗螺栓或焊箍螺栓，并应符合下列要求：

①当压桩力小于 400 kN 时，可采用 M24 锚杆；当压桩力为 400～500 kN 时，可采用 M27 锚杆；当压桩力大于 500 kN 时，可采用 M30 锚杆。

②锚杆螺栓的锚固深度可采用 10～12 倍螺栓直径，并不应小于 300 mm，锚杆露出承台顶面的长度应满足压桩机具要求，一般不应小于 120 mm。

③锚杆螺栓在锚杆孔内的胶粘剂可采用环氧砂浆或硫黄胶泥。

④锚杆与压桩孔、周围结构及承台边缘的距离不应小于 200 mm。

（5）下卧层地基强度及桩基沉降验算。当持力层下不太深处存在较厚的软弱土层时，需进行下卧层地基强度及桩基沉降验算。为简化计算，可按新建桩基考虑。当验算地基强度不能满足要求或桩基沉降超出允许值时，需修改静压桩的设计参数。

（6）承台设计要求。原基础承台除应满足抗冲切、抗弯和抗剪切承载力要求外，尚应符合下列规定：

①承台周边至边桩的净距不宜小于 200 mm，承台厚度不宜小于 350 mm。

②桩顶嵌入承台内长度应为 50～100 mm。当桩承受拉力或有特殊要求时，应在桩顶四角增设锚固筋，伸入承台内的锚固长度应满足钢筋锚固要求。

③压桩孔内应采用 C30 微膨胀早强混凝土浇筑密实。

④当原基础厚度小于 350 mm 时，封桩孔应用 $2\phi16$ 钢筋交叉焊接于锚杆上，并应在浇筑压桩孔混凝土的同时，在桩孔顶面以上浇筑桩帽，厚度不得小于 150 mm。

4. 锚杆静压桩施工技术

（1）做好施工前各项准备工作。

①在被托换的基础上标出压桩孔和锚杆孔的位置，清理压桩孔和锚杆孔施工工作面。压桩孔及锚杆布置形式如图 12-9 所示。

②采用风动凿岩机或大直径钻孔机开凿压桩孔，并将孔壁凿毛，清理干净。

③采用风动凿岩机开凿锚杆孔，待锚杆孔内清洁干燥后再埋设锚杆，并用胶粘剂封固。

（2）压桩施工。

①根据压桩力大小选定压桩设备，对触变性土（黏性土），压桩力可取 1.3～1.5 倍的单桩容许承载力；对非触变性土（砂土），压桩力可取 2 倍的单桩容许承载力。

②压桩架应保持竖直，锚固螺栓的螺母或锚具应均衡紧固，应随时拧紧松动的螺母。

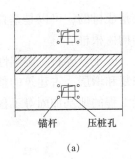
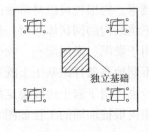

(a)   (b)

图 12-9 压桩孔及锚杆布置图

（a）墙下条形基础承台；（b）独立基础承台

③就位的桩节应保持竖直，使千斤顶、桩节及压桩孔轴线重合，不得偏心加压，压桩时应垫钢板或麻袋，套上钢桩帽后再进行压桩。桩位平面偏差不得超过 ±20 mm，桩节垂直度偏差不得大于 1% 桩节长。

④整根桩应一次连续压到设计标高。当必须中途停压时，桩端应停留在软弱土层中，且停压的间隔时间不宜超过 24 h。

⑤压桩施工应对称进行，不应数台压桩机在一个独立基础上同时加压。

⑥焊接接桩前应对准上、下节桩的垂直轴线，清除焊面铁锈后进行满焊。

⑦采用硫黄胶泥接桩时，上节桩就位后应将插筋插入插筋孔内，检查重合度及间隙均匀性后，将上节桩吊起 10 cm，装上硫黄胶泥夹箍，浇筑硫黄胶泥，并立即将上节桩保持垂直放下，接头侧面应平整光滑，上、下桩面应充分粘结，待接桩中的硫黄胶泥固化后（一般固化时间为 5 min），才能继续压桩施工。当环境温度低于 5 ℃时，应对插筋和插筋孔做表面加温处理。熬制硫黄胶泥的温度应严格控制在 140 ℃ ~145 ℃ 范围内，浇筑时温度不得低于 140 ℃。

⑧桩尖应到达设计持力层深度，且压桩力应达到单桩竖向承载力标准值的 1.5 倍，持续时间不应少于 5 min。

（3）封桩。压桩至设计要求后可进行封桩，封桩前应凿毛和刷洗干净桩顶侧表面后再涂混凝土界面剂。封桩可分为不施加预应力和施加预应力两种方法。

①当封桩不施加预应力时，在桩端达到设计压桩力和设计深度后，即可使千斤顶卸载，拆除压桩架，焊接锚杆交叉钢筋，清除压桩孔内杂物、积水及浮浆，然后与桩帽梁一起浇筑 C30 微膨胀早强混凝土。

②当施加预应力时，应在千斤顶不卸载条件下，采用型钢托换支架，清理干净压桩孔后立即将桩与压桩孔锚固，当封桩混凝土达到设计强度后，方可卸载。

5. 锚杆静压桩质量检验

锚杆静压桩的最终压桩力与桩压入深度应符合设计要求。桩身试块强度和封桩混凝土试块强度应符合设计要求。硫黄胶泥性能应符合《建筑地基基础工程施工质量验收规范》（GB 50202—2002）的有关规定。

12.4.3 树根桩托换技术

1. 树根桩的概念与应用

树根桩是一种用压浆方法成桩，桩径为 100 ~ 300 mm 的小直径就地钻孔灌注桩，又称为钻孔喷灌微型桩、小桩或微型桩，是由意大利 Fondedile 公司的 F. Lizzi 在 20 世纪 30 年代发明的一项专利技术。树根桩可以是单根的，也可以是成排的，可以是垂直的，也可以是倾斜的。当布置成三维结构的网状体系时，称为网状结构树根桩。

树根桩法适用于淤泥、淤泥质土、黏性土、粉土、砂土、碎石、湿陷性黄土、膨胀土及人工填土等各种不同地质条件地基土上既有建筑的修复和增层、古建筑的整修、地下铁道的穿越等加固工程，也可用于岩土边坡稳定加固及桥梁工程的地基加固等工程。树根桩受地下水深度限制。采用树根桩加固的工程如图 12-10 所示。

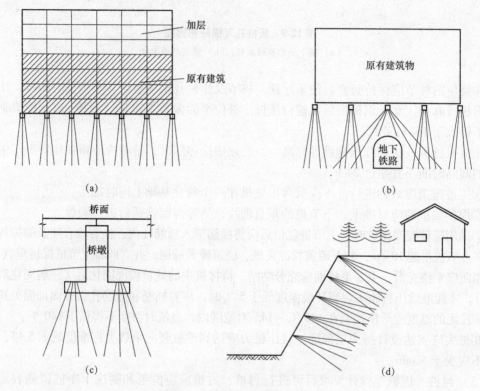

图 12-10 树根桩的工程应用

（a）建筑物加层树根桩托换；（b）建筑物下部地铁树根桩托换；
（c）桥墩基础树根桩托换；（d）树根桩用于稳定土坡

2. 树根桩的特点

（1）施工引起的噪声和振动很小，适合于市区作业，并不会对既有建筑物的稳定带来危害。

（2）所需施工场地较小，在面积 $1.0 \sim 1.5$ m^2 和净空高度 2.5 m 的条件下即可施工。

（3）采用压力注浆，使桩与土体结合紧密，桩土表面摩擦力较大，因而具有较高的承载力。

（4）由于孔径很小，对基础和地基土几乎不会产生任何应力，也不干扰建筑物的正常使用。

（5）处于设计荷载下的桩沉降很小，可应用于建筑物对沉降限制较严的工程。

3. 树根桩设计要点

（1）桩的几何尺寸。树根桩的直径宜为 $150 \sim 300$ mm，桩长不宜超过 30 m，桩的布置可采用直桩型或网状结构斜桩型。

（2）桩身设计。桩身混凝土强度等级应不小于 C20，钢筋笼外径宜小于设计桩径 40 ~ 60 mm。主筋不宜少于 3 根。对软弱地基，主要承受竖向荷载时的钢筋长度不得小于 1/2 桩长，主要承受水平荷载时应全长配筋。

（3）单桩竖向承载力。树根桩的单桩竖向承载力可通过单桩载荷试验确定，当无试验资料时，也可按《建筑地基基础设计规范》（GB 50007—2011）有关规定估算。树根桩的单桩竖向承载力的确定，尚应考虑既有建筑的地基变形条件的限制和桩身材料的强度要求。

上海市应用树根桩具有较成功的经验，一般按摩擦桩计算单桩承载力，其桩端阻力忽略不计。树根桩受压时，其桩侧摩阻力按《上海市地基基础设计规范》取灌注桩侧摩阻力的上限值；当树根桩按抗拔桩设计时，桩侧摩阻力则取灌注桩侧摩阻力的下限值。

（4）桩顶承台设计。应对既有建筑的基础进行有关承载力验算，当不满足计算要求时，应对原基础进行加固或增设新的桩承台。

（5）树根桩复合地基计算。树根桩复合地基是由树根桩和改良后的桩间土共同构成，属刚性桩复合地基。由于树根桩的刚度远比桩间土大，当桩土共同承担基底应力时，会产生应力向树根桩集中的现象，根据实际工程的静荷载资料，仅占承压板面积约 10% 的树根桩承担了总荷载的 50% ~ 60%。

树根桩复合地基的承载力应通过静荷载试验确定。当无静荷载试验资料时，也可参照类似工程实践经验，按下式估算：

$$f_{spk} = \left[R_a + \beta \left(A - A_p \right) f_{sk} \right] / A \tag{12-2}$$

式中　f_{spk}——树根桩复合地基承载力特征值，kPa；

R_a——单桩竖向承载力特征值，kN；

A——单桩的加固面积，m^2；

A_p——单桩横截面面积，m^2；

f_{sk}——桩间土的承载力特征值，kPa；

β——桩间土承载力折减系数，桩端为软土时，取 $\beta = 0.6 ~ 1.0$，桩端为硬土时，取 $\beta = 0.1 ~ 0.5$，若不考虑桩间土的作用，取 $\beta = 0$。

由于施工压力注浆影响，桩间土承载力 f_{sk} 的值实际上高于天然土的承载力，有经验的地区可根据土质不同提高 10% ~ 30%，也可作为安全储备。

4. 树根桩施工步骤

（1）定位和校正垂直度。桩位平面允许偏差为 ±20 mm，直桩垂直度和斜桩倾斜度偏差均应按设计要求不得大于 1%。

（2）成孔。成孔可采用钻机成孔，穿过原基础混凝土。在土层中钻孔时宜采用清水或天然泥浆护壁，也可用套管。钻进斜孔时，套管应随钻跟进。

（3）吊放钢筋笼和下注浆管。钢筋笼宜整根吊放。当分节吊放时，节间钢筋搭接焊缝长度，双面焊不得小于 5 倍钢筋直径，单面焊不得小于 10 倍钢筋直径。注浆管应直插到孔底。需二次注浆的树根桩应插两根注浆管，施工时应缩短吊放和焊接时间。

注浆管可采用 1 或 2 根外径为 20 ~ 25 cm 的铁管。注浆管最下端一节可在管底 1 m 范围内加工成花管状，以利于注浆。

（4）填灌碎石。碎石粒径宜在 10 ~ 25 mm 范围内，用水冲洗后定量投放。填入量应不低于计算空间体积的 80% ~ 90%。当填料量过小时，应分析原因，采取相应措施。在投放碎石过程中，应利用注浆管继续冲水清孔。

（5）注浆。

①注浆材料可采用水泥浆、水泥砂浆或细石混凝土。当采用碎石填灌时，所注浆液应采用水泥浆。

②当采用一次注浆时，泵的最大工作压力不应低于 1.5 MPa。开始注浆时，需要 1 MPa 的起始压力，将浆液经注浆管从孔底压出，接着注浆压力宜为 0.1 ~ 0.3 MPa，使浆液逐渐上冒，直至浆液泛出孔口停止注浆。

③当采用二次注浆时，泵的最大工作压力不应低于 4.0 MPa。待第一次注浆的浆液初凝时方可进行第二次注浆，浆液的初凝时间根据水泥品种和外加剂掺量确定，可控制在 45 ~ 60 min 范围。第二次注浆压力宜为 2.0 ~ 4.0 MPa。二次注浆不宜采用水泥砂浆和细石混凝土。

④注浆施工时应采用间隔施工、间歇施工或增加速凝剂掺量等措施，以防止出现相邻桩冒浆和串孔现象。树根桩施工不应出现缩颈和塌孔。

⑤拔管后应立即在桩顶填充碎石，并在 1 ~ 2 m 范围内补充注浆。

5. 树根桩质量检验规定

（1）一般每 3 ~ 6 根桩应留两组试块，测定抗压强度，桩身强度应符合设计要求。

（2）应采用载荷试验检验树根桩的竖向承载力，有经验时也可采用动测法检验桩身质量。

12.4.4 坑式静压桩托换技术

1. 坑式静压桩的概念与应用

坑式静压桩（亦称压入桩或顶承静压桩）是在已开挖的基础下托换坑内，利用建筑物上部结构自重作为支承反力，用千斤顶将预制好的铜管桩或钢筋混凝土桩段接长后逐段压入土中的托换方法。坑式静压桩也是将千斤顶的顶升原理和静压桩技术融为一体的托换技术新方法。

坑式静压桩适用于淤泥、淤泥质土、黏性土、粉土、湿陷性土和人工填土等地基，且有埋深较浅的硬持力层。当地基土中含有较多的大块石、坚硬黏性土或密实的砂土夹层时，由于桩压入时难度较大，应根据现场试验确定其适用与否。

2. 坑式静压桩设计要点

（1）坑式静压桩的单桩承载力应按《建筑地基基础设计规范》（GB 50007—2011）有关规定估算。

（2）桩身可采用直径为 150 ~ 300 mm 的开口钢管或边长为 150 ~ 250 mm 的预制钢筋混凝土方桩，每节桩长可按既有建筑基础下坑的净空高度和千斤顶的行程确定。

（3）桩的平面布置应根据既有建筑的墙体和基础形式及荷载大小确定。应避开门窗等墙体薄弱部位，设置在结构受力节点位置。

（4）当既有建筑基础结构的强度不能满足压桩反力时，应在原基础的加固部位加设钢筋混凝土地梁或型钢梁，以加强基础结构的强度和刚度，确保施工安全。

3. 坑式静压桩施工步骤

（1）先在基础外侧挖导坑，导坑比原基础深 1.5 m 左右，挖坑前验算是否需要预先进行临时支护，再将导坑横向扩展至原基础下面，形成压桩作业空间。导坑开挖如图 12-11 所示。

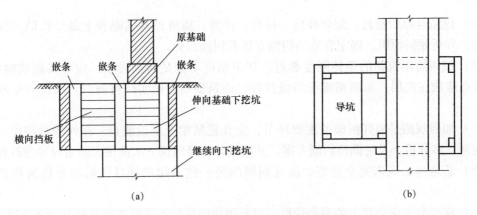

图 12-11　坑式静压桩施工导坑开挖示意图
（a）剖面图；（b）平面图

（2）利用千斤顶压预制桩段，逐段把桩压至地基中，压桩时应以压桩力控制为主。对钢管桩，其各节的连接处可采用套管接头。当钢管桩很长或土中有障碍物时，需采用焊接接头。对预制钢筋混凝土方桩，桩尖处可将主筋合拢焊在桩尖辅助钢筋上，在密实砂和碎石类土中可在桩尖处包以钢板桩靴。桩与桩间接头可采用焊接或硫黄胶泥接头。

（3）桩位平面偏差不得大于 ±20 mm，桩节垂直度偏差应小于 1% 的桩节长。

（4）桩尖到达设计深度，压桩力达到单桩竖向承载力特征值的 1.5 倍，持续时间不少于 5 min。

（5）封桩可根据要求采用预应力法或非预应力法施工。对钢筋混凝土方桩，顶进至设计深度后即可取出千斤顶，再用 C30 微膨胀早强混凝土将桩与原基础浇筑成整体。当施加预应力封桩时，可采用型钢支架，而后浇筑混凝土。对钢管桩，应根据工程要求，在钢管内浇筑 C20 微膨胀早强混凝土，最后用 C30 混凝土将桩与原基础浇筑成整体。桩材试块强度应符合设计要求。

12.5　建筑物纠倾

12.5.1　建筑物纠倾原则

建筑物纠倾是指既有建筑物偏离垂直位置发生倾斜，而影响正常使用时所采取的托换措施。造成建筑物整体倾斜的主要因素是地基的不均匀沉降，而纠倾是利用地基的新不均匀沉降来调整建筑物已存在的不均匀沉降，用以达到新的平衡和矫正建筑物的倾斜。

建筑物的倾斜多数是由于地基基础原因造成的，或是浅基础的变形控制欠佳，或是桩基和地基处理设计和施工质量问题等。因此，应在分析清楚产生倾斜的原因之后，推测纠倾之后再次发生倾斜的可能性，从而决定应采取何种纠倾加固措施以控制建筑物倾斜。

进行建筑物纠倾时，应遵循下列原则：

（1）制定纠倾方案前，应对纠倾工程的沉降、倾斜、开裂、结构、地基基础、周围环境等情况做周密的调查。

（2）应结合原始资料，配合补勘、补查、补测，搞清地基基础和上部结构的实际情况及状态，分析倾斜原因，确定合适的纠倾方法和纠倾目标。

（3）拟纠倾建筑物的整体刚度要好。如果刚度不满足纠倾要求，应对其做临时加固。加固重点应放在底层，加固措施有增设拉杆、砌筑横墙、砌实门窗洞口、增设圈梁和构造柱等。

（4）加强观测是搞好纠倾的重要环节，应在建筑物上多设测点。在纠倾过程中，要做到勤观测、多分析，及时调整纠倾方案，并用垂球、经纬仪、水准仪、倾角仪等进行观测。

（5）若地基土尚未完全稳定，应在纠倾的另一侧采用锚杆静压桩制止建筑物进一步沉降。

（6）应充分考虑地基土的剩余变形，以及因纠倾致使不同形式的基础对沉降的影响。

12.5.2 建筑物纠倾方法

既有建筑物的纠倾方法分为迫降纠倾、顶升纠倾及综合纠倾，如图 12-12 所示。常用的纠倾方法的基本原理及适用范围见表 12-1。

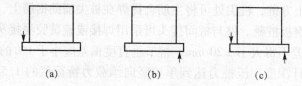

图 12-12 既有建筑物的纠倾方法

（a）迫降纠倾；（b）顶升纠倾；（c）综合纠倾

表 12-1 既有建筑物常用纠倾方法的基本原理及适用范围

类别	方法名称	基本原理	适用范围
迫降纠倾	人工降水纠倾法	利用地下水位降低出现水力坡降产生附加应力差异对地基变形进行调整	不均匀沉降量较小，地基土具有较好渗透性，且降水不影响邻近建筑物
	堆载纠倾法	增加沉降小的一侧的地基附加应力，加剧其变形	适用于基底附加应力较小即小型建筑物的迫降纠倾
	地基部分加固纠倾法	通过沉降大的一侧地基的加固，减少该侧沉降，另一侧继续下沉	适用于沉降尚未稳定，且倾斜率不大的建筑纠倾
	浸水纠倾法	通过土体内成孔或成槽，在孔或槽内浸水，使地基土沉陷，迫使建筑物下沉	适用于湿陷性黄土地基
	钻孔取土纠倾法	采用钻机钻取基础底下或侧面的地基土，使地基土产生侧向挤压变形	适用于软黏土地基
	水冲掏土纠倾法	利用压力水冲刷，使地基土局部掏空，增加地基土的附加应力，加剧变形	适用于砂性土地基或具有砂垫层的基础
	人工掏土纠倾法	进行局部取土，或挖井、孔取土，迫使土中附加应力局部增加，加剧土体侧向变形	适用于软黏土地基

续表

类别	方法名称	基本原理	适用范围
顶升纠倾	砌体结构顶升纠倾法	通过结构墙体的托换梁进行抬升	适用于各种地基土、标高过低而需要整体抬升的砌体建筑
	框架结构顶升纠倾法	在框架结构中设托换牛腿进行抬升	适用于各种地基土、标高过低而需要整体抬升的框架建筑
	其他结构顶升纠倾法	利用结构的基础作为反力,对上部结构进行托换抬升	适用于各种地基土、标高过低而需要整体抬升的建筑
	压桩反力顶升纠倾法	先在基础中压足够的桩,用桩竖向力作为反力将建筑物抬升	适用于较小型的建筑物
	高压注浆顶升纠倾法	利用压力注浆在地基土中产生的顶托力将建筑物顶托升高	适用于较小型的建筑物和筏板基础
综合纠倾		采用多种方法纠倾	兼有各种方法的特点,适用范围广

12.5.2.1　迫降纠倾

1. 迫降纠倾概念

迫降纠倾是通过人工或机械的办法来调整地基土体固有的应力状态,使建筑物原来沉降较小侧的地基土局部去除或使土体应力增加,迫使土体产生新的竖向变形或侧向变形,使建筑物在短时间内沉降加剧,实现纠倾目的。

迫降纠倾可根据地质条件、工程对象及当地经验选用具体方法。

2. 迫降纠倾的设计内容

(1) 确定各点的迫降量。

(2) 安排迫降的顺序、位置和范围,制订实施计划,编制迫降操作规程及安全措施。

(3) 设置迫降的监控系统。沉降观测点纵向布置每边不应少于 4 点,横向每边不应少于 2 点,对框架结构应适当增加。

(4) 迫降的沉降速率应根据建筑物的结构类型和刚度确定。一般情况下,沉降速率宜控制在 5~10 mm/d 范围内。纠倾开始及接近设计迫降量时应选择低值,迫降接近终止时应预留一定的沉降量,以防发生过纠现象。

迫降纠倾应做到设计与施工紧密配合,施工中应严格监测,根据监测结果调整迫降量及施工顺序。迫降过程中应每天进行沉降观测,并应监测既有建筑物裂损情况。

3. 迫降纠倾操作方法

(1) 基底掏土纠倾法。基底掏土纠倾法是在基础底面以下进行掏挖土体,削弱基础下土体的承载面积而迫使其沉降。其特点是在浅部进行处理,机具简单,操作方便。根据基础偏斜情况,也可采用压桩掏土纠倾法,即将锚杆静压桩和掏土技术有机地结合起来应用。

基底掏土纠倾法适用于匀质黏性土和砂土上的浅埋建筑物的纠倾。基底掏土纠倾法分为人工掏土纠倾法和水冲掏土纠倾法两种。

人工掏土纠倾法适用于黏性土、粉土、砂土、淤泥、淤泥质土或填土等地基上建筑物的纠倾。该法是利用井(孔)在基础下一定深度范围内进行排土、冲土,一般包括人工挖孔桩与沉井两种。井壁有钢筋混凝土壁、混凝土孔壁,为确保施工安全,对于软土或砂土地基应先挖成井,方可大面积开挖井(孔)施工。

人工掏土纠倾法可分为两种：一是通过挖井（孔）排土、抽水直接迫降，该法在沿海软土地区比较适用；二是通过在井内布置辐射孔进行射水掏冲土迫降，其工作原理如图12-13所示。

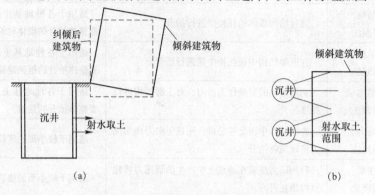

图 12-13　人工掏土纠倾法工作原理图

(a) 剖面图；(b) 平面图

井位应设置在建筑物沉降较小的一侧，其数量、深度和间距应根据建筑物的倾斜情况、基础类型、场地环境和土层性质等综合确定。为保证迫降的均匀性，井位可布置在室内。

当采用射水施工时，应在井壁上设置射水孔与回水孔，射水孔孔径宜为150~200 mm，回水孔孔径宜为60 mm，射水孔位置应根据地基土质情况及纠倾量进行布置，回水孔宜在射水孔下方交错布置，井底深度应比射水孔位置低约1.2 m。

纠倾达到设计要求后，工作井及射水孔均应回填，射水孔可采用生石灰和粉煤灰拌合料回填；工作井可用砂土或砂石混合料分层夯实回填，也可用灰土比为2:8的灰土分层夯实回填。

（2）钻孔取土纠倾法。钻孔取土纠倾法是通过机械钻孔取土成孔，依靠钻孔所形成的临空面，使土体产生侧向变形，反复钻孔取土使建筑物下沉。一般在建筑物基础底板上钻孔，埋设套管取土，如图12-14所示；也可采用基础外侧斜孔掏土纠倾法，如图12-15所示。

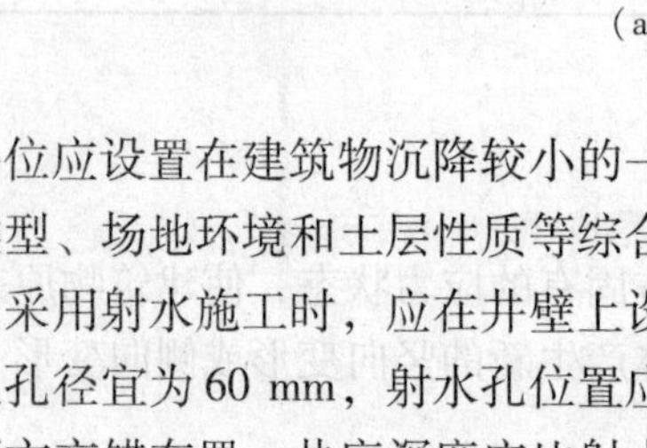

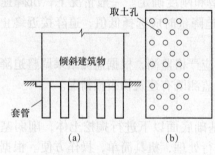

图 12-14　基底钻孔取土纠倾法

(a) 剖面图；(b) 平面图

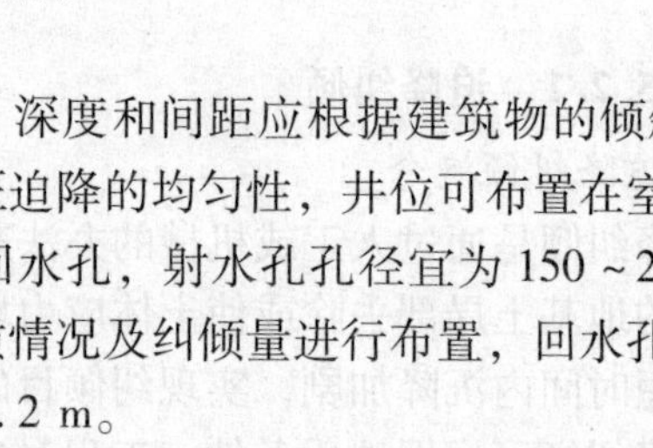

图 12-15　基础外侧斜孔掏土纠倾法

钻孔取土纠倾法适用于淤泥、淤泥质土等软弱地基。钻孔取土应符合下列规定。

①钻孔位置应根据建筑物不均匀沉降情况和土质布置，并确定钻孔取土的先后顺序。

②钻孔直径及深度应根据建筑物的底面尺寸和附加应力的影响范围选择，取土深度应大于3 m，钻孔直径不应小于300 mm。

③钻孔顶部 3 m 深度范围内应设置套管或套筒，以保护浅层土体不受扰动，防止出现局部变形过大而影响结构安全。

（3）堆载纠倾法。堆载（加压）纠倾法适用于淤泥、淤泥质土和松散填土等软弱地基上体量较小且纠倾量不大的浅基建筑物的纠倾。堆载纠倾应根据工程规模、基底附加压力的大小及土质条件，确定施加的荷载量、荷载分布位置和分级加载速率。

一般在倾斜较小一侧堆放重物，如钢锭、砂石等进行堆载纠倾，如图 12-16 所示；也可采用锚桩加压进行纠倾，即在倾斜建筑物沉降较小一侧地基中设置锚桩，如图 12-17 所示。

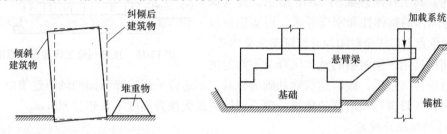

图 12-16　堆载加压纠倾示意图　　　　图 12-17　锚桩加压纠倾示意图

堆载纠倾法设计时应考虑地基土的整体稳定，控制加载速率，施工过程应严密进行沉降观测，及时绘制荷载-沉降-时间关系曲线，以确保施工安全。

（4）人工降水纠倾法。人工降水纠倾法适用于地基土的渗透系数大于 10^{-4} cm/s 的浅埋基础，同时应防止纠倾时对邻近建筑产生影响。纠倾时应根据建筑物的纠倾量来确定抽水量及水位下降深度，并应设置若干水位观测孔，随时记录所产生的水力坡降，与沉降实测值进行比较，以便调整水位。

人工降水如对邻近建筑可能造成影响，应在邻近建筑附近设置水位观测井和回灌井，必要时可设置地下隔水墙等，以确保邻近建筑的安全。

（5）地基部分加固纠倾法。地基部分加固纠倾法适用于淤泥、淤泥质土等软弱地基上沉降尚未稳定、整体刚度较好，且倾斜量不大的既有建筑的纠倾。纠倾设计时，可在建筑物沉降较大一侧采用加固地基的方法，使该侧的建筑物沉降稳定，而原沉降较小一侧继续下沉，当建筑物倾斜纠正后，若另一侧沉降尚未稳定，可采用同样的方法加固地基。

（6）浸水纠倾法。浸水纠倾法适用于湿陷性黄土地基上整体刚度较大的建筑物的纠倾。该法是利用湿陷性黄土遇水湿陷的特性对建筑物进行纠倾的。一般应通过现场试验，确定浸水纠倾法的适用性。浸水纠倾应符合下列规定：

①根据建筑结构类型和场地条件，可选用注水孔、坑或槽等方式注水。注水孔、坑或槽应布置在建筑物沉降较小的一侧。

②当采用注水孔（坑）浸水时，应确定注水孔（坑）布置、孔径或坑的平面尺寸、孔（坑）深度、孔（坑）间距及注水量；当采用注水槽浸水时，应确定槽宽、槽深及分隔段的注水量。

③注水时，严禁水流入沉降较大一侧的地基中。

④浸水纠倾前，应设置严密的监测系统及必要的防护措施。有条件时可设置限位桩。

⑤当浸水纠倾的速率过快时，应立即停止注水，并回填生石灰料或采取其他有效的措施；当浸水纠倾速率较慢时，可与其他纠倾方法联合使用。

⑥浸水纠倾结束后，应及时用不渗水材料夯填注水孔、坑或槽，修复原地面和室外散水。

12.5.2.2 顶升纠倾

1. 顶升纠倾的概念与适用范围

顶升纠倾是将既有建筑物上部结构和它的基础沿某一特定位置进行分离，在分离区设置若干个支承点，通过安装在支承点上的顶升设备，使建筑物沿某一直线或某点做平面转动，达到对建筑物进行纠倾的目的，其工作原理如图 12-18 所示。为确保上部结构分离体的整体性和刚度要求，可实施分段置换，在支承点上形成全封闭顶升纠倾支承梁体系。

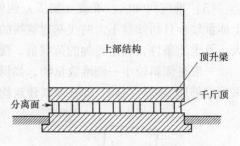

图 12-18 顶升纠倾工作原理示意图

顶升纠倾适用于建筑物的整体沉降及不均匀沉降较大，造成标高过低，倾斜建筑物基础为桩基，不适合采用迫降纠倾的倾斜建筑以及新建工程设计时预先设置可调措施的建筑。顶升纠倾的最大顶升高度不宜超过 80 cm。

2. 顶升纠倾设计规定

（1）钢筋混凝土顶升梁与下部基础梁组成一对上、下受力梁系，中间采用千斤顶顶升，受力梁系平面上应连续闭合且应通过承载力及变形等验算。千斤顶位置如图 12-19 所示。

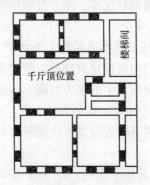
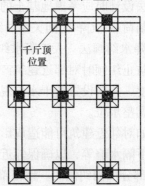

图 12-19 顶升纠倾千斤顶平面位置

（2）顶升梁应通过托换形成，顶升托换梁应设置在地面以上 50 cm 的位置，当基础梁埋深较大时，可在基础梁上增设钢筋混凝土千斤顶底座，并与基础连成整体。顶升梁、千斤顶、底座应形成稳固的整体，其位置如图 12-20 所示。

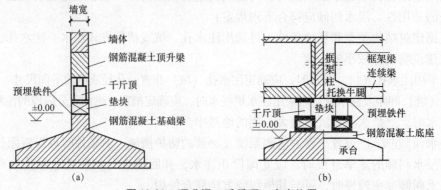

图 12-20 顶升梁、千斤顶、底座位置

（a）砌体结构建筑；（b）框架结构建筑

（3）对砌体结构建筑，可根据线荷载分布布置顶升点，顶升点间距不宜大于 1.5 m，应避开门窗洞及薄弱承重构件位置；对框架结构建筑，应根据柱荷载大小布置。顶升点数量可按下式进行估算：

$$n \geqslant K \frac{Q}{N_a} \tag{12-3}$$

式中　n——顶升点数；

　　　Q——建筑物总荷载设计值，kN；

　　　N_a——顶升支承点的荷载设计值，kN，可取千斤顶额定工作荷载的 80%，千斤顶额定工作荷载可选 300 kN 或 500 kN；

　　　K——安全系数，可取 1.5。

（4）顶升量可根据建筑物的倾斜率、使用要求以及必要的过纠量确定。

（5）砌体结构建筑的顶升梁可按倒置弹性地基上的墙梁设计，并应符合下列规定：

①顶升梁设计时，计算跨度应取相邻 3 个支承点去掉中间支承点后两边缘支承点间的距离，进行顶升梁的承载力及配筋设计。

②当既有建筑的墙体承载力不能满足要求时，应调整支承点跨度或对砌体进行加固补强。

（6）框架结构建筑的顶升梁（柱），应是能支承框架柱的结构荷载的体系，顶升梁（柱）体系应按后设置牛腿设计，同时增加连系梁约束框架柱间的变位及调整差异顶升量，并应符合下列规定：

①应验算断柱前、后既有建筑的框架结构柱端在轴力、弯矩和剪力作用下的承载力。

②后设置牛腿应考虑新旧混凝土的协调工作，设计时钢筋的布置、锚固或焊接长度应符合《混凝土结构设计规范（2015 年版）》（GB 50010—2010）的规定。

③应验算牛腿的正截面受弯承载力、局部受压承载力及斜截面的受剪承载力。

3. 顶升纠倾施工工艺

顶升纠倾的施工可按下列步骤进行：

（1）钢筋混凝土顶升梁（柱）的托换施工。

（2）设置千斤顶底座及安放千斤顶。

（3）设置顶升标尺。

（4）顶升梁（柱）及顶升机具的试验检验。

（5）在顶升前一天凿除框架结构柱或砌体结构构造柱的混凝土，顶升时切断钢筋。

（6）统一指挥顶升施工，当顶升量达到 100~150 mm 时，开始千斤顶倒程。

（7）顶升到位后进行结构连接和回填。

4. 顶升纠倾施工注意事项

（1）砌体结构建筑的顶升梁应分段施工，施工前应在各分段设置钢筋混凝土支承芯垫，间距为 0.5 m。梁分段长度不应大于 1.5 m，且不应大于开间墙段的 1/3，并应间隔进行，待该段达到强度后，方可进行邻段施工。

（2）框架结构建筑的顶升梁（柱）施工宜间隔进行，必要时应设置辅助措施（如支撑等），当原混凝土柱保护层凿除后应立即进行外包钢筋混凝土的施工。

（3）顶升千斤顶上下应设置应力扩散的钢垫块，以防顶升时结构构件的局部破坏。顶升全过程中有不少于 30% 的千斤顶保持与顶升梁垫块、基础梁连成一体，使其具有抗拉能力。

（4）顶升前应对顶升点进行承载力试验抽检，试验荷载应为设计荷载的 1.5 倍，试验数量不应少于总数的 20%；试验合格后方可正式顶升。

（5）顶升时应设置水准仪和经纬仪观测站，以观测建筑物顶升纠倾全过程。顶升标尺应设置在每个支承点上，每次顶升量不宜超过 10 mm。各点顶升量偏差应小于结构的允许变形。

（6）顶升应设统一的指挥系统，并应保证千斤顶同步按设计要求顶升和稳固。

（7）千斤顶倒程时，相邻千斤顶不得同时进行，倒程前应先用楔形垫块进行保护，并保证千斤顶底座平稳。楔形垫块及千斤顶底座垫块均应采用工具式、组合、可连接、具有抵抗水平力的外包钢板的混凝土垫块或钢垫块。垫块应进行强度检验。

（8）顶升到达设计高度后，应立即在墙体交叉点或主要受力部位用垫块稳住，并迅速进行结构连接。顶升高度较大时应边顶升边砌筑墙体。千斤顶应待结构连接完毕，并达到设计强度后方可分批分期拆除。

（9）结构连接处应达到或大于原结构的强度，若纠倾施工时受到削弱，应进行加固补强。

12.6　移位加固

1. 移位的概念及应用

移位包括平移和转动。市政道路扩建、场地的用途改变和新建地下建筑都可能需要建筑物搬迁移位或转动一定角度。为了减少拆除重建或保护文物古迹及既有建筑的原貌，均可采用移位技术。目前，移位技术可用于一般多层建筑同一水平位置的搬迁，对大幅度改变其标高（如上坡或下坡）等不宜采用。

2. 移位前准备工作

移位所涉及的建筑结构及地基基础问题比其他专业技术重要得多，因此要求在移位方案制定前先通过搜集资料、补充计算验算、补充勘察等取得有关资料。

在制定移位方案前应具备以下资料：

（1）移位总平面布置。

（2）场地及移位路线的岩土工程勘察资料。

（3）既有建筑物相关设计和施工资料，以及检测鉴定报告。

（4）既有建筑物结构现状分析。

（5）移位施工对周边建筑物、场地、地下管线的影响分析。

当既有建筑的地基承载力及变形不满足移位要求时，应根据具体情况对地基基础进行加固，加固方法见前述。

3. 移位设计内容

（1）结构设计。结构设计主要是指承托既有建筑移位的整体结构的托换梁系，包括移位建筑的上轨道梁系及承担整体结构行走过程中的基础，即下轨道梁系，如图 12-21 所示。

①计算砌体结构的线荷载或框架结构的轴力、弯矩和剪力。

②结构托换梁系截面及配筋设计。

③移位过程中基础的受力验算及补强设计。

④新旧基础的承载力和变形验算及补强设计。

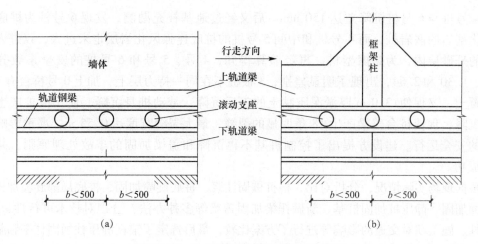

图 12-21　上、下轨道及滚动装置示意图

（a）砌体结构；（b）框架结构

（2）地基设计。

①移位路线的地基，按永久性工程进行设计，地基承载力设计值可提高 1.25 倍。

②移位后的地基基础设计时，若出现新旧基础的交错，应考虑既有建筑地基压密效应造成新旧基础间地基变形的差异，必要时应进行地基基础加固。

（3）滚动支座的设计。

①滚动支座可采用不小于 $\phi 60$ 的实心钢棒或 $\phi 100 \sim \phi 150$ 的钢管混凝土，并应通过试压确定，支座上下采用 20 mm 厚的钢板作为上下轨道面，或采用工具式轨道梁，以利应力扩散及减少滚动摩擦力。

②滚动支座的间距及数量应根据支承力的大小设计。

（4）移动装置的设计。

①移动装置有牵引式及推顶式两种。牵引式宜用于荷载较小的小型建筑物，推顶式宜用于较大型的建筑物，必要时可两种方式并用。移位时应控制滚动速率不大于 50 mm/min。

②托换梁系作为移动的上轨道梁，基础作为下轨道梁，移位前下轨道梁应进行验算、加固、修整和找平。

③上、下轨道梁系的设计应同时考虑移位荷载的移动及滚动过程中局部压力的位置改变。

12.7　工程应用实例

12.7.1　工程概况

某高速公路桥梁为 9 跨 ×16 m，桥台的结构形式为 1.4 m 宽 ×1.0 m 高 ×13.15 m 长的钢筋混凝土盖梁，下设 3 根间距为 4.52 m 的大直径钻孔灌注桩，桩径 1.2 m。1995 年施工完成，于 1996 年通车。2000 年发现 0 号桥台盖梁开裂，通过一年多观察和测量，右半幅 4 号桩与 6 号桩沉降差达 150 mm。后又经过地基补充勘测，发现 6 号桩为桩底进入中风化基岩的嵌岩桩，而 4 号桩和中间 5 号桩的桩底连强风化岩层也未进入，仅进入含黏性土的砾砂层内，为摩擦型桩。再经验算得知，4 号、5 号和 6 号桩的安全系数分别为 1.24、1.30 和 2.64，出现了明显差别，3 根桩不在同一持力层上，加上 0 号桥台有 3.0 m 以上覆土，又促使 13.0 m 厚淤泥质黏土的工后沉降，带动桩身沉降，使 3 根桩产生很大差异沉降，促使桥台盖梁产生 18 条明显的裂缝，最大裂缝宽度达 0.55 m，严重影响高速公路的安全运行。建设方提出了控制桩基不再沉降和盖梁加固的事故处理原则，并要求一次成功。

根据现场实际情况，分析对比 3 根桩桩周注浆、桩底旋喷加固、桩底局部旋喷加固、桩底全面加固、静压桩加固桩基、新做托梁加固盖梁等多种办法，分别对技术可行性、工期、经济性、施工期对交通的影响等进行了方案比较，最后选定了锚杆静压桩加固桩基和新做托梁的方案。其主要理由是 0 号桥台离地 3.0 m，桥台盖梁下有 1.80 m 净空高度，具有施工空间，并且锚杆静压桩传力明确，施工设备简单、施工简便，压桩完成后立即起作用，施工期间不影响道路通行。

12.7.2　托换加固法

1. 压桩施工

在盖梁底以下土面上挖约 1.5 m 深基坑，使盖梁底到基坑底有 3.30 m 净空，再浇筑厚 0.8 m、宽 2.2 m 的压桩承台，把三根钻孔灌注桩包在压桩承台内，承台上留出压桩孔，埋入压桩机固定锚杆，使净空高度达到 2.5 m，满足压桩施工要求。为使压桩承台能抵抗压桩反力（最大设计压桩反力为 800 kN），在钻孔桩柱与压桩承台接触处 0.8 m 高度内，对钻孔桩柱进行植筋，使压桩承台通过现浇混凝土与 3 根钻孔桩柱形成受力整体。

承台下的压桩选用了 0.30 m×0.30 m 截面方桩，每节桩长 1.50 m，两端预埋钢板，采用角钢电焊连接，形成多节静压桩。右幅桥台共 12 根，单桩设计承载力为 450～500 kN，压桩时最大压桩力≥800 kN，并要求进入强风化层，以减少工后沉降。为减少压桩施工引起的拖带沉降，采用了预加反力封桩技术。压桩施工顺序为先中间 5 号桩再两边 4 号、6 号桩对称进行，如图 12-22 所示。

2. 刚架施工

压桩施工完毕后，要进行新建托梁施工，由于托梁遇到桩柱，无法连续，只能分段设置，采用托梁与桩柱一起浇筑形成刚架的加固形式。刚架施工采取了两项技术措施：其一是刚架与老盖梁的新老混凝土结合，除必须清除老盖梁的污物外，还使用混凝土界面剂刷面，并留出注浆管，进行超细水泥注浆，以消除新老混凝土的间隙；其二是新建托梁刚架与桩柱连接也采用桩柱植筋技术。

3. 老盖梁裂缝修补施工

由于老盖梁上裂缝既多又大，为防止盖梁钢筋锈蚀，必须进行封闭修补。具体施工次序是：先进行改性环氧树脂压力注浆加固，封闭盖梁裂缝，再将盖梁外露处混凝土表面洗刷干净，涂上界面剂，用 ϕ6.5 mm@500 mm×500 mm 钢筋网固定外包钢板网后用 1∶2 防水水泥砂浆粉刷，厚 30 mm，对盖梁进行保护处理。

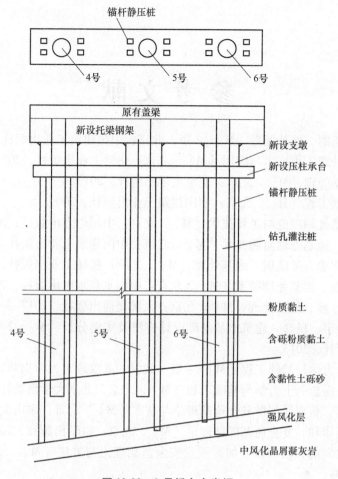

图 12-22　0 号桥台右半幅

12.7.3　评价

工程于 2003 年 3 月开始，6 月施工完毕，施工期间交通正常通行，未发生新的沉降，压桩施工和桩柱植筋委托上海华冶建筑危难工程技术开发公司实施。

工程加固实施后已有一年半时间，在施工和完工后均未发现新的沉降。本工程总加固费用为 60 万元，比拆除重建要节约费用 90 万元，而且在施工期间交通不受任何影响，本加固方法具有良好的技术经济效果。

习　题

【12-1】 阐述托换法技术分类与发展。

【12-2】 阐述墩式托换的适用范围与特点。

【12-3】 阐述墩式托换的施工步骤。

【12-4】 阐述桩式托换的概念与分类。

【12-5】 阐述建筑物纠倾方法。

参 考 文 献

[1] 龚晓南, 陶燕丽. 地基处理 [M]. 2版. 北京: 中国建筑工业出版社, 2017.

[2] 黄梅. 地基处理实用技术与应用 [M]. 北京: 化学工业出版社, 2015.

[3] 刘起霞. 地基处理 [M]. 北京: 北京大学出版社, 2013.

[4] 钱德玲. 基础工程 [M]. 北京: 中国建筑工业出版社, 2009.

[5] 李彰明. 地基处理理论与工程技术 [M]. 北京: 中国电力出版社, 2014.

[6] 娄炎, 何宁. 地基处理监测技术 [M]. 北京: 中国建筑工业出版社, 2015.

[7] 王清标, 代国忠, 吴晓枫. 地基处理 [M]. 北京: 机械工业出版社, 2014.

[8] 杨绍平, 闫胜. 地基处理技术 [M]. 北京: 中国水利水电出版社, 2015.

[9] 杨晓华, 张莎莎. 地基处理 [M]. 北京: 人民交通出版社, 2017.

[10] 朱炳寅, 娄宇, 杨琦. 建筑地基基础设计方法及实例分析 [M]. 2版. 北京: 中国建筑工业出版社, 2013.

[11] 赵明华. 土力学与基础工程 [M]. 4版. 武汉: 武汉理工大学出版社, 2014.

[12] 宁培淋, 王振忠. 土力学与基础工程 [M]. 北京: 北京大学出版社, 2014.

[13] 刘松玉, 等. 新型搅拌桩复合地基理论与技术 [M]. 南京: 东南大学出版社, 2014.

[14] 卢萌盟, 谢康和. 复合地基固结理论 [M]. 北京: 科学出版社, 2016.

[15] 孙进忠, 梁向前. 地基强夯加固质量安全监测理论与方法 [M]. 北京: 化学工业出版社, 2013.

[16] 徐至钧, 汪国烈, 曹名葆, 等. 地基处理新技术与工程应用精选 [M]. 北京: 中国水利水电出版社, 2013.

[17] 张季超, 陈一平, 蓝维, 等. 新编地基处理技术与工程实践 [M]. 北京: 科学出版社, 2014.

[18] 陈希哲, 叶菁. 土力学地基基础 [M]. 5版. 北京: 清华大学出版社, 2013.

[19] 丁绍祥. 地基基础加固工程技术手册 [M]. 武汉: 华中科技大学出版社, 2008.

[20] 龚晓南. 地基处理技术及发展展望 [M]. 北京: 中国建筑工业出版社, 2014.

[21] 中华人民共和国住房和城乡建设部. 建筑地基处理技术规范 (JGJ 79—2012) [S]. 北京: 中国建筑工业出版社, 2013.

[22] 中华人民共和国住房和城乡建设部. 土工合成材料应用技术规范 (GB/T 50290—2014) [S]. 北京: 中国计划出版社, 2015.

[23] 中华人民共和国交通运输部. 公路路基设计规范 (JTG D30—2015) [S]. 北京: 人民交通出版社, 2015.

[24] 中华人民共和国住房和城乡建设部. 建筑地基基础设计规范 (GB 50007—2011) [S]. 北京: 中国建筑工业出版社, 2012.

[25] 中华人民共和国住房和城乡建设部. 冻土地区建筑地基基础设计规范 (JGJ 118—2011) [S]. 北京: 中国建筑工业出版社, 2012.